"十三五"国家重点出版物出版规划项目

全球海洋与极地治理研究丛书

U0202095

国家管辖范围以外区域
环境影响评价机制研究

张继伟　姜玉环　罗　阳　主　编

海洋出版社

2019年·北京

图书在版编目（CIP）数据

国家管辖范围以外区域环境影响评价机制研究/张继伟，姜玉环，罗阳主编．—北京：海洋出版社，2019.2

ISBN 978-7-5210-0330-7

Ⅰ.①国…　Ⅱ.①张…②姜…③罗…　Ⅲ.①海洋环境-环境影响-评价-研究-国外　Ⅳ.①X834

中国版本图书馆 CIP 数据核字（2019）第 044823 号

责任编辑：杨传霞　程净净

责任印制：赵麟苏

海洋出版社　出版发行

http://www.oceanpress.com.cn

北京市海淀区大慧寺路 8 号　邮编：100081

北京朝阳印刷厂有限责任公司印刷　新华书店北京发行所经销

2019 年 2 月第 1 版　2019 年 2 月第 1 次印刷

开本：787mm×1092mm　1/16　印张：16.5

字数：300 千字　定价：108.00 元

发行部：62132549　邮购部：68038093　总编室：62114335

海洋版图书印、装错误可随时退换

《国家管辖范围以外区域环境影响评价机制研究》编委会

主　　编　　张继伟　姜玉环　罗　阳

编写人员　（按姓氏拼音排序）

陈凤桂　陈肖娟　胡彦兵　姜玉环　刘进文

赖　敏　罗　阳　林志兰　王　翠　巫建伟

肖　成　张继伟　张　旭　庄　乾

前　言

国家管辖范围以外区域海洋生物多样性养护与可持续利用问题，是当前国际社会共同关注的一个焦点，也是学界和实务界研究和讨论的前沿领域。关于国家管辖范围以外区域海洋生物多样性养护和可持续利用的具有法律约束力的国际协定谈判被认为是当前国际海洋法领域最重要的立法进程。形成中的具有法律约束力的国际协定作为《联合国海洋法公约》的第三个执行协定，所涉内容包括：海洋遗传资源的获取和惠益分享、包括海洋保护区在内的划区管理工具、环境影响评价、能力建设和海洋技术转让等。新的国际协定将调整当前的国际海洋秩序以及海洋资源和空间的利益格局，意味着国际海洋治理体系的一次重要变革与发展。

环境影响评价作为新国际协定中的四大支柱制度之一，是处理国家管辖范围以外区域海洋生物多样性养护和可持续利用问题的一个重要工具。与发展较为完善的国家管辖范围以内区域的环境评价制度相比，国家管辖范围以外区域的环境影响评价还是一个全新的研究领域。已有的国际性或区域性法律、制度框架和相关实践较为分散，尚未形成完整的制度体系，具体实施的有效性也存在不足。当前所面临的各种困难或挑战，以及发展机遇，都是新国际协定环境影响评价制度建设需要应对和解决的难点。因此，对国家管辖范围以外区域的环境影响评价制度进行研究不仅具有较高的学术价值，而且具有重要的现实意义。

鉴于国家管辖范围以外区域的环境影响评价制度在新的国际协定谈判和海洋生物多样性养护及可持续利用规制体系建设中的重要地位，自然资源部第三海洋研究所环境影响评价课题组多年来密切关注联合国框架下相关议程的推进情况，持续跟进筹备委员会讨论和磋商以及政府间谈判的最新动向，基于课题组多年来从事环境影响评价的研究与实践成果，不断深化对国家管辖范围以外区域的环境影响评价制度所涉科学、技术和法律问题的认识，广泛开展了与国内其他高校、科研院所专家学者的交流和研讨，提升了对国际新规则制定发展方向的把握。有鉴于此，本书所展示的关于国家管辖范围以外区域环境影响评价制度研究的阶段性成果，旨在通过对现有海洋活动的环境影响评价制度框架和技术方法的系统总结与分析，以及相关国际文书资料的整理分析，为相关研究的进一步深入开展奠定基础，也为我国深度参与有关国际谈判提供有益的参考。

本书共计十一章，其中第一章简要介绍了国家管辖范围以外区域环境影响评价议题在联合国磋商和谈判议程中的概况；第二章全面梳理了现行国际性或区域性环境影响评价制度概况；第三章综合考察了主要国家和地区的环境影响评价制度及相关技术方法；第四章分析阐述了国家管辖范围以外区域传统海洋活动的环境影响评价规制框架、实践发展现状、研究进展及实施成效，第五章到第九章分别针对国家管辖范围以外区域环境影响评价实施过程中的技术问题，结合已有实践做法，开展专题研究，具体包括实施程序、筛选机制、累积影响评价、替代性方案、公众参与等内容；第十章对国家管辖范围以外区域战略环境评价进行初步探讨；第十一章展望国家管辖范围以外区域环境影响评价制度建设的主要内容及可行的发展思路。

我们希望本书的出版能够有助于国内学界和实务部门全面了解国家管辖范围以外区域环境影响评价的相关法律规制、理论进展和技术方法，并及时跟踪相关立法进程的发展动向，在此呼吁更多专家学者从不同的学科角度进行深入探讨和研究，共同为国家深度参与国际规则制定和全球海洋治理建言献策。

受作者水平所限，书中难免出现遗漏和不足之处，欢迎读者批评指正。

编　者

2018 年 11 月

目 录

第一章 国家管辖范围以外区域环境影响评价议题概况

第一节 国家管辖范围以外区域生物多样性保护问题

国家管辖范围以外区域（Areas Beyond National Jurisdiction, ABNJ）占全球海洋面积的64%，是人类赖以生存和可持续发展的重要区域。根据《联合国海洋法公约》（UNCLOS），国家管辖范围以外的区域包括专属经济区以外的水体，即公海，以及在大陆架界限以外、公海水域之下的海床和洋底及其底土，即国际海底区域（简称"区域"）。随着科学技术进步，人类探索和开发利用海洋的脚步逐渐向远海甚至深海延伸，从而发现深海大洋也蕴藏着丰富的生物资源和基因资源。人类对海洋生物资源的开发利用强度逐渐增加，对国家管辖范围以外区域海洋生物多样性（Biodiversity Beyond National Jurisdiction, BBNJ）的养护和可持续利用产生威胁。主要威胁包括过度捕捞、破坏性的捕捞作业方式、海洋污染和气候变化等。此外，航运、海底采矿、铺设海底电缆和管道、海洋科学研究等都可能对其造成不利影响。联合国大会第59届和第60届会议关于《海洋和海洋法秘书长的报告》，均对BBNJ面临的威胁做了全面的总结。BBNJ的利用和保护问题越来越得到国际社会广泛的重视，并提上了议事日程。

从海洋资源的角度来看，ABNJ主要具有两种资源：海底矿产资源和海洋生物多样性资源。"区域"及其资源是人类的共同继承财产，其一切权利属于全人类，由国际海底管理局（ISA）代表全人类行使。海洋生物多样性资源主要包括渔业资源、生物药物资源和基因资源等，对于BBNJ问题，UNCLOS并没有对生物多样性管理和保护做出具体规定，关于"区域"资源的法律制度也未包括生物资源和基因资源。

为了应对ABNJ在生物多样性养护和可持续利用方面存在的不足和问题，国际社会已经做出了一系列努力和安排，以联合国大会（UNGA）、《生物多样性公约》

（CBD）、联合国粮食与农业组织（FAO）、政府间海洋学委员会（IOC）的工作尤为突出，一些海洋大国也是推进联合国海洋事务非正式磋商进程和相关公约实施进程的主体力量。另外，一些国际组织在生物多样性保护相关研究和行动计划中发挥着积极的作用[1]。多年来联合国大会及其相关机构通过保护海洋环境和生物多样性的相关决议和决定，以及非正式协商进程和非正式特设工作组等方式，探讨了BBNJ的养护和可持续利用问题。

第二节　国家管辖范围以外区域海洋生物多样性问题的讨论和磋商进程

　　1999年11月24日联合国大会第54/33号决议启动了联合国海洋事务非正式协商进程，从2004年开始正式把BBNJ的保护作为重点讨论内容，而且根据联合国大会第59/24号决议成立了BBNJ养护和可持续利用不限成员名额非正式特设工作组，专门研究与BBNJ的养护和可持续利用有关的问题。包括了解联合国和其他相关国际组织，过去和现在就BBNJ的养护和可持续利用问题进行的活动，以及审查这些问题的科学、技术、经济、法律、环境和社会经济等问题。2006—2015年，联合国大会授权特设工作组先后召开了9次工作组会议和2次闭会期间讲习班，对UNCLOS框架下国家管辖范围以外区域的海洋遗传资源获取和惠益分享、包括海洋保护区（MPAs）的划区管理工具、环境影响评价、能力建设和海洋技术转让等一揽子问题进行磋商。2015年联合国大会第69/292号决议就BBNJ养护和可持续利用问题，决定在UNCLOS框架下制定具有法律约束力的国际协定，并确定国际协定谈判的基本程序与路线图。该决议确认：谈判进程不应损害现有有关法律文件和框架以及相关的全球、区域和部门机构；谈判和谈判结果不可影响参加UNCLOS或任何其他相关协议的缔约国和非缔约国在这些文件中的法律地位；同时强调应以"协商一致"方式就实质性事项达成协议。该项决议明确了BBNJ在UNCLOS制度框架下的定位，意味着谈判必须符合UNCLOS的目的、宗旨、原则和精神，不能损害UNCLOS的完整性和微妙平衡，亦不能减损各国依UNCLOS享有的航行、科研、捕鱼等方面的权利和义务。

　　联合国大会根据第69/292号决议关于就国家管辖范围以外区域海洋生物多样性的养护和可持续利用问题拟订一份具有法律约束力的国际文书专门设立了筹备委员会，旨在在UNCLOS的框架下，就BBNJ问题拟定相关文书草案要点，并向联合国大会提出实质性建议。从 2016 年 3 月至 2017 年 7 月，筹备委员会共举办了四次会议。第四次筹备委员会会议根据联合国大会第 69/292 号决议的要求，于 2017 年 7 月 20 日向联合国大会提交了最终建议性文本草案——《海洋生物多样性养护和可持续利用的具有法律约束力的国际文书建议草案》。同时，建议在联合国的主持下尽快决定召开政府间会议，充分考虑筹备委员会提出的具有法律约束力的国际文书草案的各项要素，并依其案文展开详细的讨论。

2017 年 12 月 24 日联合国大会通过 72/249 号决议。根据第 72/249 号决议，政府间会议于 2018 年 4 月 16—18 日在纽约举行了为期三天的组织会议，讨论组织事项，包括文书草案的编写过程。决议决定举行四届政府间会议，每次为期 10 个工作日，2018 年 9 月 4—17 日召开第一届政府间大会，审议筹备委员会关于案文内容的建议，并为根据 UNCLOS 的规定就国家管辖范围以外区域海洋生物多样性的养护和可持续利用问题拟订一份具有法律约束力的国际文书拟订案文，以尽早制定该文书。第二届和第三届会议将于 2019 年举行，第四届会议将在 2020 年上半年举行。

第三节　环境影响评价议题关注的主要问题及各方立场

环境影响评价（Environmental Impact Assessment，EIA）议题关注的焦点主要围绕 EIA 实施过程和管理制度相关的问题展开。在整个磋商过程中，不同国家或利益集团针对不同问题展示了不同的立场，因此，整个磋商过程也是各方表达各自关切与诉求和努力凝聚共识的过程。透过四次筹备委员会会议讨论阶段对各方立场情况的了解，可以预测未来谈判进程的大致方向和争议焦点，相关共识也将对最终国际协定案文的形成具有重要的参考价值。

一、环境影响评价实施阶段的相关问题

1. 筛选（Screening）

欧盟、中国和印度尼西亚主张应考虑适用于在 ABNJ 开展的活动；

密克罗尼西亚、阿根廷和挪威主张国家管辖范围内开展的活动对 ABNJ 造成影响的情形应该由各国通过国内立法解决；

密克罗尼西亚和加拿大认为 ABNJ 的活动对国家管辖范围以内造成影响的，应该咨询被影响的国家，后者应参与 ABNJ 活动的环评过程；

加勒比共同体提出应该关注所有可能影响到 ABNJ 的活动，包括跨界影响（沿岸国有权证明发生在 ABNJ 的活动对其产生了影响）；

小岛屿国家建议包括可能对 ABNJ 产生影响的国家管辖范围以内区域进行的活动；

印度尼西亚和菲律宾建议包括所有可能对 ABNJ 产生影响的活动（管辖内/管辖外/外大陆架）；

绿色和平组织强调应该评估所有人类活动潜在的负面影响，不论该活动发生在何处；

世界自然保护联盟（IUCN）认为，ABNJ-EIA 应包括可能会对 ABNJ 造成潜在影响的国家管辖范围内的活动，同样适用重大不利影响阈值。

2. 阈值（Threshold）

欧盟和菲律宾支持要确定触发 EIA 的阈值；

小岛屿国家、越南和加勒比共同体认为阈值应该考虑社会文化和经济因素，定期更新和审查需要开展 EIA 的活动列表；

新西兰支持采用分级门槛方法和列出指示性清单，强调根据具体情况进行评估的必要性；

斐济倾向于采用活动列表和阈值两种方式的混合模式，并提出应对列表可能包含的活动作进一步讨论；

澳大利亚支持列出一个说明性的、非穷尽式的清单，指出任何活动都不应被排除在阈值要求之外；

智利建议对活动清单进行评估、修订和定期更新，强调与相邻沿海国家的兼容性和合作；

在多米尼加共和国的支持下，墨西哥建议：依靠一般性和原则性的，而不是指示性的清单，制定灵活的最低标准来触发 EIA；在 EIA 的所有阶段都涉及跨界影响；

非洲国家集团（African Group）反对列出需要 EIA 的活动清单；

日本建议对 EIA 的需求和形式进行个案评估；

中国强调除了考虑活动本身之外，还应考虑到它们的规模、位置和环境影响；

加拿大在自然资源保护理事会（NRDC）的支持下，倾向于建立能够随着时间推移而发展的标准；

韩国提出环评阈值的建议，如：当活动产生少于轻微的影响，不进行环评；产生轻微影响，采取监测等初步程序；严重的危害，则进行全面的环境影响评估；

哥斯达黎加、IUCN 和澳大利亚反对制定一份不需要进行 EIA 的活动清单。

3. 评估标准（Guidelines）

欧盟、日本、新西兰和挪威建议在 UNCLOS 第 206 条（对活动潜在影响的评估）中进一步细化环评标准，作为潜在阈值的决策准则；

新西兰提及粮农组织的《公海深海渔业管理国际准则》，认为需要采取一种整体性的方法，考虑包括气候变化在内的潜在影响；

中国要求在不同的论坛上，对已经存在于挪威、日本和俄罗斯的国家环境影响评估条例进行审议，以防止重复；

美国更倾向于对 EIA 进行非约束性指导；

非洲国家集团、加勒比共同体和太平洋小岛屿发展中国家（PSIDS）支持在具有生态和生物学重要意义的区域（EBSAs）开展 EIA 方面做出特殊规定；

新西兰、欧盟和日本认为，环评的指导方针和筛选标准应当是充分的。

4. 环评程序

案文将处理环评的程序性步骤，例如：

筛选（screening）；

确定评价范围（scoping）；

基于最佳可获科学信息，包括传统知识，预测和评价影响（impact prediction and evaluation）；

公众告知和咨询（public notification and consultation）；

公布环评报告，并确保公众能够获取报告（publication of reports and public availability of reports）；

环评报告的审议（consideration of reports）；

公布决策文件（publication of decision-making documents）；

信息获取（access to information）；

监测和审查（monitoring and review）；

案文将处理环评的决策问题，包括拟议活动是否能够进行，以及在何种条件下可以进行；

案文将处理受影响毗邻沿海国在环评中的参与问题[2]。

5. 环评报告的内容

案文将处理环评报告所需要的内容相关问题，例如：

拟议活动的说明；

拟议活动的合理替代，包括不采取行动的替代方案；

对于评价范围的描述；

关于拟议活动对于海洋环境的潜在影响的描述，包括累积影响以及跨界影响；

对于可能受影响的环境的描述；

对于社会经济影响的描述；

避免、预防和减缓影响的措施的描述；

后续行动的描述，包括监测和管理计划；

不确定性和知识差距分析；

非技术性的总结。

6. 跨界环境影响评估（Transboundary Environmental Impact Assessments，TEIAs）

非洲国家集团支持将跨界环评纳入具有法律约束力的国际协定（International Legally Binding Instrument，ILBI）；

挪威赞成 ILBI 应适用于 ABNJ 上的活动对 ABNJ 造成影响；

密克罗尼西亚、澳大利亚和印度尼西亚提议，通知邻近的沿海国家关于在 ABNJ 的活动可能产生的影响，在环评过程中允许介入和评论；

斐济强调，在最终确定开展跨界环评之前，需要与潜在的受影响国家进行广泛的磋商；

越南呼吁在必要的情况下获得受影响的有关国家的同意；

新西兰认为没有必要在 ILBI 下为跨界环评建立一个单独的程序，澳大利亚和印度尼西亚也指出，跨界环评已经被涵盖在国内程序之中。

7. 战略环境评价（Strategic Environmental Assessment，SEA）

欧盟、加勒比共同体、PSIDS、新西兰、澳大利亚、加拿大和挪威都支持在 ILBI 中加入 SEA，挪威也指出 SEA 与海洋保护区（MPA）建立的联系，欧盟强调开展 ABNJ-SEA 对于促进区域层面国家合作的作用；

PSIDS 宣称，SEA 与 EIA 互补，并表示愿意将它们与海洋空间规划（MSP）联系起来；

世界自然基金会（WWF）强调，考虑到在存在累积和跨部门影响的生物区域开展 SEA 将提供一个广泛的信息框架，在这个框架内，单一项目的 EIA 可以以更快、更廉价和更简单的方式进行；

日本强调，国际社会仍然缺乏对 SEA 相关义务的共识；

中国重申，SEA 不属于 UNCLOS 规定的义务范畴。

二、管理的相关问题

1. 管理机制

PSIDS 提议建立一个由世界自然基金会支持的全球性决策机构，并遵循 CBD 规定的指导方针，将传统知识纳入环评过程；

加勒比共同体提议成立一个科学委员会，对 EIA 进行指导、审查，并提出建议，以及提出上诉程序；

汤加建议，通过制定统一的指导方针，以及监督和审查机制，指定特定国际机构负责确保环评过程公平和透明的实施；

委内瑞拉补充说，可以通过政府间、科学技术委员会开展补偿性活动来减轻活动潜在的损害，包括社会经济影响；

伊朗提议借鉴《南极条约》的做法进行管理；

俄罗斯对建立一个统一的管理机构表示怀疑，并提醒不应重复授权，避免官僚主义和拖延；

美国、日本、中国、挪威和新西兰都更倾向于由国家负责 EIA 相关决策，美国更倾向于制定符合 UNCLOS 规定的标准，以指导各国实施 EIA；

欧盟提议成员国根据阈值来决定是否需要环评，并确保监测活动的影响；ILBI 提供关于后续管理程序的规定；

澳大利亚提出实施 EIA 的最低标准，由船旗国或活动发起国负责决策和融资；

加拿大指出，决策应该由资助国或提议者来做出，并需要与邻近的沿海国家进行协商；

IUCN 强调，执行环评和决策的责任与潜在损害的责任有关，并提出不应由国家主导；

公海联盟（HSA）强调透明度的必要性，以及建立守约和争端解决机制；

由俄罗斯支持的北太平洋渔业委员会呼吁进一步合作，在区域性渔业管理组织（RFMOs）框架下依据联合国粮食与农业组织的《公海深海渔业管理国际准则》，执行建立划区管理工具（ABMTs）和开展 EIA 的标准。

2. 成本承担（Costs）

非洲联盟（African Union）、加勒比共同体、委内瑞拉、加拿大和挪威建议活动发起者承担与环评相关的费用；

PSIDS 建议发起者承担咨询费用；

欧盟指出，有关环境影响评价的决定应属于缔约国管辖事项；

乌拉圭呼吁为缺乏必要能力的国家建立一个 EIA 的金融机制。

3. 监测（Monitoring）

PSIDS 提议由一个科学和专家委员会进行环评监督；还提出建立履约、监测和报告机制以及建立潜在的修复基金；

印度指出，环境影响评价活动应由一个有能力的机构来审查，并借鉴 ISA 经验；

非洲国家集团支持 ILBI 的履约和责任条款，并呼吁建立争端解决机制；

世界自然基金会强调通过 ILBI 缔约方和其附属机构对 EIA 和 SEA 进行全球监督的必要性；

加勒比共同体建议规定强制性的监督和审查，以及自我报告机制，以减轻评估机构的负担；

墨西哥强调监督、守约、执法和环境审计的作用，强调监督义务不应局限于资助国，应解决中长期影响；

塞内加尔强调需要建立透明的程序，包括：基本要求，直接、间接、累积、短期和长期影响评估的评估标准，以及后续机制；

新西兰支持规定一系列常规的报告和监测要求，并指出发起者应制订监测计划，向担保国报告，以确保合规；建立信息交换机制和数据库，以确保考虑到累积影响；开展适应性管理，在最佳的短期结果和提高有限科学知识的需求之间取得平衡；

秘鲁认为政府间海洋学委员会是对 EIA 进行独立科学审查的可参考机构；

IUCN 呼吁如果一项活动扩大了规模，需要补充开展 EIA；在全球范围内，特别是在面临严重生物多样性威胁或高度不确定性的情况下，这一过程应被科学机构予以考虑；

冰岛和加拿大反对在国际性文书框架下对 EIA 进行审查。

4. 信息交换机制（Clearing-house mechanism）

小岛屿国家联盟（AOSIS）支持通过一个 EIA 信息注册中心来发布 EIA 报告；

PSIDS 提议，由 ILBI 秘书处建立环评信息中心数据库，可以用于储存包括 MPAs 在内的划区管理工具的基线数据；

澳大利亚支持建立一个中心数据库，比如一个基于网络化的平台，包括基线数据在内的信息；

汤加提议 EIA 增加关于累积影响，以及气候变化和海洋酸化的负面影响的信息；

公海联盟建议建立一个包括基线数据在内的信息交换机制，用于交换信息和最佳实践，并为涉及商业机密的信息提供明确的豁免性规定。

5. 能力建设（Capacity building）

77 国集团和中国强调需要为发展中国家提供经济援助和能力建设支持；

欧盟建议建立自愿的同行审查机制，并建立发展中国家能力建设有关安排；

非洲联盟建议通过建立一个利益分享基金，自愿或强制性地为能力建设提供资金；

哥斯达黎加倾向于汇编最佳实践案例，并指出，为能力建设活动提供的资金可以由一个自愿捐款的基金提供，或者根据污染者付费原则由有关方缴纳罚款。

第二章 国家管辖范围以外区域环境
影响评价的现行规制框架

纵观现有国际法律文书，尚未有直接以 BBNJ 为名的国际公约或规范性法律文件，与其有关的法律规制渊源主要包括：一般性原则和政策、有法律约束力的文件、无法律约束力的文件、区域性法律文书和各国国内法。本章主要针对现有的国际性、区域性和部门性文书中与 ABNJ-EIA 相关的法律规范及相关制度进行概述。

第一节 国际公约及相关制度

一、《联合国海洋法公约》及相关制度

1. 《联合国海洋法公约》

《联合国海洋法公约》（The United Nations Convention on the Law of the Sea, UN-CLOS, 1982）于 1982 年在牙买加蒙特哥湾召开的第三次联合国海洋法会议最后会议上通过，在 1994 年正式生效（以下简称《公约》）。《公约》包括了海洋领域的几乎所有问题，是国际社会解决海洋问题最重要的公约。在与 ABNJ 环境影响评价有关的全球性框架机制和实践中，《公约》是解决环境影响评价相关问题的重要法律基础。《公约》第 204~206 条对环境影响评价做出了相关规定，采用通用性的术语描述了执行环境影响评价的一般责任，构成了在海洋环境保护中执行环境影响评价的基本框架。第 204 条规定对污染危险或影响的监测："1. 各国应在符合其他国家权利的情形下，在实际可行范围内，尽力直接或通过各主管国际组织，用公认的科学方法观察、测算、估计和分析海洋环境污染的危险或影响。2. 各国特别应不断监视其所准许或从

事的任何活动的影响，以便确定这些活动是否可能污染海洋环境"。第205条规定报告的发表："各国应发表依据第204条所取得的结果的报告，或每隔相当期间向主管国际组织提出这种报告，各该组织应将上述报告提供所有国家"。第206条规定对各种活动的可能影响的评价："各国如有合理根据认为在其管辖或控制下的计划中的活动可能对海洋环境造成重大污染或重大和有害的变化，应在实际可行范围内就这种活动对海洋环境的可能影响作出评价，并应依照第205条规定的方式提送这些评价结果的报告"。

但是，《公约》以可能造成"重大污染或重大和有害变化"作为环境影响评价的门槛，却并未对相关标准、合理根据和程序等事项予以详细说明。《公约》并未制定详细的后续协定来解决诸如海洋科学研究、生物勘探、电缆和管道的铺设以及不同类型的海底设施的建造等ABNJ开展的除采矿外其他海底活动的环境影响评价问题。《公约》采用"在实际可行范围内，尽力……"等较为软性的术语，所规定的环境影响评价义务不具有强制性法律效力。

2. 《联合国鱼类种群协定》

《执行1982年12月10日〈联合国海洋法公约〉有关养护和管理跨界鱼类种群和高度洄游鱼类种群的规定的协定》（The United Nations Agreement for the Implementation of the Provisions of the United Nations Convention on the Law of the Sea of 10 December 1982 relating to the Conservation and Management of Straddling Fish Stocks and Highly Migratory Fish Stocks，简称《联合国鱼类种群协定》）于2001年12月11日生效，适用于国家管辖范围以外区域跨界鱼类种群和高度洄游鱼类种群的养护和管理，对沿海国和在公海捕鱼的国家规定了"合作义务：（d）评估捕鱼、其他人类活动及环境因素对目标种群和属于同一生态系统的物种或与目标种群相关或从属目标种群的物种的影响"（第五条）；"要求各国在实施预防性做法时，应特别要考虑到捕鱼活动对非目标和相关或从属种的影响，制定数据收集和研究方案，以评估捕鱼对非目标和相关或从属种及其环境的影响，并制定必要计划，确保养护这些物种和保护特别关切的生境"（第六条）。该协定只是针对跨界鱼类种群和高度洄游鱼类种群，并不包括所有的鱼类种群。而且，该协定并未涉及缔约国违反协定相关规定的内容。此外，由于缺乏有效的监督执法机构，该协定并未得到很好的执行。

从2006年开始，联合国大会开始讨论与深海捕鱼相关的渔业环境影响评价问题。

目前为止，已有多个联合国决议提到这一问题。UNGA 第 61/105 号决议呼吁"对底鱼捕捞具有监管权力的区域渔业管理组织或安排根据现有最佳科学资料，评估各项底鱼捕捞活动是否会对脆弱海洋生态系统产生重大不利影响，并确保如评估表明这些活动将产生重大不利影响，则对其进行管理以防止这种影响，或不批准进行这些活动"。UNGA 第 64/72 号决议鼓励"各国及区域渔业管理组织或安排查明脆弱海洋生态系统，评估对这些生态系统的影响，并评估捕捞活动对目标和非目标鱼种的影响"。

3. "区域"相关文书及制度

"区域"是指国家管辖范围以外的海床、洋底及其底土（UNCLOS 第 1 条）。"区域"及其资源是"人类的共同继承财产"，"区域"内资源的一切权利属于全人类，任何国家不得主张权利，由国际海底管理局（ISA）代表全人类行使权利，为全人类利益和和平目的利用。"区域"内活动应由国际海底管理局代表全人类，按照 UNCLOS 第十一部分和有关附件的规定以及国际海底管理局的规则、规章和程序，予以安排、进行和控制。为了保护海洋环境，防止、减少和控制"区域"内的活动对海洋环境造成的污染损害，必须要对"区域"内的矿产资源勘探开发及其相关的活动进行环境影响评价。UNCLOS 第 145 条、第 165 条对 EIA 做出了规定，1994 年联合国大会通过了《关于执行 1982 年 12 月 10 日〈联合国海洋法公约〉第十一部分的协定》。该协定进一步阐述了对"区域"内的深海采矿活动进行环境影响评价的义务。国际海底管理局制定的规章和指导性文件，包括 2000 年《"区域"内多金属结核探矿和勘探规章》，2010 年《"区域"内多金属硫化物探矿和勘探规章》和 2012 年《"区域"内富钴铁锰结壳探矿和勘探规章》，这三个规章中关于探矿和勘探活动中环境保护和环境影响评估做出了一般性规定。另外，为了对探矿和勘探活动可能产生的环境问题进行管理，减轻探矿和勘探活动对环境的影响，国际海底管理局制定了相关的环境管理规则或指导建议（包括环境影响评价）。2010 年 4 月 26 日至 5 月 7 日国际海底管理局第十六届会议通过的《指导承包者评估区域内多金属结核勘探活动可能对环境造成的影响的建议》，2013 年 7 月 15 日至 26 日第十九届会议通过的《指导承包者评估"区域"内海洋矿物勘探活动可能对环境造成的影响的建议》，对探矿和勘探活动中评估环境影响以及对未来海底资源开发的环境影响评价制度的建设具有重要意义。国际海底管理局 EIA 工作组还制定了技术指导文件：《在区域内实施矿产资源开发环境影响评价和准备环境影响声明（草案）》，对环境影响评价的工作提供技术指导。2017 年发布的

《"区域"内矿产资源开发规章草案（环境问题）》，也包含了环境影响评价的具体
规定。

二、《生物多样性公约》及相关文书

联合国环境规划署在 1992 年召开的内罗毕会议上通过了旨在保护生物多样性的
《生物多样性公约》（Convention on Biological Diversity，CBD，1992），于 1993 年正式生
效。CBD 是一个针对缔约国具有法律约束力的国际条约，第 4 条规定了管辖范围，以
不妨碍其他国家权利为限，应按下列情形对每一缔约国适用："生物多样性组成部分
位于该国管辖范围的地区内；在该国管辖或控制下开展的过程和活动，不论其影响发
生在何处，此种过程和活动可位于该国管辖区内也可在国家管辖区外"。由此可见，
CBD 适用于国家管辖范围外的海洋生物多样性保护，与《联合国海洋法公约》具有互
补性。

CBD 还要求各缔约国应该在养护和利用国家管辖范围以外区域的生物多样性方面
加强合作。第 5 条明确提出了合作的要求，"每一缔约国应该可能并酌情直接与其他
缔约国或酌情通过有关国际组织为保证和持久使用生物多样性在国家管辖范围以外区
域并就共同关心的其他事项进行合作"。但是 CBD 并未制定出详细的合作机制，只是
要求各国尽可能地进行合作，并非是强制性的规定，因此这一要求在落实方面存在很
大的困难。

CBD 第 14 条体现了执行环境影响评价的要求。第 14 条规定："每一缔约国应尽
可能并酌情：（a）采取适当程序，要求就其可能对生物多样性产生严重不利影响的拟
议项目进行环境影响评估，以期避免或尽量减轻这种影响，并酌情允许公众参加此种
程序；（b）采取适当安排，以确保其可能对生物多样性产生严重不利影响的方案和政
策的环境后果得到适当考虑；（c）在互惠基础上，就其管辖或控制范围内对其他国家
或国家管辖范围以外区域生物多样性可能产生严重不利影响的活动促进通报、信息交
流和磋商，其办法是为此鼓励酌情订立双边、区域或多边安排；（d）如遇其管辖或控
制下起源的危险即将或严重危及或损害其他国家管辖的地区内或国家管辖范围以外区
域的生物多样性的情况，应立即将此种危险或损害通知可能受影响的国家，并采取行
动预防或尽量减轻这种危险或损害；（e）促进做出国家紧急应变安排，以处理大自然
或其他原因引起即将严重危及生物多样性的活动或事件，鼓励旨在补充这种国家努力的

国际合作，并酌情在有关国家或区域经济一体化组织同意的情况下制订联合应急计划"。

2006 年，在 CBD 第八次缔约国一般性会议上通过了《包含生物多样性的影响评价自愿准则》（Voluntary Guidelines on Biodiversity-Inclusive Impact Assessment）。该自愿准则充分考虑了环境影响评价不同阶段的生物多样性因素问题，旨在促进包含生物多样性的影响评价，而不是提供技术指南。根据这一自愿准则，环境影响评价的基本内容涉及以下 7 个阶段：（a）筛选（screening）：确定哪些项目需要开展全面的环境影响评估或是开展部分环境影响评价研究；（b）范围确定（scoping）：确定要评估哪些潜在的环境影响，确定避免、减轻或是弥补对生物多样性产生不利影响的方法；（c）评估和评价（assessment and evaluation）：评估和评定有关的环境影响，提出解决方案；（d）报告（reporting）：编制环境影响说明或是环境影响评价报告，包括环境管理计划和面向普通民众的非技术性总结；（e）审查（review of the EIS）：在鉴定范围和公众参与的基础上审查环境影响说明；（f）决策（decision-making）：就是否和在何种情况下批准或不批准某个项目做出决定；（g）监督、遵守、执行和环境审计（monitoring, compliance, enforcement and environmental auditing）：监测影响和拟议的减缓措施是否符合环境管理计划，核实环境管理计划倡议者的遵守，以确保出乎意料的影响和失败的减缓措施得以被鉴定和得到及时的解决。该自愿准则并非是一个完整的技术手册，只是作为一个参考准则，为缔约方和非缔约方政府、区域管理部门或国际机构在制定和执行各自的影响评价工具和程序方面提供参考，并没有实质性的法律效应，无法确保各缔约方按照统一的标准制定和执行环境影响评价程序。

2012 年，CBD 的科学、工艺和附属机构在 2006 年自愿准则的基础上制定了专门针对海洋和海岸带区域的环境影响评价准则，为《海洋和海岸带区域的包含生物多样性的影响评价和战略环境评价的自愿准则》（Marine and Coastal Biodiversity：Voluntary Guidelines for the Consideration of Biodiversity in Environmental Impact Assessments and Strategic Environmental Assessments in Marine and Coastal Areas, 2012）。新的准则特别考虑了国家管辖范围以外区域的复杂环境。其第 4 条还提出了将该准则运用于国家管辖范围以外的区域存在的挑战："国家管辖范围内和国家管辖范围外区域的生态连通性的挑战；利益相关者的识别，没有一个统一的标准来确定在国家管辖范围以外区域拥有利益；对于国家管辖范围以外区域，在实现社会经济利益分配方面的公平性，评估生态系统服务的价值，分配环境成本以及在成本和效益的最佳平衡方面达成共识这四个方面会变得更具有挑战性"。

第二节　区域性文书及相关制度

一、《埃斯波公约》及其议定书

1991 年在芬兰埃斯波召开的第四次欧洲经济委员会各国政府的环境和水资源问题高级顾问会议上批准了《跨界环境影响评价公约》（Convention on Environmental Impact Assessment in a Transboundary Context, Espoo Convention, 1991，即《埃斯波公约》），于 1997 年 9 月 10 日生效。该公约是联合国欧洲经济委员会发起的，是世界上第一个以环境影响评价为主要内容的国际性公约。公约规定成员国在拟议项目的早期计划阶段就须履行相应的跨界环境影响评价义务，同时对成员国在进行可能具有重大跨界环境影响的项目时对受影响国的通知义务等一般义务也做出了规定，基本确立了比较完善的跨界环境影响评价制度。1997 年欧共体批准加入该公约，随后，公约成为欧盟法律体系的一部分。公约生效以来经过两次修改，2001 年第二次缔约方大会通过了公约第一次修正案，允许欧洲经济委员会国家以外的国家加入该公约。截至 2010 年，已有 45 个国家签署了该公约，影响范围不断扩大。2004 年公约第三次缔约方大会通过了第二次修正案，允许受影响国在适当的情形下参与筛选阶段，并且修改了附录一，对公约适用的拟议项目名单做了调整，还引入了对遵守情况的审查程序。

《埃斯波公约》附件一列出了可能造成重大不利影响的活动，即公约适用的范围。公约文本对环境影响评价程序做出了规定，主要包括六个关键步骤：①通知和信息提交（第三条），来源国通知受影响国，受影响国确认参与环境影响评价程序；②确定环境影响评价报告的内容（第三条、附件二）；③开发者准备环境影响评价信息或报告（第四条）；④公众咨询、信息公布和受影响国政府当局协商（第五条）；⑤汇总信息的审查和最终裁决（第六条第 1 款）；⑥最终裁决的分发（第六条第 2 款）。

《埃斯波公约》附件二列出了环境影响评价报告至少应包括的信息内容：（a）对拟议活动及其目的的描述；（b）在合适的情况下对拟议活动的合理的可替代方案和不采取行动的替代方案进行描述；（c）可能受到拟议活动和可替代方案重大影响的环境的描述；（d）潜在环境影响的描述及其影响重要性的评估；（e）将不利环境影响降到最低的缓和措施的描述；（f）预报方法和基本假设的明确说明和使用的相关环境数据；

(g) 明确在收集必要信息时遇到的知识和不确定性方面的差距；(h) 监测和管理项目以及任何项目后分析计划的大纲；(i) 非技术性总结，包括适当的视觉显示（地图、图表等）。

《埃斯波公约》附件三中对如何判定"重大不利跨界影响"提供了一般性的理念性指导，通过一个或多个标准来判定。主要有以下三个标准：①规模：主要依据项目类型来判断项目规模，如果规模够大，则可以以此判断具备重大性。②位置：位于或者靠近环境特别敏感的区域或者特别重要的区域的，如自然保护区、《湿地公约》指定地区，或者位于将来的发展会对人口造成重大影响的区域的拟议项目，都应该在"重大性"方面有所判断。③影响：拟议项目具有特别复杂的和潜在不利的影响，包括是否对人类或者那些有价值的物种或者生物造成严重影响的，是否威胁到对受影响区域当前或者以后利用的，以及是否会造成额外影响负荷超出环境承担能力无以为继的，都可以作为"重大性"的判断依据。

另外，作为《埃斯波公约》的补充文书，《战略环境评价议定书》（Protocol on Strategic Environmental Assessment, Kyiv Protocol，简称《SEA 议定书》）在 2003 年 5 月的欧洲环境部长会议上通过，于 2010 年 7 月 11 日生效。尽管该议定书是在联合国欧洲经济委员会（the United Nations Economic Commission for Europe，UNECE）框架下协商签署的，但是对所有国家开放。议定书要求成员国对官方指定的可能有包括健康在内的重大环境影响的规划和项目草案进行战略环境评价。该议定书详细规定了战略环境影响评价的相关程序和要求，包括：①筛选（第五条）；②范围（第六条）；③环境报告（第七条）；④公众参与（第八条）；⑤咨询环境和健康部门（第九条）；⑥跨界咨询（第十条）；⑦决定（第十一条）；等等。议定书附件一和附件二列出了需要进行战略环评的项目清单；附件三列出了确定可能造成重大环境包括健康影响的标准供成员国参考；附件四明确了环境报告应该包括的信息内容；附件五列出了公众参与和咨询过程中需要纳入考虑的因素。

二、《保护东北大西洋海洋环境公约》

《保护东北大西洋海洋环境公约》（Convention for the Protection of the Marine Environment of the North-East Atlantic，简称《OSPAR 公约》，1992）由签约国在 1992 年 9 月举行的奥斯陆-巴黎委员会部长级会议上签署，并于 1998 年生效。

虽然《OSPAR 公约》并没有特别提及环境影响评价，但它描述了用于确定可能对海洋生态系统和生物多样性产生不利影响的人类活动的标准。该标准为：（a）考虑人类活动的范围、强度和持久性；（b）人类活动对特殊物种、群落和栖息地的实际和潜在的不利影响；（c）人类活动对特殊生态过程的实际和潜在的影响；（d）这些影响的不可逆转性和持续性。

在 OSPAR 委员会框架内通过了涉及国家管辖范围以外区域的环境影响评价和战略环境评价的若干决定和意见，但是这些决定和意见并不具有法律约束力。例如，2008 年的《在东北大西洋海域的深海和公海进行海洋研究的行动指南》（OSPAR Code of Conduct for Responsible Marine Research in the Deep Seas and High Seas of the OSPAR Maritime Area, 2008）指出在保护海洋生物多样性时要考虑海洋科学活动的潜在影响。2010 年颁布了《关于受威胁和衰退物种和栖息地环境影响评价的建议》（OSPAR Recommendation on Assessments Environmental Impact in Relation to Threatened and/or Declining Species and Habitats, 2010），规定 "在评估可能影响东北大西洋海洋环境的人类活动的环境影响时，缔约方应确保考虑到相关的受威胁和衰退的物种和栖息地"。该建议同时还要求各缔约方报告执行该建议的情况。2013 年颁布的《进一步保护和养护在东北大西洋海域区域内的斯特勒绒鸭的建议》（OSPAR Recommendation on Furthering the Protection and Conservation of the Steller's Eider in Region of the OSPAR Maritime Area, 2013）中指出应该定期评估航运和来自于东南亚巴伦支海石油开采活动的潜在石油泄漏等当前威胁的影响。此外，在《进一步保护和养护东北大西洋海域内的北大西洋白鲸的建议》（Recommendation on Furthering the Protection and Conservation of the North Atlantic Blue Whale in the OSPAR Maritime Area, 2013）中指出应在东北大西洋海域内制定和执行监测和评估战略，促进和协调关于种群的分布、迁移、潜在的威胁与影响等信息的收集。

三、《巴塞罗那公约》

1976 年，16 个地中海国家和欧盟在巴塞罗那签署了《保护地中海防止污染的公约》（Convention for the Protection of the Mediterranean Sea Against Pollution, 1976），并于 1978 年生效。1995 年，各缔约方在巴塞罗那对原有的公约进行了修改，制定了《地中海海洋环境和海岸带保护公约》（Convention for the Protection of the Marine Environment and the Coastal Region of the Mediterranean, Barcelona Convention, 1995, 简称《巴塞罗那公约》)。

《巴塞罗那公约》要求执行环境影响评价,对成员国提供了进行环境影响评价时的最低要求。该公约第 4 条规定:"缔约国要对可能对海洋环境产生重大不利影响的拟议活动进行环境影响评价,这一拟议活动由主管国家当局授权;并且在通报、交流信息和磋商的基础上促进国家间在执行环境影响评价过程中的合作"。在科技转让方面,该公约也做了相关的规定,"在执行公约和相关的协议时,各缔约方应运用最佳的技术和最佳的环境实践,并且促进包括清洁生产技术在内的环保技术的应用和转让,并考虑社会、经济和技术条件"。《关于地中海特别保护区和生物多样性的协议》(Protocol Concerning Specially Protected Areas and Biological Diversity in the Mediterranean, 1995) 第 17 条指出:"在对可能对保护区、物种和栖息地有重大影响的行业、项目和活动进行规划和决定的过程中,缔约国应该评估和考虑可能的直接、间接、短期或长期的影响,包括计划的项目和活动的累积影响"。第 19 条宣传、信息、公众意识和教育部分规定"缔约方还应努力促进其公众及其养护组织参与保护有关地区和物种所必需的措施,包括环境影响评估"。

四、《南太平洋地区自然资源和环境保护公约》

《南太平洋地区自然资源和环境保护公约》(Convention for the Protection of the Natural Resources and Environment of the South Pacific Region, 简称《SPREP 公约》, 1986) 于 1986 年 11 月在西南太平洋岛屿——新喀里多尼亚的努美阿签署,于 1990 年 8 月生效。

从该公约第 2 条 a 款规定的 "按照国际法设立的 200 海里区域,以及各缔约方 200 海里区域所包围的公海区域" 以及第 3 条规定的 "在太平洋上,任何一方可以将位于北回归线与北纬 60 度之间,东经 130 度与西经 120 度之间的管辖区域视为本公约规定的区域",可以看出,该公约的适用区域大多数都是属于国家管辖范围内的区域,只有少数部分属于公海。

《SPREP 公约》要求对可能影响海洋环境的人类活动进行环境影响评价。第 16 条对 EIA 作出一般性规定:"1. 各缔约方一致同意,如果需要在相关的全球、地区和次区域组织帮助下,通过技术纲领性文件和立法手段突出在自然资源开采以及重大工程规划中的环境和社会因素，该自然资源开采以及重大工程规划可能会影响到海洋环境状况，以至于我们必须预防和减少它对协定生效区域所造成的有害影响。2. 各缔约方应该根据自己的实际能力，评价此工程对海洋环境造成的潜在影响。据此可以采取恰当的措施，预防在本协定生效区域内发生的现实污染以及重大有害的环境变化。3. 关于第 2 款提及的评价问题，各方应邀请：（a）公众按照国家法定程序发表评论意见；（b）可能受影响的缔约方，与其磋商后提交评论报告。评估的结果应当提交公约设立的委员会以便利益相关方获取"。

五、《南极条约》体系

《南极条约》体系（The Antarctic Treaty System）是指在《南极条约》的基础上逐渐形成的一个比较完整的旨在确保南极和平利用以及保护南极的环境和生态系统的政治和法律的条约体系。该体系包括《南极海豹养护公约》（Convention for the Conservation of Antarctic Seals, CCAS, 1972）、《南极海洋生物资源保护公约》（Convention on the Conservation of Antarctic Marine Living Resources, CCAMLR, 1980）、《关于环境保护的南极条约议定书》（The Protocol on Environmental Protection to the Antarctic Treaty, 1991，也称为《马德里公约》）以及历次协商会议通过的各项建议和措施。例如，为了更好地指导各缔约国对拟开展的南极活动进行环境影响评估，南极条约协商会议在第一号决议（1999 年）中通过了《南极环境影响评价指南》（Guidelines for Environmental Impact Assessment in Antarctic, ATCM 文件, 1998.6）。为了更充分地解决一个国家或多个国家或私人作业者在多个地点开展多种活动引起的潜在累积影响，南极条约协商会议对指南进行了修订，形成南极环境影响评价指南第四号决议（2005 年）。

在南极条约框架内制定的环境影响评价机制已经被认为是关于海洋环境影响评价的最完善的区域机制之一。《关于环境保护的南极条约议定书》对发生在南极条约区域内的活动进行环境影响评价做出了较为详细的规定。该议定书第 8 条的规定，将活动的影响程度分为三个等级："小于轻微或短暂的影响、轻微或短暂的影响、大于轻微或短暂的影响"。附件一第 3 条第 2 款规定了开展环境影响评价的范围、需要考虑的因素、进行定期监测的要求等。

另外，《关于环境保护的南极条约议定书》的附件一对环境影响评价的程序进行了详细规定，将环境影响评价分为三个阶段：初始阶段（preliminary stage）、初步环境评估（Initial Environmental Evaluation）和全面环境评估（Comprehensive Environmental Evaluation）。附件一第 1 条认为，"在初始阶段，如果某一活动被认为是几乎没有任何影响的，该活动可以立即进行"。根据附件一第 2 条规定，"除非某一活动被认为对环境几乎是没有任何影响的，或是正在准备一个全面的环境评估，否则就需要进行初步环境评估来评估某一拟议活动对环境的影响是否超过轻微的或是短暂的影响"。第 3 条还规定了一个全面的环境评估应该包含的详细信息。另外，在环境影响评价合作方面，该议定书也做了相关的规定，第 6 条规定："在环境影响评价准备方面，每一个缔约国都应尽力向其他缔约国提供适当的帮助"。

六、《北极环境影响评价准则》

1996 年，在加拿大因纽维克召开的北极理事会会议上，北极地区国家的环境部长呼吁制定环境影响评价准则。最终在 1997 年公布了《北极环境影响评价准则》。该准则主要是规定了如何在北极地区进行环境影响评价，是为了解决环境影响评价的技术问题，尚未在法律层面上达成对发生在北极地区的活动开展环境影响评价的相应规定。在适用范围上，该准则并未考虑在国家管辖范围以外区域进行环境影响评价的情况，只是考虑了可能发生在其他国家管辖区域的跨界影响。

《北极环境影响评价准则》规定了环境影响评价过程的要素，每一步的定义，为什么要考虑这些要素，如何执行环境影响评价的每一步骤。环境影响评价文件应包括的要素有："（a）拟议项目和替代方案的描述，包括项目的位置、设计和大小以及规模的信息；（b）可能受拟议活动项目和替代方案影响的环境的描述；（c）用于鉴定和评估项目可能对环境产生主要影响的资料和其他信息；（d）拟议项目运行期间预计影响因素的类型和数量；（e）用于评估的方法，包括识别和预测对环境的任何影响，传统知识的使用和评估的描述，以及用于比较替代方案的方法；（f）根据以上所述，确定影响区域；（g）拟议活动和替代方案可能产生的重大影响；（h）提出避免、减少或纠正重大影响的措施；（i）评估不同的替代方案，包括未采取行动的方案；（j）环境影响评价的一体化描述，在规划和决策制定的过程中的公众参与和公众咨询；（k）非技术性总结"。

第三节　主要国际机构或组织的相关文书及制度

一、联合国环境规划署（UNEP）的相关文书及制度

联合国环境规划署（United Nations Environmental Programme，UNEP）在1987年管理委员会第十四次会议上通过了《联合国环境规划署环境影响评价目标和原则》（Goals and Principles of Environmental Impact Assessment of UNEP，1987）。这一国际文件提供了执行环境影响评价的一般准则。该文书并不具有法律约束力，所以无法确保各国很好地实施文件中规定的各项原则，特别是对发生在国家管辖范围以外区域的活动进行环境影响评价的要求，只能为各国在制定关于环境影响评价的国内法时提供参考。

该文书提出了各国应该对可能对环境产生重大影响的拟议活动进行环境影响评价的要求，不管这些影响是发生在其他国家还是在国家管辖范围以外区域。其原则1规定："各国在早期阶段没有考虑环境影响之前，不应进行或授权相关的活动。如果拟议活动可能对环境产生重大影响，那么就要根据以下原则进行全面的环境影响评价"。该原则规定了各国需要对拟议活动进行环境影响评价的要求。原则2规定："用于确定某一活动对环境有重大影响需要进行环境影响评价的标准和程序应该通过法律、法规或其他方式清楚地定义，以便快速、可靠地确定拟议活动，并在活动规划阶段开展环境影响评估。"原则3规定："在进行环境影响评价时相关重大的环境问题应该被识别和研究，在可能的情形下，在环境影响评价的早期阶段应尽最大的努力识别这些问题"。原则6规定："在做出决定之前环境影响评价的信息应该要通过公正地审核"。原则7规定："在某一项活动做出决策之前，应该允许政府机构、公众、相关领域的专家和利益群体对环境影响评价进行评论"。原则11规定："各国应酌情尽力达成双边、区域或多边安排，以便于在互惠的基础上，就其管辖或控制范围内对其他国家或国家管辖范围以外地区产生重大影响的活动的潜在环境影响进行通报，信息交流和一致磋商"。原则11规定，该文件的内容同样适用于发生在国家管辖范围以外区域的活动。它同时还规定了环境影响评价报告应包含的内容（原则4）："（a）拟议活动的描述；（b）可能受影响的环境的描述，包括用于确定和评估拟议活动的环境影响所必需的特殊信息；（c）酌情实际可替代方案的描述；d）对拟议活动和可替代方案的可能或潜

在环境影响的评估，包括直接的、间接的、累积的、短期的和长期的影响；（e）确定和描述用于减轻不利环境影响的措施，并且评估这些措施；（f）明确在收集必要信息时遇到的知识和不确定性方面的差距；（g）说明是否其他国家或是国家管辖范围外区域的环境可能受到拟议活动或是替代方案的影响；（h）对根据以上要求提供的信息的非技术性总结"。

二、国际海事组织（IMO）的相关文书及制度

国际海事组织（IMO）是联合国负责海上航行安全和防止船舶造成海洋污染的一个专门机构，总部设在英国伦敦。该组织最早成立于1959年1月6日，原名为"政府间海事协商组织"。1982年5月更名为国际海事组织，截至2012年9月，已有171个正式成员。

IMO促成了一系列国际性海洋环境保护方面的公约和非正式文书的签署与制定，如1973年的《国际防止船舶污染公约》［International Convention for the Prevention of Pollution from Ships，1973 as modified by the Protocol of 1978 thereto（MARPOL 73/78）］以及《1997年议定书》；2001年10月正式通过的《控制船舶有害防污底系统国际公约》（简称《AFS公约》），于2008年9月17日生效；2004年2月，IMO召开的压载水管理国际会议通过的《国际船舶压载水和沉积物控制与管理公约》（简称《压载水管理公约》），包括22条条款和一个规则附则——《控制管理船舶压载水和沉积物以防止、减少和消除有害水生物和病原体转移规则》。

MARPOL 73/78框架下的正式和非正式文件制定了针对防止船舶污染的规则和标准，适用于公海航行的船舶。同时，根据附则I防止油类污染规则中规定的特殊区域制度，此类地区的识别和划定也涉及环境影响评价的要求。例如，根据MARPOL 73/78新增附则VI附录III规定了：指定SO_x排放控制区的目的是为了防止、减少和控制船舶排放SO_x造成的空气污染以及随之而来的对陆地和海洋区域的不利影响。指定控制区域的建议标准应包括相关环境影响评价信息——"1份在研制中对在所建议的SO_x的排放控制适用区域内航行的船上排放的SO_x所造成的大气污染，包括SO_x沉积以及随之而来对陆地和海洋区域不利影响的评估。该评估应包括SO_x的排放对陆地生态和水生生态系统、自然生产力区域、濒危栖息地、水质、人类健康以及具有重要文化科学价值区域（如有）造成影响的说明。并应标明有关资料包括所用的方法的

来源"。

在倾废方面，《防止倾倒废弃物及其他物质污染海洋的公约》（Convention on the Prevention of Marine Pollution by Dumping of Wastes and other Matter, the London Convention, 简称《伦敦公约》，1972）及其《1996 年议定书》（the London Protocol, 1996）规定了《联合国海洋法公约》第 210 条第 6 款呼吁的关于倾倒的全球性规则和标准。但是该公约并未涉及因海底矿产资源勘探和开采而产生的直接或间接的废物或其他物质的倾倒（第 3 条）。截止到 2013 年 12 月，签署《伦敦公约》的国家总共有 87 个，该公约《1996 年议定书》的缔约方有 43 个。《伦敦公约》缔约国同意通过实施监管方案，评估倾倒的必要性及其潜在影响，控制倾倒活动。对倾倒工业废物和放射性废物，以及对海上焚烧工业废物和生活污水残渣，已经实行禁止，只有《1996 年议定书》附件一"反列清单"上的物质除外。"反列清单"上的所有物质均已制定了原则性导则和具体导则，这些导则含有评价考虑在海上处置的废物的逐步采用的程序，包括对防止废物的审核、评估替代方案、确定废物特性、评估倾倒对环境的潜在不利影响、选择处置场址、监测和发放许可证程序。《伦敦公约》附件三列出了在评估颁发在海上倾倒物质许可证的可能性时所要考虑的因素，这些因素包括考虑倾倒地址和处置方法，对便利设施、海洋生物和人类的可能影响等。《1996 年议定书》附件二规定，"在评估倾倒的潜在影响时，要对海洋倾倒或是陆地处理这两种选择的预期结果有一个简要的描述。另外还要综合考虑废弃物的特性，拟议倾倒地点的环境条件，拟议使用的处理技术以及详细说明倾倒对人体健康、生物资源、设施和海域的其他合法使用的潜在影响。"《可考虑倾倒的废物或其他物质的评估准则修订版》（Revised Guidelines for the Assessment of Wastes or Other Matter that may be Considered for Dumping）（LC 30/16, 附件三）提供了对倾倒废弃物进行环境影响评价的逐级步骤。

三、联合国粮食与农业组织（FAO）的相关文书及制度

联合国粮食与农业组织（FAO）于 2008 年通过了《公海深海渔业管理国际准则》。这一准则详细描述了对可能在相关区域产生重大不利影响的深海捕鱼活动进行环境影响评价的责任，定义了脆弱海洋生态系统和重大不利影响，还提供了确定影响的规模和大小是应该考虑的因素。这些因素如下：（a）该影响在受影响的特定场址的强度或严重性；（b）该影响相对其危及的栖息地类型的可获得性而言的空间范围；

（c）该生态系统对该影响的敏感度/脆弱性；（d）生态系统受害后的恢复能力和恢复速度；（e）该影响可能改变生态系统功能的程度；（f）相对一个物种在特定时期或生命史阶段需要该栖息地的时间而言，该影响发生和持续的时间（第17条）。

该准则第47条指出，船旗国和区域渔业管理组织/安排应进行评估，确定深海捕捞活动是否可能在特定海域产生重大不利影响。这种影响评估尤应考虑："（a）进行的或是预期的捕鱼类型，包括渔船渔具类型、捕鱼区域、目标或是潜在的副渔获物种类、捕鱼努力量水平和捕鱼持续时间；（b）当前渔业资源状况最佳的可利用科技信息和捕鱼区域的生态系统，栖息地和群落的基线信息，与未来的变化进行比较；（c）鉴定描述和绘制在捕鱼区已知的可能出现的脆弱海洋生态系统地图；（d）用于鉴定、描述和评估深海捕鱼影响的资料和方法，识别在知识方面的差距，评定在评估过程中出现的信息方面的不确定性；（e）捕鱼操作产生的可能影响的风险评价，决定哪些影响有可能是重大不利影响，特别是对脆弱海洋生态系统和低生产力的渔业资源的影响；（f）用于阻止对脆弱海洋生态系统的重大不利影响的拟议的缓解和管理措施，以确保对低生产力的渔业资源的长期保护和可持续利用而采取的减轻影响和实行管理的措施，以及用于监测捕鱼操作的影响的措施"。该准则只是为各国提供了深海渔业环境影响评价的技术指南，并不具有法律上的强制约束力，所以无法强制要求各国必须严格遵守该准则的规定，实践中也主要依赖于区域性渔业管理组织在实施这一准则要求方面发挥作用。

第三章 主要国家和地区的环境影响评价制度与技术方法

第一节 美国

环境影响评价的概念最早是在 1964 年加拿大召开的一次国际环境质量评价的学术会议上提出来的。而环境影响评价作为一项正式的法律制度首创于美国。

一、政策法律体系

1969 年，美国制定了《国家环境政策法》（National Environmental Policy Act，NE-PA，后经过 1975 年、1982 年修订），在世界范围内率先确立了环境影响评价（Environmental Impact Assessment，EIA）制度，依据该法设立的国家环境质量委员会（Council on Environmental Quality，CEQ）于 1978 年制定了《国家环境政策法实施条例》（Regulations for Implementing the Procedural Provisions of the National Environmental Policy Act，简称《CEQ 条例》），为 NEPA 的实施提供了可操作的规范性标准和程序。此后出台了《清洁空气法》（Clean Air Act，1970 年）。联邦各机构和州根据 CEQ 的要求，分别在相应领域或区域内制定了实施 NEPA 的相关规定。上述一系列的立法文件构成了美国环境影响评价制度的法律体系。

1. 《国家环境政策法》

1969 年美国《国家环境政策法》（NEPA）的规定确立了环境影响评价作为联邦政府管理中必须遵循的一项制度。根据该法第一章第二节的规定，美国联邦政府机关在制定对环境具有重大影响的立法议案和采取对环境有重大影响的行动时，应由负责的官员提供一份详细的环境影响评价报告声明（Environmental Impact Statement，EIS），并提出了替代方案、信息公开与公众参与的要求。根据 NEPA 成立的环境质量委员会（CEQ）执行该法案规定的相关职能。

《国家环境政策法》第 102 条关于 EIS 的具体规定如下：

国会最大限度地授权和指导：（1）美国各项政策、法规和公法的解释与执行均应与本法规定一致；（2）联邦政府所有机关均应履行下列职责：

（A）进行可能对人类环境产生影响的规划及决策时，应采取足以确保综合利用自然科学、社会科学及环境设计工艺的系统性科技整合方法。

（B）与依本法第二节规定而设立的环境质量委员会进行磋商，确定并发展各种方法与程序，对于目前无法量化的环境设施与环境价值，在决策过程中能够适当考虑到经济及技术方面的因素。

（C）对人类环境质量具有重大影响的各项提案或主要法案，在建议或报告中，主管官员应提出包括下列事项在内的一份详细说明书：

（i）拟议行动的环境影响；

（ii）提案行动付诸实施时对环境造成的不可避免之不良影响；

（iii）拟议行动的各种替代方案；

（iv）人类环境之地区性短期使用与维持及加强长期生命力之间的关系；

（v）提案行动付诸实施时会产生的无法复原或无法补救的资源耗损情况。

在作出任何详细的声明之前，联邦主管官员应与依法享有管辖权或者具有特殊专业知识的任何联邦机关进行磋商，并取得其对有关任何环境影响的评估。该说明评论与负责发展并执行环境标准的相关联邦、州及地方机关所作意见书复印件，应一并交付总统与环境质量委员会，依《美国法典》第 5 章第 552 条的规定，向公众公开，并应与提案一起依现行机关审查办法接受审查核准。

（D）1970 年 1 月 1 日以后，在州辅助金计划资助下开展的任何联邦重要行动，因有下列情形而由州机关或其官员准备执行者，也应提出详细说明书：

（i）州机关或其官员对该行动享有全州的管辖权与责任者；

（ii）主管联邦官员提供指导并参与此准备工作；

（iii）于核准与实行前，由主管联邦官员独立评估该说明书；

（iv）在 1976 年 1 月 1 日以后，联邦主管官员对其他州或联邦土地管理的实际行动或可能对州或联邦土地管理产生重大影响的替代方案，应提出初步通知书并征求其意见。对此行动的影响有不同意者，则应准备书面的影响评估与意见，编入详细说明书内。

本段所述程序并不减轻联邦官员对整个说明书范围、目标及内容或本章内的任何责任；也不影响由州政府机关制定的非全州性管辖权有关说明的合法性。

（E）研究、拟订和描述适当的替代方案，包括未解决的关于可利用资源的替代使用。

2. 《国家环境政策法实施程序的条例》

1979 年美国 EPA 制定了《国家环境政策法实施程序的条例》（Implementation of Procedures on the National Environmental Policy Act，1979）。实施程序的条例内容包括：一般规定、EIS 内容、与其他环境审查咨询程序的协调、公众和其他相关联邦机构参与、对废水处理建设项目的环境审查程序、对新资源项目的环境审查程序、对研发项目的环境审查程序、对固体废弃物示范工程环境审查程序、对 EPA 设施支持项目的环境审查程序九部分，以及附件对平原和湿地保护的程序。

3. 《清洁空气法》

《清洁空气法》（Clean Air Act，CAT，1970）第 309 条规定当局应当根据法案或当局的其他规定所授权的职责和责任审查、评论任何问题的环境影响文书，包括：（a）任何联邦部门或机构提交的立法提案；（b）适用 NEPA 第 102 条新批准的联邦建设项目和申请的任何重大联邦机构行动（建设项目外）；（c）任何联邦政府部门或机构公开颁布的拟议规定。对这些审查结论的书面意见应当公开。如果当局认为这些立法、行动或者法规不符合公共健康、福利或者环境质量，可以公开有关决定，并将存在的问题提交到环境质量委员会（CEQ）。

环境保护署（EPA）依据 CAT 第 309 条的规定制定对 EIS 的审查标准。环境影响评级分为 4 种：（1）不反对（LO），不需开展环境评价；（2）环境问题的影响应避免，可能需要缓解措施（EC）；（3）环境异议（EO），确认重大影响，纠正措施可能需要对提议的行动或其他替代方案作出实质改变，包括任何先前未被解决或从研究中被排除的，或无行动选择；（4）不符合环境要求（EU），被认定的影响非常严重，提议的行动不能进行。如果在最后的 EIS 中不纠正这些不足，环保署可以将 EIS 提交 CEQ。

环境影响声明充分性的评级分为三个层次：（1）充分——不需要进一步的信息审查；（2）信息不足——需要更多的信息审查，或者评估其他备选方案，确定的附加信息或分析应该包含在最终的 EIS 中；（3）不充分——严重缺乏信息或分析来解决潜在重要环境影响。该草案不符合国家环保署和/或 CAT 第 309 条的要求。如果没有再修改或补充，并再次作为公众意见文件草案提供，EPA 可将 EIS 提交给 CEQ。

4. 《国家环境政策法和评估 EPA 行动对国外环境影响的实施程序》

CEQ 要求联邦各机构和州根据各自的职责权限制定条例实施 NEPA，EPA 采纳了 CEQ 关于实施 NEPA 的条例要求，制定了《国家环境政策法和评估 EPA 行动对国外环境影响的实施程序》（Procedures for Implementing the National Environmental Policy Act and Assessing the Environmental Effects Abroad of EPA Actions）作为补充性规定，适用于由 EPA 提出的依据国家环境政策法要求的行动。

该文件主要规定程序性问题，分为四部分内容。A 部分——EPA 执行 NEPA 的一般规定，主要包括政策和目的、适用、定义以及 NEPA 和负责官员的责任；B 部分——EPA 的 NEPA 环境审查程序，主要包括总要求、与其他环境审查要求之间的协调、跨部门合作、公众参与、除外责任和特殊情况分类、环境评估、无重大影响的发现、环境影响报告书、决定记录、EPA 的 EIS 文件归档要求和紧急情况；C 部分——对环境信息文件和 EPA 行动的第三方协议要求，包括适用性、申请人的要求、负责人的要求、第三方协议；D 部分——评估 EPA 行动对境外环境的影响，包括目的和政策、适用性、定义、环境审查和评估的要求、牵头或合作机构、豁免和注意事项、实施。

5. 第 12114 号行政命令——重要联邦行动的境外环境影响评价

关于对境外环境的影响问题，早在 1979 年发布的总统行政命令就为主要联邦行动对美国以外环境产生影响的内部程序提供了依据。根据政令第 2-1 条规定，采取重大行动的每个联邦机构，不免除由此对美国地理边界、领土和财产之外所产生的重大环境影响的评估义务，各机构在实施该政令之前，应与国务部门和环境质量委员会就有关程序进行协商。

命令第 2-3 条对需要开展境外环境影响评价的主要联邦行动做了明确规定：（a）重大的联邦行动对任何国家以外的全球公地（例如，海洋或南极洲）环境产生重大影响；（b）重大的联邦行动对外国的环境造成重大影响，该国没有与美国合作，也没有参与该行动；（c）重大的联邦行动严重影响外国环境，须向该国提供：①美国联邦法律禁止或严格管制的产品或实体项目，其主要产品的排放或流出物，因其对环境的有毒影响造成严重的公共卫生风险；或②在美国禁止或严格按照联邦法律规定对放射性物质进行保护的实体项目；（d）在美国以外采取的主要联邦行动，其领土和财产严重影响需要保护的全球重要自然或生态资源，本款所指这些全球重要自然或生态资源是由总统或国务卿签署的对美国有约束力的资源保护国际协定所明确规定的保护对象。

第 12114 号行政命令主要要求联邦机构应当制定有效的实施程序，对联邦行动的境外环境影响进行规制，以确定受影响的国家可以接到本命令第 3-2 条规定的环境文件通知。为避免资源重复，各机构在其程序中应适当利用其他具有相关环境管辖权或专门知识的联邦机构的资源。第 2-4 条（a）规定了需要开展境外环境影响评价的行动所涉及的相关资料：（i）环境影响报表（包括一般规定、程序和具体报表）；（ii）由美国和一个或多个外国国家签订或者由美国参与的国际机构或组织开展的与拟议行动有关或相关的双边或多边环境研究文件；（iii）对所涉及的环境问题的简要审查，包括环境评价、概括的环境分析或其他适当文件。

命令还规定了豁免和注意事项。包括：（i）由机构确定对美国以外的环境没有显著影响的行动；（ii）总统所采取的行动；（iii）当涉及国家安全或利益时或在武装冲突过程中发生行动时，或根据总统或内阁官员的指示采取的行动；（iv）情报活动和武器转让；（v）出口执照或许可证或出口许可，以及与核活动有关的行动，但不包括根据修订的 1954 年《原子能法》向外国提供核生产或使用设施的行为，或核废料管理设施的规定；（vi）国际会议和组织的投票和其他行动；（vii）灾害和紧急救济行动。

对于主要联邦行动对国外环境产生影响的情形，则不需要对位于国外部分的环境影响编制报告。例如，Angeles-Juan de Fuca 港横跨加拿大与美国的海底电缆项目（图 3-1）。在环境影响报告中，相关分析侧重于美国边界内的影响以及可能对美国产生的影响，但并未评估美国边界外的影响。此种情况下，加拿大政府通过国家能源局批准了该项目的加拿大部分，并要求进行环境审查。因此，这份环境影响报告没有涉及国家管辖范围外的影响评价，而是由受影响国自行评估。

6. 联邦机构、地方各州的环境影响评价

第 11514 号（后被第 11991 号修订）总统行政命令授权 CEQ 指导 NEPA 第 102 条

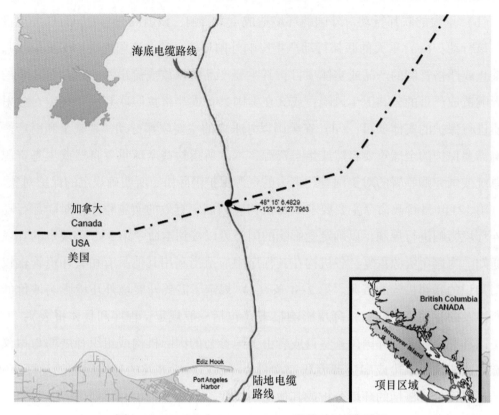

图 3-1　Angeles-Juan de Fuca 港海底电缆项目

来源：Port Angeles-Juan de Fuca Transmission Project Draft Environmental Impact Statement

的实施。环境质量委员会公布了具体的指导方针，于 1978 年作出规定，要求所有联邦机构签发与 CEQ 一致的 NEPA 条例。CEQ 要求牵头机构准备关于 NEPA 问题声明的详细书面资料，可以先准备一个环境评估（EA），以决定是否应该准备一个 EIS 或一个无重大影响报告（FONSI）。如果该机构在开始阶段就决定准备一份环境影响报告书，则没有必要进行 EA。

为了审查，该牵头机构向那些具有法定管辖权或业务相关的联邦机构以及适当的其他联邦、州和地方机构提供环境影响报告书。一旦环境影响报告书是最终的，牵头机构必须正式提交它，连同审查者的评论意见和牵头机构对意见的回应，一并向公众公开。

根据 CEQ 的要求，联邦各个机构都制定了实施 NEPA 的相关规定，例如国防部、环保署等制定了：①《国家环境政策法案实施程序条例》（Implementation of Procedures on the National Environmental Policy Act），②《实施国家环境政策法和评估 EPA 行动对国外环境影响的程序》（Procedures for Implementing the National Environmental Policy Act and Assessing the Environmental Effects Abroad of EPA Actions）；其他联邦机构也制定了相关的实施办法。到 20 世纪 70 年代末，美国绝大多数州相继建立了各种形式的环境影响评价制度。

7. 技术标准文件

美国环保署发布的技术指南主要包括"环境影响报告书审查指南"和"污染防治与减缓环境影响清单"两类。其中，"环境影响报告书审查指南"主要内容包括对联邦行动环境影响的审查政策和程序，生境、非金属和金属矿、渔业等领域的管理计划，以及对非煤矿产采选工程、原油和天然气的勘探、开发、生产项目和在联邦土地上的放牧等经济活动的环境影响审查背景资料。"污染防治与减缓环境影响清单"是为各项环境影响评价审查做准备工作，需要进行环境影响审查的项目包括能源管理、非军用的化工、园林绿化、病虫害管理、危险废物焚烧、火力发电、公路和桥梁、机场、水利水电、建筑/住宅建设、畜牧业、林业、矿业工程、天然气管道、石油和天然气项目等[3]。EPA 还制定了环境影响评价有关的技术标准，如《环境影响评估准则》（Principles of Environmental Impact Assessment）、《采矿环境影响评价指南》（EIA Guidelines for Mining）等。

与环境影响报告书相关的标准主要是在审查方面，美国环保署还发布了许多污染控制方面的技术指南，涉及空气、化学安全与污染防治、土地和应急管理、科学、水。除此以外，美国还有其他环境标准，如环境空气质量标准、环境水质标准、有害空气污染物排放标准、新污染源排放标准等。这些标准或指南数量众多，为环境影响评价报告书的编制提供技术指导。

二、管理制度

美国环境质量委员会（CEQ）、环境保护署（EPA）和国家海洋与大气管理局（NOAA）是联邦主要的环境影响评价职能机构。

（1）环境质量委员会（CEQ）根据 NEPA 的规定在总统的行政办公室内设立。由三名成员组成，由总统任命，并指定 CEQ 成员之一担任主席。每一个成员都具有杰出的业务能力和资格来分析和解释各种环境趋势和信息，根据相关规定，对联邦政府的计划和活动进行评估，识别和响应国家的科学、经济、社会、美学和文化的需要和利益，制定或提出国家政策，促进环境质量的提高。总统发布 11514 号行政命令授权 CEQ 指导 NEPA 第 102 条的实施。根据这一命令，委员会公布了相关指导方针，并于 1978 年以条例的形式要求所有联邦机构颁布与 CEQ 一致的《NEPA 条例》。CEQ 作为总统顾问，开展相关研究工作，为国会准备年度环境质量报告，审查 EIS。此外，CEQ 还负责调解有关国家间针对特定重要问题的环境分析争议。

（2）环境保护署（EPA）是 EIS 的主要审查部门。CEQ 指定 EPA 为所有最终 EIS 的正式接收方，环保署长官对联邦行动办公室（OFA）负责。环境保护署（EPA）依据《清洁空气法》（CAT）审查的材料包括：提议的立法和法规；环境影响（EA）；环境影响声明（EIS）草稿和最终版；若牵头机构提出的议案没有要求作出 EIS，但是 EPA 认为构成重要的联邦行动并严重影响环境，可以要求其作出 EIS。

此外，美国国家海洋与大气管理局、国防部等都制定了开展 EIS 的相关规定并予以实施。

三、实施程序

CEQ 拟定了环境影响评估具体的操作办法（图 3-2），程序如下[4]：

（1）当联邦机构的拟议活动可能对环境产生影响时，首先要对其进行法律适用性的判断，如果法律上规定该活动是豁免项目，则不必进行环境评估（Environmental Assessment，EA），否则就需要进行环境评估；

（2）当一项联邦机构的拟议活动进行环境评估时，需要对拟议活动进行概述，阐明活动的意义和重要性，活动对环境的影响，并且需要提出几个替代方案，以及被咨询的机构和人员的名单；

（3）联邦机构应根据 EA 确定是否编制环境影响声明（EIS）；如果要编制 EIS，则开始确定评价范围；如果机构根据 EA 确定不需要准备 EIS，则做无重大影响的结论（Finding of No Significant Impact）。因为 EA 是公开文件，任何公众团体都有权质询。因此，凡是对环境影响大、公众意见多的项目，其 EA 很少会得出"不严重"的结论，从而免去 EIS；

（4）EIS 必须在《联邦公报》上登出通知，召集相关的各联邦政府部门、州或地方政府部门、准政府机构、社会团体、公众代表商定环境评估的具体范畴，并指定负责牵头评估的政府机构；

（5）编制 EIS 初稿。拟议活动的发起机构、政府牵头机构、下级政府机构或雇佣的咨询公司等都可以撰写 EIS 初稿。EIS 初稿分发给各有关单位和团体，并收集官方和公众的意见；

（6）牵头政府部门在综合了各方意见之后，做出 EIS 正式稿；

（7）牵头部门分发正式稿，将最终的 EIS 提交 EPA、CEQ，在规定时间内，向各方再收集一轮意见，最后做出批准（或否决）的决议，着手实施拟议活动。

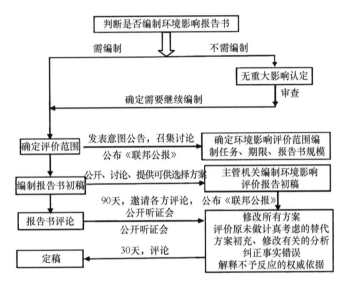

图 3-2　美国环境影响评价流程图[5]

四、技术方法

1. 环境影响评价的对象

美国环境影响评价的对象是联邦政府的立法建议和其他对人类环境有重大影响的主要联邦行动。可见，美国环境影响评价的对象是联邦政府的行为，这些行为的类别主要包括：①联邦政府机关向国会提出的议案或立法建议，其中包括申请批准条约；②全部或部分地由联邦政府资助的、协助的、从事的、管理的或批准的工程或项目以及新的或修改了的行政决定、条例、计划、政策或程序。但是并非所有联邦政府的上述行为都要进行 EIS，还要以这些行为对人类环境有重大影响为条件。CEQ 条例对重大影响的认定规定了背景（context）和强度（intensity）两个判断标准。背景是指联邦行为对社会整体、行为实施地和相关利益方的影响；强度则指联邦行为影响的严重程度，它又通过更具体的标准来认定，可以归纳为：①对公众健康和安全、特殊地理区域、国家历史遗迹和濒危物种的不利影响的程度；②行动的环境影响的不确定性及其危险程度；③行动的环境影响引起重大争议的可能性；④行为成为未来行动的先例或代表的可能性；⑤行为是否分散进行会比集中进行产生较小影响；⑥行动是否可能违反联邦、州或地方的环境保护法[6]。

2. 环境影响报告的内容

根据 CEQ 条例的规定，环境影响评价报告主要包括三项内容：①包括建议行动在内的各种可供选择的方案。详细说明各种可供选择的方案是环境影响评价的核心内容，包括建议行动和替代行动两类，后者是相对于前者而言的，指可以替代建议行动并实现其预期目的的方案。按照替代方案的性质，它又可分为基本替代方案、二级替代方案和推迟行动方案三种。基本替代方案指的是以根本不同的方式实现建议行动的目的、可以完全代替建议行动的方案，包括不行动；二级替代方案是指在不排斥建议行动的前提下，以不同方式实施建议行动；推迟行动方案是指，当建议行动的环境影响在科学上具有不确定性时，应当谨慎地推迟行动。②各种方案可能会影响的环境，这一部分的数据和分析必须与环境影响的程度相称。③各种行动方案及其补救措施的环境后果。补救措施是限制、减少、弥补行动的不利环境影响的手段。这一部分的内容应该包括各种行动方案及其补救措施的直接的、间接的环境后果的程度，各种行动方案和补救措施对包括能源在内的自然资源的要求等[7]。

3. 环境影响评价的公众参与

美国对环境影响评价的公众参与，仅在 NEPA 第二篇第五节第 1 条规定应征求相关机构、部门、地方政府的意见，并且还应当依照《情报自由法》的规定将环境影响报告书及相关机构的意见对外公开，但对于是否征求公众意见没有作明确规定。CEQ 条例详细规定了公众参与的程序，包括参与阶段、范围、人员、效果以及参与的限制等。具体包括：项目审查前不必通知公民，但审查后应通告，一般公开的时间为 45~90 天；规划过程开放，为公众提供信息，公民可以参与规划过程；公民有机会获得 EIA 文件；公民可以评论项目，并以书面方式提交；主管部门或者活动提议者必须及时反馈公民意见；公开听证会可在有较大争议或公民有要求的情况下举行；公众有权了解作出最后决定的理由；公众可以在参与 EIA 后不少于 30 天收到有关信息；公众可以质疑 EIA 的充分性；等等。此外，根据《行政程序法》，行政机关的任何行为原则上均要接受审查，因此，虽然有关 EIA 的法律没有明文规定司法审查，但实务中如果主管机关在 EIA 程序中没有依照法律法规组织公众参与程序，造成信息损害或程序损害，或被认为有其他违法现象，利益相关者可以依法提起诉讼。由此可见，美国关于公众参与 EIA 的规定是相当完备的，其公众参与阶段早，可参与的事项全，参与权利得到保障[8]。

第二节　加拿大

加拿大环境保护的成功与其环境影响评价和社会影响评价制度的有效实施密切相关，其环境影响评价与社会影响评价的理念、法律建设、运作模式等一直走在世界前列。1964 年，在加拿大召开的国际环境质量评价会议上首次提出了环境影响评价；1974 年加拿大输气管道项目引起争议，加拿大政府开始关注社会影响，1982 年在加拿大温哥华召开了首届国际社会影响评价大会。目前把环境影响评价和社会影响评价确立为政府环境管理的一项基本制度，已为世界各国普遍借鉴[9]。

一、政策法律体系

1988 年《加拿大环境保护法》在有关环境影响评价的章节中对环境影响评价的对象、范围作了规定，并明确了环境影响评价的主要目的。1992 年加拿大政府通过的议会法案《加拿大环境评估法》（CEAA），要求联邦政府部门——环境部、相关机构和公司，对联邦政府支持或项目涉及联邦资金、执照或许可的拟议项目进行环境评估。2012 年《加拿大环境评估法案》（Canadian Environmental Assessment Act, CEAA）取代了 1992 年的 CEAA（1995 修订），其规定为加拿大大部分地区的联邦环境评估实践奠定了立法基础。根据该法案，环境评估被定义为一种规划工具，用于识别、解释、评估和减轻项目的环境影响。

相比旧法，2012 年生效的《加拿大环境评估法》具有以下主要变化：

（1）需要环境影响评估审查的项目数量减少，适用于"指定项目"而不是所有

"项目"，环评项目的适用范围缩小了，由所有的许可项目转变为重大的项目才做环评。旧法案适用于所有对环境造成改变的项目。清单规则（The Inclusion List Regulations, SOR/94-637）描述了需要审查环境评估报告的项目。旧法案还要求联邦部门依据联邦当局有关规定（SOR/96-280），对需要颁发许可证的任何项目提出环境评估审查要求。根据新法案，如"地震测试、水坝、风力发电厂和发电厂"不再需要任何联邦环境评估，联邦政府只要求评估重大的项目。

（2）取消部分项目需要提交修改后审查报告的要求。旧法案要求项目提议者是联邦公司或加拿大以外的国际性项目，或加拿大政府资助的项目，则需要提交进行修改后的最终审查报告。根据旧法案，其他联邦部门在任何必要的环境评估完成之前都不允许发放许可证。根据新法案，某些其他部门，特别是国家能源局，可以在没有环境评估的情况下发放许可证，可以自行开展评估，并可以取消当前正在进行的评估。

（3）旧法案对于基本项目的描述比新法案更为全面。根据旧法案的规定，基本项目描述的信息与新法案的要求基本相同，包括有关地形、空气、植被、所有野生动物和栖息地的信息。新法案所要求的信息，即使是没有生物学知识背景的律师也可以提供这些信息。有关环境影响的信息仅限于对鱼类、水生物种和候鸟的影响。只有第17部分（a）的规定中，要求描述项目可能导致鱼类栖息地的变化部分内容需要具备生态学的知识。旧法案的核心是一项全面的研究，研究中包含的内容是针对每个项目。相关机构在收到项目申请后90天内发布具体项目的综合研究指南，确定需要收集的基线数据、需要咨询的特定群体、提议方提出的具体问题。而新法案不要求进行全面的研究。

（4）新法案的规定从实质上减少了生物学家的最初投入，加速了项目进入法律听证阶段的进程。在收到项目描述后，工程处有10天的时间要求提供更多的信息，并在互联网上发布项目描述。在允许公众发表评论的20天期满之后，相关机构有25天的时间作出决定，确定该项目是否需要正式的环境评估。旧法案使用了"生物学家"的方法。相关机构有90天的时间来确定一个项目是否需要开展全面的研究，并为具体项目的综合研究准备影响评估准则。在综合研究之后，相关机构可以确定是否有必要进行进一步的审查，如有必要进行进一步的审查，可以将该项目送交调解或正式审查小组。

二、管理制度

加拿大从联邦到地方，甚至是小区的开发，均开展不同形式的环境影响评价。环境影响评价是在拟建项目开工之前，对环境影响进行预测的过程，通过环境影响评价确定污染物的特性和范围以及可能造成的环境影响，并提出减轻负面影响的措施。加拿大环境影响评价制度具有预测性和评价性的特点，可以在"第一时间"从环境的角度发现问题，进而提出预防污染和防止生态破坏的办法和措施。

1. 项目主管机构

项目主管机构是指《加拿大环境评估法》第 15 条所涉及的需进行环境评估的指定项目的负责机构。需开展环境影响评价的指定项目主管机构的职责在于确保环境评估是按照 2012 年 CEAA 进行的，并准备环境影响评估的报告，包括确保公众有机会参与环境评估，主管机构应当在互联网上张贴环境影响评价开始的公告。根据《加拿大环境评估法》第 15 条的规定，需开展环境评估的指定工程项目，其主管机关包括：（a）加拿大核安全委员会（Canadian Nuclear Safety Commission）；（b）国家能源委员会（National Energy Board）；（c）执行监管职能的联邦当局（依规定举行听证会）；（d）与本法规定有关的其他机构。如果两个指定项目之间密切相关，但是各自主管机关权力不同，则须加强机构间的协调与合作。

2. 环境影响评价管理机构

加拿大联邦政府和各省均设有环境保护机构，环境影响评价管理涉及的主要责任人包括：加拿大环境部长、执行部长、环境顾问委员会成员、国际事务专门顾问等，其中，加拿大环境部长直接领导环境影响评价工作；执行部长主管 7 个司，主要负责环境影响评价在各领域的展开，其中各个司长又分别领导 30 个专业处。

加拿大环境影响评价的主要机构是依据 1992 年的《加拿大环境评价法》第 61 条设立的加拿大环境评价署，负责建议和协助环境部长行使《加拿大环境评价法》赋予的行政权力和职责，全面负责联邦环境评价管理工作，环境部长对该机构负责。《加拿大环境评价法》第 105 条规定了该机构的主要目标包括：①执行《加拿大环境评价法》规定的环境影响评价相关规定，执行和管理该法和其他有关规定的要求与程序；

②促进加拿大各级政府在评估环境影响方面的统一和协调；③促进开展有关环境评估问题的研究，并鼓励机构单独或与其他组织合作发展环境评估技术和方法，如测试计划；④以符合本法宗旨的方式促进环境评估；⑤促进、监督和便利本法的实施；⑥促进和监督根据本法进行的环境评估的质量；⑦就与本法有关的政策问题同土著居民进行协商。

加拿大环境评价署的具体职责主要包括：①执行《加拿大环境评价法》。有效利用资源，贯彻环境影响评价法，完成环境评价的目标，保证环境影响评价工作的顺利展开，为审查、仲裁及综合研究提供管理和咨询服务。②鼓励公众参与保护环境。《加拿大环境评价法》规定："为进行环境影响评价的每个项目开设公开档案室，方便公众获得该项目的档案资料，公众通过查询档案资料增进对相关问题的了解，在规定时间内提出建议，并监督其合理建议的采纳，以维护自身的环境权益。"建立公开档案便于将环境影响评价过程中得到的基本信息、环境影响评价报告、其他公众的建议要求等予以公布，方便公众参与环境影响评价，提高环境影响评价的民主性。③完善环境影响评价理论，促进环境影响评价更科学、更规范地实施；在实践过程中，总结环境影响评价的发展规律和特点，提出环境影响评价遇到的新问题及解决问题的方法并加以归类，寻找环境影响评价学科发展中新的契机。④通过培训提高环境评价质量，提高环评从业人员的业务能力，以保证其更好地处理环评工作中遇到的各种问题，并且对环评从业人员的职业道德也进一步做出了规范。⑤推进作为可持续发展决策支持重要工具的战略环境评价的应用。可持续发展理念要求决策者必须在所有的层面整合经济、社会和环境因素，作出有利于可持续发展的决策，而战略环评正是寻求将环境因素纳入公共政策酝酿阶段的路径。加拿大于1999年将环境影响评价与可持续发展战略相结合，在战略决策的层面强化了战略环评的作用。

加拿大还有审查、综合研究、仲裁、审查小组四种环境影响评价形式，环境部长指派仲裁方和审查小组开展独立的环境影响评价，加拿大环境影响评价署不直接参与环境评价，但提供支持服务，如培训、指导、为公众参与提供资助及介绍环境评价过程等。

3. 其他联邦当局的作用

掌握专门知识的联邦部门和机构可以提供信息和建议，以支持主管当局进行环境评估。在联邦领土范围内开展的那些非指定项目，联邦权威机构或当局在实施项目或行使任何权力或执行任何义务或职能之前将允许项目实施，主管机构必须保证实施项目不造成重大不良环境影响；这项责任也适用于由联邦政府资助或加拿大政府支持的加拿大以外开展的项目。

三、实施程序

加拿大的环境影响评价的实施程序主要包括以下步骤[9]：

首先详细描述工程项目。包括描述工程项目概况，如项目开发的必要性、项目名称、项目承担单位及负责人、项目起止日期、项目的主管部门、项目简单内容及实施目标。通过项目描述，准确把握工程项目。需要注意的是，这里说的工程项目描述不仅包括对工程项目本身的描述，还包括对工程所在区域的其他项目的描述，这样才能得出一个区域内所有项目对环境造成的共同环境影响。描述工程项目是环境影响评价的第一个阶段，也是环境影响评价最为重要的工作之一，做好工程项目描述是顺利完成环境影响评价的前提条件。

其次评价不利环境影响。通过对项目的实地考察，了解其在实施过程当中可能会造成的环境污染与破坏，调查其污染源数量，降低废气排放量及固体废弃物的产生数量，从而得出对环境造成的破坏程度，与此同时，研究环境污染或破坏能否避免，在无法避免的情况下，如何降低污染，采用何种方式恢复环境破坏，例如对固体废弃物的治理，是否可以重复利用，有哪些可以利用的措施。项目实施的同时环境保护措施是否已经及时地采取，最终得出具体的环境不利影响，为下一步环境影响评价工作做好准备工作。

最后确定消除或减少环境不利影响的途径。环境影响评价的工作重点应当是在总结不利环境影响之后，寻找解决或缓解这些问题的方法。环境保护措施在项目开始之前应当做好准备，在项目实施过程中通过实施这些保护措施，最大限度地减少对环境带来的不良影响。

加拿大环境影响评价的实施程序不属于独立的程序，而是包含在项目各个环节的审批程序当中，从编制项目建议书开始，执行单位应考虑建设项目的行动依据，权衡项目与环境之间的协调，确定项目是否可行，但项目最终是否可行须在提交政府部门的审批书中最终确定。

四、技术方法

为了为联邦环境评估的开展提供技术支持，加拿大环境部根据《加拿大环境评估法》制定了《联邦环境评估指南》（A Guide to Federal Environmental Assessments）。该指南的主要内容包括：（1）对联邦环境评估的要求：a. 存在一项实质性的"项目"；b. 涉及联邦政府；c. 满足环境评估的触发门槛。（2）环境评估，包括：a. 评估类型；b. 需要评估的因素；c. 有关决定。（3）加拿大的环境评估相关管理机构。

1. 环境影响评估的类型

根据 2012 年 CEAA，环境影响评估的类型主要有两种：

（1）由主管当局进行的环境评估

由国家能源局或加拿大核安全委员会（the National Energy Board or the Canadian Nuclear Safety Commission）进行的环境评估。

（2）由环境评估审查小组进行的环境评估

环境评估审查小组由环境部长任命和组成。

这两种类型的评估都可以由联邦政府单独进行，也可以与其他有管辖权的部门合作。

2. 环境影响评估的对象

加拿大环境影响评价逐渐向社会影响评价发展，其评价对象由建设项目、规划的评价逐渐向影响地区居民、群体、社会发展等方面的社会影响评价发展，环境评价的对象不再局限于建设项目，而是向政策规划发展，并且开始关注人类日常生活，关注弱势群体受到的影响，评价的对象涉及方方面面，几乎涵盖了所有社会活动，甚至包括对生产方式的评价。具体而言，在建设项目的环境影响评价中，首先确定项目是否属于需要开展环境影响评价的范围，否则不适用环境影响评价。其次确定项目是否满足免除环境影响评价的条件，若满足条件之一则可免除环境影响评价，不满足的条件下若有联邦机构介入也可启动环境影响评价程序，联邦机构没有介入则不适用环境影响评价。如果项目被列入《免除列表规章》则直接免除环境影响评价，对于国家应对紧急状况需要立即建设的项目也可免除环境影响评价。

3. 环境影响评估的内容

环境影响评估必须考虑以下因素：

（a）环境影响，包括事故和故障造成的环境影响，以及累积的环境影响；

（b）环境影响的重要性；

（c）公众意见；

（d）缓解措施和后续计划；

（e）拟议项目的目的；

（f）实施拟议项目的替代方案；

（g）由环境引起的项目变更；

（h）相关区域研究的结果；

（i）其他相关问题。

4. 环境影响评估的期限要求

在接受完整的项目描述后，需要 45 天，包括 20 天的公众评议期，以确定是否需要环境影响评估。环境影响评估必须在 365 天内完成，从环境影响评估的启动通知发布，以及环境部长决定确认该拟议项目可能会对环境产生重大不利影响时，这个期限开始计算。环境部长可以在环境影响评估开始后的 60 天内，向审查小组提交项目。评审小组的环境影响评估需要在 24 个月内完成。这个期限开始于拟议项目被提交到审查小组，并在环境部长发布环境影响评估决定声明时结束。

期限的延长。每一个环境评估：部长可将时限延长 3 个月，以促进与其他相关部门的合作或考虑该项目的其他具体情况。在环境部长的建议下，议会官员也可以延长期限（除部长批准的 3 个月延长外）。项目支持方对主管机构或审查小组提出的要求作出反应的时间（包括进行研究、编制环境影响报告书、收集进一步资料等），不计入期限。

第三节　澳大利亚

一、政策法律体系

1. 联邦立法

在澳大利亚，普遍认为环境影响评价程序在州一级率先引进并付诸实施，如新南威尔士州。该州的污染控制委员会在 1974 年就颁布了环评准则。在联邦层面,1974 年通过了《环境保护(拟议方案影响)法案》[Environment Protection(Impact of Proposals)Act,1974](2000 年已失效)。1999 年《环境保护和生物多样性保护法案》(Environment Protection and Biodiversity Conservation Act,《EPBC 法案》,1999)取代了 1974 年的《环境保护(拟议方案影响)法案》,成为澳大利亚联邦一级的环评依据。2000 年制定了《环境保护和生物多样性保护条例》(the Environment Protection and Biodiversity Conservation Regulations,《EPBC 条例》,2000)。值得注意的一点是,澳大利亚联邦立法并不影响诸州及地方层面环境评估和许可的效力;相反,EPBC 是与澳大利亚诸州及地区法律系统并行运行的。联邦和澳大利亚诸州及地区法定要求的重叠部分主要通过双边协定或根据《EPBC 法案》所规定的国家程序来解决。

作为南极条约体系的成员国,澳大利亚为了履行南极条约体系下的环境保护义务,于 1993 年制定颁布了《南极条约(环境保护)(环境影响评价)规定》[Antarctic Treaty(Environment Protection)(Environmental Impact Assessment)Regulations,1993]。相关规定主要与《关于环境保护的南极条约议定书》附件一环境影响评价的内容相衔接。其主要内容如下:第一部分,前言。第二部分,环境影响评估适用的程序。第三部分,初步环境评价(包括初步环境影响评价的内容、初步环境评估完成后的通知)。第四部分,综合环境评价,包括:a)综合环境评价草案(如草案内容、草案的发布、草案在澳大利亚的可获得性通知、草案转发通知等);b)最终综合环境评价:最终综合环境评价的内容、澳大利亚最终综合环境评估的有效性通知、可获得外国最终综合环境评价的通知;c)许可的规定条件:开始授权活动。第五部分,关于授权活动发生变更的通知。

2. 澳大利亚诸州及地方立法

澳大利亚诸州及地方在环境影响评价法律制定方面在一定程度上比联邦更具超前性。

澳大利亚首都直辖区(ACT)制定的《2007 年规划和发展法案》第 7 章和第 8 章中做出了环评规定。在《1991 年土地(规划和环境)法》第 4 部分和《领土计划(土地使用计划)》第 4 部分的帮助下,环境影响评价首先得到实施。在《EPBC 法案》下的《联邦土地法案》中也会有一些环评要求,《1988 年澳大利亚首都地区(规划和土地管理)法》[the Australian Capital Territory(Planning and Land Management)

Act, 1988] 在国家土地和"指定区域"得到进一步适用。

在新南威尔士州（NSW），1979 年《环境规划与评估法案》（Environment Planning and Assessment Act, EPA, 1979）为国家重大技术设施的 EIA 建立了三条路径。第一条路径是法案的第 5.1 部分，它规定了"国家重大基础设施"项目的环评（从 2011 年 6 月起，该部分取代了第 3A 部分，该部分先前已涵盖重大项目的环评）。第二条路径是关于法案第 4 部分（开发）发展的控制措施。如果一个项目不需要在第 3A 部分或第 4 部分得到批准，那么它就有可能需要采取第三条路径，按照第 5 部分关于环境影响评估的规定开展评估。

北部地区（NT）的环境影响评价主要是根据 2013 年生效的《环境评估法》（Environmental Assessment Act, EAA）实施的。EAA 是北部地区环境影响评价的主要工具，在 1985 年调查法（NT）中有进一步的具体规定。

昆士兰（QLD）主要开展四类环境影响评价。首先，根据 1997 年《除采矿以外的其他发展项目的综合规划法案》[Integrated Planning Act 1997（IPA）for development projects other than mining] 开展的项目环评；第二，根据 1994 年《环境保护法案》（Environmental Protection Act, 1994）进行一些采矿和石油活动环评；第三，根据 1971 年《国家发展和公共工程组织法》（State Development and Public Works Organization Act, 1971）的"重大项目"环评；最后，根据 1999 年《环境保护与生物多样性保护法案》开展的环评程序。

南澳大利亚（SA）环境影响评价的地方法律依据主要是 1993 年的《发展法案》（Development Act）。根据该法案，评估包括：环境影响报告书（EIS）、公共环境报告（a Public Environmental Report, PER）或发展报告三种形式。

塔斯马尼亚州（TAS）建立了一系列管理开发活动和负责审批的法律体系，包括：1994 年的《环境管理和污染控制法案》（Environmental Management and Pollution Control Act, EMPCA, 1994）、1993 年的《土地利用规划和批准法案》（Land Use Planning and Approvals Act, LUPAA, 1993）、1993 年的《国家政策和项目法案》（State Policies and Projects Act, SPPA, 1993），和 1993 年的《资源管理和规划上诉法庭法案》（Resource Management and Planning Appeals Tribunal Act, 1993）等。

维多利亚州（VIC）的环境影响评价主要依据 1978 年的《环境影响法案》（Environment Effects Act）和《环境影响评估的部长级准则》（Ministerial Guidelines for Assessment of Environmental Effects）进行。

西澳大利亚（WA）制定的 1986 年《环境保护法案》（Environmental Protection Act）（第 4 部分）为西澳大利亚环境影响评价的实施提供了立法框架。该法案包括规划的审查、发展建议及项目对环境可能影响的评估等内容。

二、管理制度

1. 联邦环境影响评估管理部门

澳大利亚联邦环境影响评价的管理部门是澳大利亚政府环境与能源部，环境与能源部长具有决定权，其环境影响评价管理制度的主要依据是《环境保护和生物多样性保护法案》（Environment Protection and Biodiversity Conservation Act, EPBC Act, 1999, 2016 年修订）。

《环境保护和生物多样性保护法案》是澳大利亚议会的一项法案，旨在保护澳大利亚的环境，为生物多样性及自然和文化遗产的保护提供了一个制度框架。根据该法案，2000 年 7 月 17 日制定了一系列程序，以帮助保护和促进受威胁物种和生态社区的恢复，并保护重要的地方不受衰退影响。EPBC 法案由澳大利亚环境部门负责执行。政府批准并实施了"一站式"的环境审批程序框架，将国家环境法的国家规划系统纳入国家保护计划体系，为列入国家保护的事项建立了一个单一的环境评估和审批程序。

在采取可能对 EPBC 法案保护的事项产生重大影响的行动之前，须将建议行动提交给澳大利亚环境与能源部长。未经澳大利亚政府环境与能源部长的批准，任何人不得采取任何能够、将要或可能对具有环境意义的事项或其他受保护事项产生重大影响的行动。

EPBC 法案确定了 9 个国家级重要环境事项（National Environmental Significance）：（a）世界遗产；（b）包括具有历史意义的海外领土的国家遗产；（c）国际重要湿地（拉姆萨尔湿地）；（d）列入受威胁的物种、生态群落；（e）受国际协定保护的迁徙物种；（f）联邦海域；（g）大堡礁海洋公园；（h）核行动（包括铀矿开采和核废料库建设）；（i）与煤层气开发和大型煤矿开发有关的事项。[10]

EPBC 法案规定在拟议项目规划过程中，须根据法案要求评估其环境影响，将该项目提交给澳大利亚的环境、水、遗产和艺术等部门，并将参考意见向公众公布，诸州及地区和联邦环境部长可以就该项目是否可能对"国家环境重要事项"产生重大影响发表评论。环境、水、遗产和艺术部门对这一过程进行审查,并向部长或部长代表推荐项目实施的可行性。最后决定权在环境能源部部长,不仅是基于"国家环境重要事项"的考虑,还考虑到项目的社会影响和经济影响。由于各州和联邦政府之间的权力划分,澳大利亚政府环境部长无法推翻州政府的决定。如果没有对"国家环境重要事项"的九个问题之一产生重大影响,尽管可能会有其他不良的环境影响,澳大利亚政府环境部长仍不能进行干预。

2. 州及地方的环境影响评价管理部门

澳大利亚各州及地方的立法具有较高的地位,且具有一定的独立性,与联邦立法并行实施,联邦和澳大利亚诸州及地区要求的重叠部分主要通过双边协定或根据《EPBC 法案》规定的国家程序来解决。

澳大利亚各州及地方的环境保护管理部门并不统一,但是各州环境影响评价有关立法规定的环境影响评价主管部门与联邦主管部门相衔接,即均应向(联邦政府环境能源部)部长提出环境影响评估报告,最终由环境部长作出决定。除此之外,还规定相关的公共机构也有一定的决定权。

三、实施程序

澳大利亚环境影响评价的实施、监测和审计遵循着与英国类似的做法。根据"1978 年环境影响法案下评估环境影响的部长指南",首先由企业活动计划的制订者将基本资料提交给联邦环境部门,审查活动提案的具体细节,以确定是否会对国家保护事项产生重大影响,即由环境部门判断进行环境影响评价的必要性。所有提交的资料均会在网站上公布,为市民提供发表评论的机会。环境部门认为有必要,企业活动计划的制订者必须拟出环境影响评价报告的草案。草案完成后公布于众,接受一般公众的意见。企业或单位应认真考虑公众意见,完成最终环境影响报告书,提交环境主管部门,并向一般公众发表。环境长官研究最终环境影响报告书,并提出意见。如环境长官及公众认为此计划将危害环境,则向法院提出诉讼,由法院作出活动计划进行与否的最终仲裁[11]。

澳大利亚环境影响评估流程大体如图 3-3 所示,分为三个部分,即:

1. 初步评估

筛选确定是否需要环境影响评价和过程应用的可能程度；

范围的确定和影响的重点，需要解决的问题，并为环境影响报告书做准备。

2. 详细的评估

分析影响以识别、预测和评估风险，确定影响及其后果的重要性；

拟定缓减措施，以防止、减少和抵消或以其他方式补偿环境损失和损害；

在环境影响报告书中报告环境影响评估的结果，包括建议应予遵守的条款和条件；

评审，以确保报告符合规定的条件和良好的实践标准；

决定批准一项活动提案并确定应遵守的条款和条件（即同意决定）。

3. 后续行动

监督检查活动是否符合规定条款和条件，所造成的影响是否在预计范围内；

审核/评价，将监测结果与标准、预测和期望进行比较，评价和记录结果，吸取经验，改进环境影响评价和项目规划；

对活动进行管理，解决突发事件或意料之外的影响。

四、技术方法

1. 筛选需要开展环境影响评价的项目

根据《1978 年环境影响法案》，澳大利亚需要开展环境影响评价的工程包括：(a) 根据政府公报所公布的公共工程；(b) 部长认为某基础设施工程对环境产生重大影响或能够产生重大影响。这里的基础设施，指以发展为目的的基础设施建设，包括（但不限于）铁路、公路、电力、管道、港口、码头或划船设施、电信，污水处理系统、雨水管理系统，供水系统，航运及航道管理活动、减轻洪水工程、公园、土壤保持工程等。

1978 年《环境影响法案下评估环境影响的部长指南》（Ministerial Guidelines for Assessment of Environmental Effects Under the Environment Effects Act, 1978）对"重大影

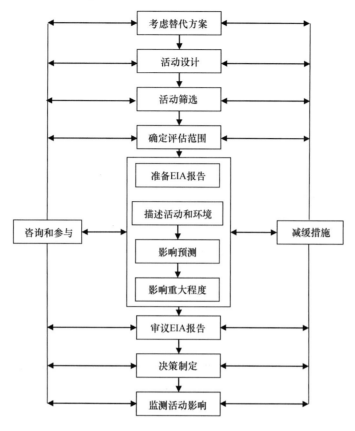

图 3-3　澳大利亚环境影响评估流程

响"给出了说明：对国家或区域环境具有潜在的重大影响，主要考虑以下因素，包括：（a）对环境资产的重要性，即考虑潜在受影响的环境资产的性质，以及环境资产的发生地点，基于专家知识、相关政策和社会因素证明或体现的环境资产的价值或重要性；（b）由于项目开发、操作导致的潜在影响的幅度、程度和持续时间；（c）由于不同效果的相互作用和影响环境资产的环境过程而导致更大的潜在不利影响。

2. 确定评价范围

在任何拟议项目开始之前，必须编制环境影响评价报告。环境影响评价的内容包括：

（1）物理系统。环境影响评价首要任务是识别和评估潜在的变化。拟议项目的物理系统，包括存在的风险和严重的影响。环境影响评价应包括基于精确建模评估得出的物理系统潜在变化，特别是该地区所面临的重大不利影响的风险。具体包括：地质条件和地质特征、土壤和地质灾害、地表、地面、海洋水文和水质、水域、地貌过程、空气质量、能源消耗、温室气体排放、废物产生与管理、建造结构等的完整性。

（2）生态系统。评估潜在的项目的环境影响和风险，生态系统是环境影响评价的一个基本要素。环境影响报告书应提供现有生态条件清单，以及对生态系统受项目影响的关系分析。具体包括：自然或半自然生态群落、土著植物区系的种群或生境、重要保护区系、支持生物多样性、生态过程的生态系统、生产力和环境质量等。

（3）人类群落。环境影响报告书需要评估项目的社会影响。由于人类行为和认知的复杂性，需要评估可能发生的变化，而不是建立准确的预测。因此，环境影响报告书可能需要使用定量与定性相结合的方法评估潜在的显著社会影响。具体包括：当地人口和人口的潜在变化、社会结构和网络、住宅舒适度和社会福祉、社会脆弱性、住房和社会基础设施需求、审美、娱乐和其他社会文化的感知、景观或地域价值、对拟议开发活动的态度等。

针对评估的内容，部长可以要求补充说明：（a）可以随时要求提供补充说明，包含认为进行评估所需的额外信息。（b）提议者必须准备好补充陈述并提交给部长。（c）提议者必须将补充陈述的副本提交给相关部门部长。（d）根据本条做出的补充陈述，须由提出者负责编制及提交。

部长可以进行调查：（a）部长可在总督会同行政当局批准下，委任一人或多人，进行环境影响调查（无论是公开或私下调查）。（b）部长可随时就任何工程的环境影响征询公众意见。

3. 评价技术和方法

环境影响报告书应基于系统性的方法和原理进行准备和编制，并确定环境风险比例。系统性方法要求考虑潜在受影响的环境系统和相互作用的环境要素与过程。潜在的相互依存关系的识别，有助于相关调查的开展和确定避免、减缓措施或对不利影响的管理。此外，还应适时采用跨学科的方法。风险评估应采用基于风险导向的适当方法，采用最佳实践方法来准确地评估环境效应；还需要针对相对高水平的重大不利风险，通过指导策略的制定来管控这些风险。对于具有较低水平风险的事项可以适用相对简单或特定范围的调查方法。实施基于风险的方法意味着需要分阶段进行适当的研究设计。初始阶段调查将描述环境资源、受到的影响或项目所产生的潜在威胁或潜在的环境后果。此阶段还将根据需要开展深入研究与设计，依据比例分析方法预测影响和可能发生不良后果的风险。

下面以海上疏浚方案的环境影响评估为例，介绍具体的环境影响评价方法：

首先，评估文件应详细说明如何在开展环境影响预测之前考虑减缓下述环境影响的措施与步骤。（a）应明确考虑各种备选方案，以避免疏浚对底栖生物群落造成的影响，例如提供选择优先场地的理由和拟议的疏浚方法。（b）在影响无法避免的情况下，拟议项目设计应以减少影响为目的（例如通过迭代设计和原则 c 的方法），拟议项目设计应根据业务需要和场址的环境限制进行调整。（c）尽最大努力在环境影响评估文件中证明已经采取了所有"合理和可行的措施"来预防或尽量减少影响，包括通过优化设计、选择适当的施工方法和采取环境管理措施来尽量减少预测的不确定性和环境影响。

通常用于预测疏浚产生沉积物的间接影响的方法涉及三种预测模型，按逻辑顺序分别是：（a）水动力学模型；（b）沉积物迁移模型；（c）生态响应模型。为了提高对疏浚环境影响评估的可信度，应对数值模型进行校准和验证，明确说明和评估这些假设的任何相关假设和影响。

对同行评审的要求：尽管环保部门并不要求提议者对所有环境影响评估的分析进行同行评审，但可以由一名具有适当资质的专家进行同行评审在某些情况下可以协助环境部门及时做出评估。为了最大限度地提高同行评审过程的有效性和透明度，环保部门希望根据最终提交的 EIA 文件接收同行评审报告。提议者应该获得有关同行评审的信息，包括职权范围和同行评审员的报告，可以予以公开并作为环评程序的一部分。

描述影响预测的要求：（a）高影响区，是指预计对底栖生物群落或生境的影响不可逆转的地区。"不可逆转"是指没有能力恢复或恢复到在受到影响 5 年或更短的时间之前的状态。疏浚和处置场地内部和紧邻区域通常位于高影响区域内。（b）中度影响区，是指在完成疏浚活动后的 5 年内可以对底栖生物的影响进行恢复的区域。（c）影响区，是指在疏浚作业期间预测与疏浚羽流相关的环境质量变化的区域，但是这些变化不会对底栖生物群产生影响。

将预测与监测、管理相结合的要求：由于预测不能 100%准确，所以需要采取一系列环境监测和管理战略，以确保在项目实施过程中将影响降至最低，并确保符合审批程序要求的任何限制条件。

第四节 新西兰

一、政策法律体系

在新西兰，环境影响评估通常被称为"Assessment of Environmental Effects（AEE）"。环评理念第一次在国家层面被提及可以追溯到1974年内阁会议所通过的一项"环境保护和增强程序"备忘录，但没有法律效力，只与政府部门开展的活动有关。

1991年新西兰通过的《资源管理法》（the Resource Management Act，RMA）将环评程序作为资源许可申请的一部分。《资源管理法》经过多次修订，2001年、2003年、2005年、2013年（the Resource Management Amendment Act）和2017年（the Resource Legislation Amendment Act 2017，No. 15）对该法案的内容做了修改。《资源管理法案》第88条规定，资源许可申请中AEE须包括"该活动可能对环境产生的影响规模和重要性等相关具体内容"。

《资源管理法》第四部分（Schedule 4 Information Required in Application for Resource Consent）规定了AEE所需要提交的详细信息。包括资源许可申请表格，申请表格中需要对该活动可能造成结果的影响进行详细描述。当申请表格填妥后，即可提供充分的AEE。AEE的详细程度应该与实际和潜在的环境影响的规模和重要性相符合。如果所提议的活动规模或其潜在影响的规模是显著的，可以在评估过程中考虑寻求专业协助。

环境影响评估必须与《资源管理法》下的资源许可申请一并提交。新西兰环境部于2006年制定了《编制环境影响基本评估的指南》（a Guide to Preparing a Basic Assessment of Environmental Effects）。由于2009年和2013年《资源管理法》的修订，其中的部分流程也相应有所调整。

二、管理制度

新西兰的环境影响评价工作主要由环境部来管理和实施。一般环境影响评估（AEE）必须与《资源管理法》下的资源许可申请一并提交环境部供审查。

经过多年的发展，新西兰环评管理制度最终基本确立：公共管理机构负责，依据环境部的《商定项目具体范围指南》（Agree Project-Specific Scoping Guidelines with the Ministry for the Environment）进行筛选程序；发布环境影响报告，咨询法律、地方政府和其他机关，并将报告提交给由议会环境专员（Parliamentary Commissioner for the Environment，PCE，"特派员"）正式进行"审计"。

环境影响评估通常适用于对环境有影响的项目的规划阶段。一般需要环评的大型旅游项目包括：规划和在自然区域附近建造度假村；开发新的滑雪场；建设废物管理设施或交通基础设施，例如道路或码头；也适用于更小的开发活动，如酒店扩建、交通路线的扩建等，均须以适当的详细程度对提案活动可能产生的潜在影响进行环评。

虽然环评通常适用于建设项目，但在战略层面上，也越来越多地被应用在规划和政策的制定和执行方面，即战略环境评估（SEA）。例如，旅游业环境影响评估的战略性应用将会导致城市发展水平和地区的景观变化，为了发展区域规划或大型度假村，旅游业发展的环评通常需要与其他工具的适用相结合，如累积效应评估和结构规划等。

三、实施程序

EIA 的实施过程具有多样的形式和丰富的内容，对于较小的项目，整个环评可以由申请人准备和提交，大型的拟议活动可能还需要进行专家咨询，相关要求通常是在《资源管理法》框架下的资源许可申请程序中进行的。资源许可申请根据活动类型分别由许可当局（Consent Authority）或环境法庭（Environment Court）来决定。申请人也可以在其他政府机构管辖权下执行环评的有关规定，如向环境保护署（Department of Conservation，DOC）提出许可权申请时，环境署也需提供大量的支持材料和建议。

当一份资源许可申请提交给许可管理当局（地方或地方政府）作出决定时，当局可要求受影响的各方或公众提交意见书及有关的环保文件。然后，管理当局将准备一份关于许可的报告，包括对 AEE 内容的技术审查。随后，在由独立专员作出决定之前，AEE 需提交给公开听证会以供进一步审查。在许可被申诉的情况下，AEE 可以被修订，然后以技术证据的形式提交环境法庭举行听证会进行审查。这一过程是强制性的，但它也可能导致提议者和提交者在某些情况下不必要地重复进行环评工作。AEE 程序的实施将协助确定拟议活动的影响是否轻微或重大，以及资源许可申请是否应实施无公告、限制公告或者完全公告的许可程序。

四、技术方法

《资源管理法》对 AEE 实施过程中的具体问题进行了详细规定：

（1）影响的界定。影响是指活动导致的结果。例如，截断一条河流可能会产生以下效果：（a）对下游业主和河岸权的影响；（b）对传统食物采集的影响；（c）造成河流附近植被的变化；（d）造成鱼类产卵地的损失；（e）造成洪水或河岸侵蚀。

（2）影响的类型。在准备环境评估时，区分不同类型的影响是必要的。该法案对影响的类型界定如下：（a）任何积极或不利的影响；（b）任何暂时或永久的影响；（c）任何过去、现在或未来的影响；（d）随着时间的推移产生的任何累积效应；（e）高概率的任何潜在影响。当影响被定义为不利时，应考虑可以减轻影响的方式。必须在实际和潜在影响之间作出重要的区分：实际效果是肯定会发生的，潜在的影响包括变化的因素，使影响更可能发生，对潜在的正面及负面影响的识别与预测，以及活动的其他不利影响，需要确定影响的相关性，加强环境管理，以避免、补救和减轻不利影响。如果显著的负面影响可能是必要的，就需要考虑生态恢复的需要和价值补偿或生物多样性抵消，同时积极的补偿建议也需要经过严格的评估。直接和间接的影响也有区别：直接影响是由特定的活动引起的，并发生在同一地点；间接影响是由活动引起的，但通常发生的时间延迟或在其他地点。

（3）环境评估范围的确定。确定编制环境评估报告所需工作的过程称为范围界定，是早期规划阶段需要进行的一个初步评估过程，为后期评估奠定基础。范围的确定需要考虑三个重要的影响因素：（a）申请的资源许可类型（沿海许可证、土地使用许可证、水许可证或排放许可证）。（b）拟议活动的规模和复杂性。（c）环境的敏感性。如果拟议活动规模不大，或者不太可能对环境产生重大影响，那么环境影响评估可能较为简单明了。确定环境影响评估的范围可以遵循以下四个步骤：（a）对拟议活动的完整理解；（b）全面了解受影响的环境；（c）将拟议的行动作用于受影响的环境，评估项目可能对环境特征的影响；（d）与存在利益和受影响主体间的协商。充分、有效的范围确定工作有助于节省后续许可申请过程的时间和成本。

（4）准备环境评估时需要考虑的事项。包括：（a）对周边地区的影响；（b）对所在地的物理影响；（c）对生态系统的影响；（d）对自然资源的影响；（e）排放污染物的情况；（f）相邻地区之间的风险；（g）布局和样式。

（5）评估环境影响所需的资料。新西兰的生态影响评价指南指出，开发项目的生态影响范围是通过生物多样性特征及项目的特点和发展共同确定的。

新西兰具体的评价技术和方法与澳大利亚类似。1）评估活动对环境的影响必须包括以下信息：（a）如果该活动可能会对环境造成任何重大不利影响，则说明进行活动的任何可能的替代地点或替代方法；（b）评估活动对环境的实际或潜在影响；（c）如果活动过程中需要使用危险装置，须对可能产生的任何环境风险进行评估；（d）如果该活动包括任何污染物的排放，则说明排放的性质和纳污环境对不利影响的敏感性和任何可能的排放方法，包括排放到任何其他纳污环境；（e）为防止或减少实际或潜在影响而采取的缓解措施（包括保障措施和应急计划）的说明；（f）受活动影响的人员识别和进行的任何协商过程，以及对任何人的意见做出的任何反馈；（g）如果根据该活动的影响规模和重要程度需要监测，当该活动获得批准，则需说明该活动是如何以及由谁来监测；（h）如果活动将要或可能产生不利影响，则描述活动可能的替代地点或替代方法［除非活动的批准是由受保护的传统权利团体（the Protected Customary Rights Group）做出的］。2）在评估环境影响时，应当包括任何相关的政策声明或计划的规定。3）为避免疑义，第1）（f）款要求申请人向已确认的受该项目影响的主体报告，但不包括：（a）要求申请人向任何人咨询；或（b）为促使申请人向任何人咨询而提出任何理由或条件。

（6）环境影响评估必须解决的问题：1）评估活动对环境的影响，具体包括下列事项：（a）对邻近地区和更广泛的社区产生任何影响（包括社会影响、经济影响或文化影响）；（b）对当地的物理影响，包括对景观和视觉效果的任何影响；（c）对生态系统的任何影响，如对植物或动物的影响，以及附近的生境的任何物理干扰；（d）对目前或未来几代人的自然和自然资源所具有的美学、娱乐、科学、历史、精神或文化价值或其他特殊价值的影响；（e）选择处理和处置排放到环境中的任何污染物（包括任何不合理的噪音排放）的方法；（f）自然灾害或危险设施对邻近地区、更广泛的社区或环境造成的任何危险。2）在评估环境影响时，必须遵守任何相关政策声明或计划的规定。

第五节　欧盟

为了在欧共体范围内建立共同的环评程序，1977年，欧共体《第二个环境行动规划》提议制订统一的环境影响评价制度指令，但招致一些国家的强烈反对。经过多年的激烈争论，《有关公共和私有建设项目环境影响评价的 85/337/EEC 指令》（简称《EIA 指令》）终于在 1985 年获颁行，并于 1988 年生效。至此，环境影响评价制度在欧共体范围内正式确立。

1985 年以后，在该指令的影响下，多数欧洲国家都先后颁行了本国的环境影响评价法案，如 1990 年德国《环境影响评价法》、2008 年英国《城乡规划环境影响评价条例（英格兰）》。经过 20 余年的发展，欧共体（欧盟）环境评价制度的法律体系不断完善，形成了以充分的公众参与制度为支撑，以国际条约、欧共体基本条约、欧共体法律为渊源的环评制度体系，包含环境影响评价、战略环境影响评价、跨界环境影响评价、跨界战略环境影响评价 4 种类型。

一、政策法律体系

欧盟的环境影响评价立法中，指令（Directive）是最具执行性的法律文件。指令要求成员国达成要求的目标，但并不具体限制成员国达成目标的方法，图 3-4 展示了欧盟的环评制度法律体系的运行关系。

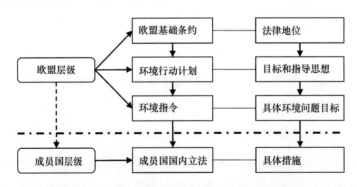

图 3-4　欧盟环境影响评价法律制度框架

《有关公共和私有建设项目环境影响评价的 85/337/EEC 指令》分别经 1997 年、2003 年、2009 年、2011 年和 2014 年修订。欧盟并没有出台针对海洋活动的 EIA 指令或者指南，海洋战略和发展相关指令的主要目标是 "到 2020 年实现欧盟海域的良好环境状况"。良好环境状况（Good Environmental Status，GES）是指："海洋水域的环境状况，这些海洋水域提供清洁、健康和富有成效的生态多样和活跃的海洋"。该指令更多是强调对海水进行初步评估、确定海水良好的环境状况、环境目标的设定、协调监测方案的建立和实施，以及确定为实现或保持良好的环境状况而需要采取的措施或行动。针对海上部分活动，如：铺设管道、石油钻井、电缆等，欧盟部分国家出台了专项指南。

1. 85/337/EEC 指令及修订（《EIA 指令》）

遵循预防性原则是欧共体引进环境影响评价制度的最初动因。依此，所有规划和政策制定过程中，应尽早考虑到可能对环境造成的影响，对环境影响的评估成为决策的先决条件。然而，在欧共体内部，各成员国评估建设活动环境影响的法律规定千差万别，这种差异性不利于共同市场的运行。因此，欧共体制定了《有关公共和私有建设项目环境影响评价的 85/337/EEC 指令》，规定了公共和私有建设项目环境影响评价的筛选、范围、实施、文件、审批等内容及程序，为各成员国环境影响评价制度设定了统一的框架及最低准则。

1985 年的《EIA 指令》在 1997 年、2003 年和 2009 年修订过 3 次：1997 年的指令将该指令与联合国欧洲经济委员会的《跨界环境影响评价公约》（即《埃斯波公约》）联系起来；1997 年指令扩大了 1985 年指令的环境影响评价范围中包含的项目类型，并增加了附件一要求强制性环境影响评价的项目数量，还提供了新的审查安排，包括在附件三中增加附件二中项目的新的筛选标准，并建立最低信息要求。2003 年的《加强与环境有关的规划或规划中的公众参与并修订 85/337/EEC 和 96/61/EC 指令中公众参与及司法权条款的 2003/35/EC 指令》寻求将公众参与的规定与《奥尔胡斯公约》有关公众参与决策和在环境事务中获得公正权利的规定相一致，主要对环评中信息公开、公众参与、环境司法作出了规定。2009 年指令通过增加与运输、捕获和储存二氧化碳（CO_2）有关的项目，修订了环评指令的附件一和附件二。1985 年指令和它的 3 个修正案已被 2011 年 12 月 13 日的指令 2011/92/EU 编纂成法典，指令 2011/92/EU 已被 2014 年通过的指令 2014/52/EU 修订。

2. 《跨界环境影响评价公约》及议定书

1991 年由联合国欧洲经济委员会发起的《跨界环境影响评价公约》（即《埃斯波公约》）是为促进制定合理的环境决策、减少跨界环境影响、加强国际合作而订立的国际法律规范，其规定了跨界环境影响评价中的告知程序、评价文件的制定程序、咨询程序、最终决定程序、项目后分析程序以及争端解决程序等。1997 年 6 月，欧盟批准加入该公约，成为重要缔约方，至此，跨界环境影响评价制度在欧盟确立。

《跨界环境影响评价公约》的补充文件《战略环境评估议定书》（《SEA 议定书》）是 2003 年 5 月 21 日在基辅举行的欧洲环境部长级会议期间召开的埃斯波公约缔约方特别会议上通过的，确保各缔约方尽早将环境评估纳入其计划和方案规划过程中，为可持续发展奠定基础。欧盟于 2008 年 11 月 21 日批准了《SEA 议定书》，议定书于 2010 年 7 月 11 日生效。

3. 《战略环评指令》（2001/42/EC 指令）

2001 年 7 月 21 日通过、2004 年 7 月 21 日开始实施的欧盟《关于特定规划和计划的战略环境影响评价指令》（European Directive 2001/42/EC on the Assessment of the Effects of Certain Plans and Programmes on the Environment，简称《SEA 指令》）是欧盟环境影响评价法律体系中的另一个重要法律文件，为欧盟开展战略环境评价提供了有力的法律保障。

二、管理制度

欧盟环境影响评价法律体系为区域内各国环境影响评价制度的建设和实施提供了区域层面的立法框架，各成员国通过本国的环境影响评价制度以不同方式落实欧盟环境影响评价法律。为了推动各成员国对欧盟相关指令和政策的有效实施，欧盟层面通过建立管理保障机制督促和监督各国环境影响评价制度的实施过程，主要内容如下。

1. 监督实施机制

欧盟《EIA 指令》以及《SEA 指令》均规定对指令的实施效果进行阶段性的回顾与审查，其目的是考察指令在各个成员国的具体实施情况，并与成员国就进一步加强环境影响评价指令的实施及有效性的建议进行沟通与交流。

根据《EIA 指令》第 11 条的规定："成员国和委员会应针对在指令实施中所获得的经验信息进行交流；……在指令生效 5 年后，委员会应向欧洲理事会和议会提交关于 85/337/EC 指令在修正后的实施效果报告；……在该报告的基础上，委员会应向议会提交关于确保在指令实施中的进一步协调的附加建议。"

2. 信息公开制度

联合国欧洲经济委员会《奥尔胡斯公约》第 5 条第 6 款明确要求成员国要鼓励对环境有重大影响的活动开发者（经营者）采取一定措施定期将其活动对环境的影响通知公众。2011/92/EU 指令第 5 条第 3 款在《奥尔胡斯公约》基础上细化了一些规定，如公开的信息应包括：项目的选址、设计与规模；避免、减少、补救不利影响的措施；界定与评价主要影响的数据；开发者主要替代措施框架及选择理由；上述信息的非技术性总结等。指令中还规定"成员国应该保证根据相关指令应任何申请人的要求公开其掌握的有效的环境信息，申请人不必展示出任何利益相关性"，"环境信息应该尽快告知给申请人"。显然，欧盟更强调企业环境信息公开的固定化、具体化。

三、实施程序

（1）筛选阶段。确认该项目对环境的影响是否显著，即通过项目"筛选"来判断环评的必要性。通常通过逐案审查或设定门槛或标准的方式来确定。

（2）范围确定阶段。确定环评报告中所包含的关于项目及其影响程度的信息。

（3）EIA 报告编制。环评报告的内容包括：关于项目的信息、基线条件、该项目可能会产生的显著影响、提出的方案以减轻不良影响以及非技术的总结和其他额外的信息。

（4）通知咨询。环评报告应向环境主管部门、地方和区域当局以及其他有关组织和公众提供以供审议，并接收相关方对项目及其环境影响的评论。欧盟的 EIA 指令要求成员国履行对受影响方的环境影响通知义务，该通知不得迟于其通知本国公众之时，且应详尽提供特别是"任何可能产生跨界影响"的项目信息，相关成员国据此决定是否参与环境影响评价程序。如若参与，成员国应通过联合机构就项目产生的环境影响之对策进行磋商，尤其是对于潜在的跨界影响以及减少或消除这些影响的措施方面。

（5）决议。主管当局审查环评报告，包括在磋商期间收到的意见，并就项目是否会对环境产生重大影响作出结论，并纳入最终决定考虑之中。

四、技术方法

欧盟制订了《筛选指南》《范围界定指南》《EIA 报告书指南》《对 EIA 指令附件 I 和 II 项目类别定义的解释》《关于适用大型跨界项目环境影响评估程序的指南》《关于环境影响评估指令的应用和有效性的报告的研究》等不具有法律约束力的指导性文件，为成员国开展 EIA 提供技术方法的指导。

1. 筛选

筛选阶段将主要确认该项目对环境的影响是否显著，即项目环评是否必要。欧盟《EIA 指令》（2014/52/EU）将适用的项目分为两种：附件一所列举项目属于强制性的环境影响评价适用范围（例如长途铁路线、公路和高速公路，长度大于 2 100 m 的机场跑道等）；附件二所列举的项目是需要成员国根据开展环评的阈值或逐案筛选来确定项目的影响大小，由国家当局决定是否需要进行环境影响评估。同时附件三提供了协助附件二项目筛选的标准，包括以下考虑因素：（a）项目的特点，须特别考虑到整个项目的规模和设计，与其他现有和/或批准项目的累积性影响，自然资源的使用，废物的产生，污染和滋扰以及重大事故和/或灾难的风险以及对人类健康构成的风险。（b）项目的地点，考虑现有和批准的土地使用情况，自然资源的相对丰度、可获得性、质量和再生能力以及容纳能力，必须考虑可能受项目影响的地理区域的环境敏感性，特别是自然环境的承受能力。（c）环境因素的影响的类型和特征，评估项目的特点，涉及其对现有和/或已批准项目的累积影响。除了相关指令，欧盟进行的案例研究，以及相关的法院判例也推动了《EIA 指令》在实践应用中不断发展完善。

2. 范围界定

确定范围是一个重要的阶段，发生在环评过程的早期。由开发利用者和主管当局确定可能对项目建议书的相关决策至关重要的关键环境影响和其他需要关注的问题。换句话说，评价范围定义了报告的内容并确保环境评估的重点是项目对环境的最显著影响，有助于减少主管当局在环境报告提交之后，需要向开发利用者索取额外信息的可能性，进而降低时间消耗和成本。

范围界定阶段也为主管当局和开发利用者之间就项目相关问题开展对话提供了机

会。此外，还可以与相关的法定和非法定组织以及公众进行磋商。虽然范围界定被视为环评程序中的一个离散阶段，但在环评报告的范围发布后，范围界定活动仍应继续进行，以便根据新问题和新信息及时作出修改。环评报告的范围需要足够灵活，以允许在过程中或因设计更改或通过协商而出现的新问题被考虑进来。

根据《范围界定指南》，开展 EIA 的范围由主管当局和开发利用者共同确定。范围确定了项目的作用域、重大影响，有助于 EIA 的顺利开展。图 3-5 展示了欧盟 EIA 范围界定程序的实施流程。

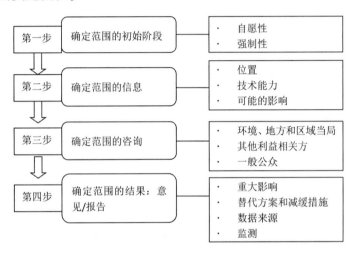

图 3-5　欧盟 EIA 范围界定程序

具体到不同国家的做法，主要分为"强制"范围和"自愿"范围。欧盟各国的做法不同，例如：

（1）英国自愿确定范围

环境影响评估法规规定开发利用者可以要求主管当局对需要许可的规划项目提出范围界定意见。尽管开发利用者的要求是自愿的，但实际上触发了主管当局必须采取行动的正式监管程序。该规定要求主管部门与开发利用者进行磋商，确定在环境影响评估中应处理的问题。主管当局有 5 个星期的时间来制定范围界定意见，如果在 5 周内没有提出，开发利用者可以要求国务卿或威尔士国民议会（NAW）提供一个"范围指导"。

（2）波兰的强制性确定范围

在波兰，所有筛选出的附件二项目都必须实施范围界定（2008 年 10 月 3 日的

"关于提供环境和环境保护信息，公众参与环境保护和环境影响评估法案"第63.4条和第69.2条）。对附件一所列可能产生重大跨界影响的项目，其范围界定也是强制性的。就附件二项目而言，主管当局应具体说明是否需要报告，并应在同一决定中界定其范围。

范围主要集中在确定最重要的影响，在后续评估阶段进行深入评估，以及确定在环评报告中提供的信息的范围和水平。范围通常包括以下内容：地点描述；拟议开发项目的说明；项目的目标和需要；项目的物理特性（性质、大小、危害等）；主要显著影响的鉴定；范围界定的方法描述；识别对环境的影响（对每个相关的环境受体：例如空气质量、自然遗产、水等）；已知基线；确定的关键影响；替代措施的选择；环评报告中使用的评估方法；可能的缓解和补偿措施；可能的监测措施；结论；总结。

在范围的咨询过程中，开发利用者需要识别：谁会受到影响；谁愿意接受这个项目；谁会反对这个项目；谁曾参与过；在社区中有影响力的人等。根据不同的反应，相关组织和个人可以被确定为利益相关者，如环境和地方当局、其他利害相关方、公众。

主管当局在准备范围意见或报告时，应考虑指令对于开发利用者提供的环评报告中有关信息的要求，特别是有关方法工具方面的建议，以帮助主管当局和开发利用者在范围确定阶段解答一些初步问题，并将在EIA报告的编制过程中系统地回答。初步问题包括：项目对环境有什么影响？在制定项目建议时，应该考虑哪些替代和缓解措施？哪些数据来源可用于评估环境影响？应该考虑哪些监测措施？在大多数情况下，范围意见或报告的内容框架应与环境影响评估报告的结构相似，但内容不必过于详细。此外，范围的意见或报告也可用于环境影响评估报告的后续审查，以检验在EIA过程开始阶段被确认为重要的问题是否得到有效解决。

3. 环评内容及标准

环境影响评估应根据个案的具体情况，并根据有关规定，以适当方式确定、描述和评估项目对下列因素的直接和间接重大影响：（a）人口和人类健康；（b）生物多样性，应特别关注受欧盟《栖息地指令》和《鸟类指令》保护的对象；（c）土地、土壤、水、空气和气候；（d）物质资产、文化遗产和景观；（e）（a）～（d）所述各因素之间的相互作用。影响因素，主要包括因项目易受重大事故和/或与项目有关的灾害风险而产生的预期影响。《EIA指令》附件三是关于确定附件二所列项目是否应实施环境影响评价的标准。

4. 环境影响评估报告编写

《EIA 指令》附件四具体规定了须提交的环境影响评估报告的相关资料。开发利用者提交的环境影响评估报告所包括的数据和资料，首先应当满足完整性的要求，并且具有足够高的质量。为了避免重复评估，根据欧盟其他相关领域指令和各国家相关立法进行评估的结果也应予以考虑。

第六节　日本

1969 年，美国制定了《国家环境政策法》，并且在全世界最早开始实行环境评价的制度化。随后，世界各国也相应地将其制度化。日本于 1972 年开始将环境评价纳入公共事业中。在 20 世纪 80 年代前中期，先后设置了与港湾计划、填土方、发电站、新干线等有关的环评制度。根据这些环境影响评价制度的实施情况，为了确立统一的制度，1983 年日本国会提出了《环境影响评价法案》，但并未获得通过，取而代之的是政府设立的统一的规章制度。1984 年的内阁议会通过了《环境影响评价的实施》。此外，地方公共机构也制订了一些条例和纲要，地方政府加快了地方环境影响评价法令的立法进程。此后，1993 年《环境基本法》正式颁布，1997 年 6 月制定了《环境影响评价法》，并于 1999 年开始执行。表 3-1 所示为日本环境影响评价制度发展历程。

表 3-1　日本环境影响评价制度发展历程

年度	进程	说明
1972	内阁会议了解《与各种公共事业有关的环境保护对策》	仅限公共事业，引进评价制度
1984	内阁会议通过《环境影响评价的实施》	并非法律行为，而是行政指导制度
1993	颁布《环境基本法》	将环境评价制度置以法的位置
1997	制定《环境影响评价法》	环境评价制度法制化
1999	执行《环境影响评价法》	

一、政策法律体系

1. 日本《环境基本法》（1993 年）

《环境基本法》提出了环境影响评价的一般要求，为此后环境影响评价制度的发展和完善奠定了法律基础。《环境基本法》第19条规定："国家在制定和实施被认为会对环境带来影响的政策时，应当对环境保护作出考虑"（国家在制定政策时的考虑）。第20条规定："国家应当采取必要的措施，推动从事土地形状变更、工作物的新设及其他与此相类似事业的企业者，在实施其事业时，要预先对该项事业对环境的影响，亲自进行适当的调查、预测或者评价，并根据其预测和评价结果，妥善解决有关该项事业的环境保护问题"（环境影响评价的推进）。

2. 日本《环境影响评价法》（1997年）

《环境影响评价法》以防止环境恶化和促进社会可持续发展为指导思想，目标是为大型工程的环境影响评价制定程序，并在项目决策时融入评价结果，考虑项目建设的环保问题。该法详细规定了环境影响评价的内容和程序，为日本环境影响评价制度的建立和完善提供了有力的法律支撑。

根据《环境影响评价法》的规定，有13种项目应当进行环评，包括公路、水坝、铁路和电场等建设项目。对环境可能造成严重影响的项目被列为一级项目，这类项目必须遵循环境影响评价法的既定程序；建设规模较小的项目是二级项目，对这些项目需根据具体情况确定是否遵循环境影响评价法中所规定的程序。

日本的《环境影响评价法》颁布后，国会相关决议中提出了需要开展战略性环境影响评价的要求。随后，环境厅组成了一个名为"战略环境评价研究会"的专家组。该组织在2000年发布的一份报告中阐述了有关战略环境影响评价的一些原则和重要因素，并持续关注该问题。在2000年由内阁决议通过的环境基本规划中也就战略性环境评价提出三点："在各种规划和政策中需要考虑到环保事务的内容和应对策略；积累国家及地方政府的该类实例；在必要时考虑为战略性环境评价制定规则"。[12]

二、管理制度

1997年日本《环境影响评价法》确立了日本环境影响评价的管理制度。[12]

1. 环境影响评价的实施主体

项目的发起人贯彻落实环境影响评价的内容及程序要求，负责准备环境影响报告书，并向有关部门提交。一方面，项目发起人最了解整个项目情况，掌握项目信息，便于根据项目情况编制环境影响报告并进行修改。另一方面，项目发起人一般是直接与项目主管机构进行沟通的主体，可以事先考虑所有与环境相关的事务和必要的环保解决方案，便于沟通环境事务。

2. 环境影响评价管理部门及机制

项目发起人在准备完环境影响报告书草案后，需要报送到都道府县知事和市町村长官那里，并向所在市政府办公室和发起者办公室公开文件，允许公众查阅，向公众征求意见。都道府县知事根据市町村长官和公众的意见，向发起人发表观点，项目发起人根据收集的意见形成正式的环境影响报告书。项目发起人将正式的环境影响报告书报送项目的主管机构（例如，在道路和机场项目中，主管机构是国土交通部长），同时提交环境部长，由其从环境的角度对报告内容进行审查。环境部长向项目主管机构陈述意见，项目主管机构考虑环境厅长的评价意见，并向发起人传达意见。发起人根据收到的各方意见审查修改形成最终的环境影响报告书，并向都道府县知事、市町村长官以及主管机构报送，并允许任何人在当地政府办公室和发起者办公室查阅。环评程序以最终环境影响报告书的公开通知结束。

3. 所有的都道府县和特别区都以法令形式建立了评价制度

日本都道府县和特别区为了执行国家层面的环境影响评价制度，在地方层面以法令的形式作出具体规定。地方政府的评价制度具有如下的特点：一是增加适宜评价的项目类型；二是把环境评价制度应用到小规模的项目；三是召集公众听众会征求市民意见；四是订立与第三方组织评估有关的程序；五是在评价程序完结后开展进一步监控的要求。

4.《环境影响评价法》和环境影响评价法令的关系

尽管地方政府制定的环境影响评价法令在保护环境方面起到了非常重要的作用，但是《环境影响评价法》中规定的评价程序和地方政府制定的环境影响评价法令中有关规定存在交叉，二者既相互独立又有包容与被包容的关系，可能造成在同时适用两种程序时的繁琐。因此，《环境影响评价法》中已做出特别规定的项目评价程序，地方政府的评价法令中就不应就此再次规定，反之，则可以制定自己的评价程序，这样就很好地解决了二者间在程序适用上的矛盾。

三、实施程序

日本 EIA 的实施程序主要按照以下步骤开展：

1. 判别二级项目（审查）

这一阶段主要是决定项目是否需要进行环境影响评价的过程。首先由项目发起人向相关部门提交项目纲要，然后由相关部门在 60 天内对提交的报告进行判别，其间还要征求地方政府的意见，最后发出公告告知该项目是否要进行环境影响评价。

2. 编制环境影响评价方法草案

项目发起人准备好已阐明评价方法的"遴选文件"后，送交都道府县知事和市町村的长官。发起人须公布该文件，并允许任何个人在一个月内能在当地政府的办公室和发起人的办公室查阅。任何人都可以对"遴选文件"提出书面质疑。项目发起人负责将意见汇总后提交都道府县政府和市町村政府。随后都道府县知事在听取市町村长官们以及公众的意见后再向项目的发起人表明个人观点。项目发起人将根据这些意见来最终决定将采用何种评价方法对项目进行评估（图 3-6）。

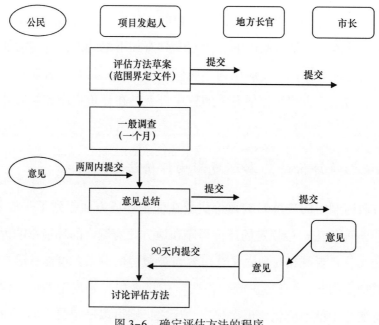

图 3-6　确定评估方法的程序

3. 调查、预测和评估项目可能产生的环境影响以及针对性方案

项目发起人按照经"遴选"程序确定的方法进行调查、预测和评估工作，同时还要考虑保护环境的必要方法。

4. 听取有关针对环境影响评价结果的意见

调查、预测和评估工作完成后，下一步程序就是听取有关针对环境影响评价结果的意见。

项目发起人准备好已阐明评价结果和预期环保目标的环境影响评价报告草案后，提交给都道府县知事和市町村长官供审议。同时公告文件，并允许任何人在一个月内可到当地政府办公室和发起人的办公室进行查阅，除此以外还需召开会议解释环境影响评价报告书草案的内容。任何对环境影响评价报告草案有意见的个人都可以就环境保护问题做出提议。项目发起人将这些意见总结后连同对意见的回复一并递交都道府县或市町村政府。都道府县知事在听取过市町村长官以及公众的意见后再向项目的发起人表明个人意见。具体的环评报告草案公众意见咨询程序如图3-7所示。

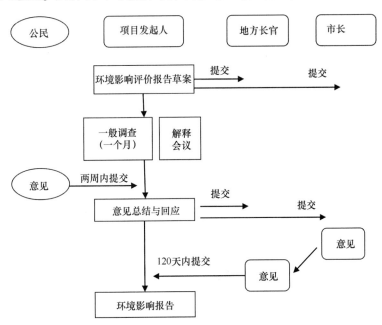

图3-7 环境影响报告草案公众咨询的程序

5. 环境影响评价报告书

环境影响报告草案审议相关进程全部完结后，项目发起人参照所搜集到的意见对环境影响评价草案重新审查后编制正式的环境影响评价报告，再分别送至授权项目的代理机构和环境厅长。环境厅长会向授权项目的代理机构表达其个人对评价报告的意见，而后项目授权代理机构结合环境厅长意见向项目发起方陈述意见，项目发起人根据上述意见编制最终的环境影响评价报告，而后再分别报送到都道府县知事、市町村长官和项目主管机构。同样还须公布文件，任何人都能在一个月内到项目所在的当地政府办公室或发起人的办公室查阅。在最终的环境影响评价报告公布于众之前，项目发起人不能就项目建设开展任何工作（图3-8）。

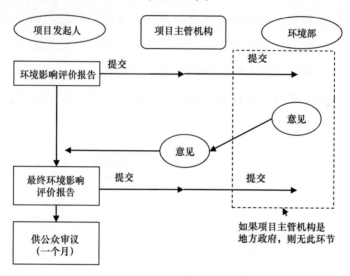

图 3-8　环境影响报告书的程序

四、技术方法

1. 判别二级项目（审查）

日本《环境影响评价法》规定，是否对项目实施环境影响评价要视项目的规模大小而定。但这并不是确定环境影响评价项目范围的唯一决定要素。二级项目是否应当进行环境评价要具体情况具体分析，其中项目的自身性质和它所处的地理位置也是重

要的参考因素。至于主管机构所做出的判别也应当符合判别标准，项目所在地政府的
意见也应予以考虑（表3-2）。

表3-2　日本需要开展环境影响评价的项目类型与规模

项目	第一种类型 （必须进行环境评价的项目）	第二种类型 （个别判断是否必要做环境评价的项目）
1. 道路		
国道高速公路	全部	
首都高速公路等	4车线以上	
一般国道	4车线、10 km以上	4车线、7.5~10 km
大规模林道	2车线、20 km以上	2车线、15~20 km
2. 河川		
大坝、渠	蓄水面积1 hm²以上	蓄水面积0.75~1 hm²
放水路、湖沼开发	土地改变面积1 hm²以上	土地改变面积0.75~1 hm²
3. 铁路		
新干线铁路	全部	
铁道、轨道	长10 km以上	长7.5~10 km
4. 飞机场	跑道长2 500 m以上	跑道长1 875~2 500 m
5. 电站		
水力发电站	输出电力30 MW以上	输出电力22.5~30 MW
火力发电站	输出电力150 MW以上	输出电力112.5~150 MW
地热发电站	输出电力10 MW以上	输出电力7.5~10 MW
核发电站	全部	
6. 废弃物处理场	面积0.3 hm²以上	面积0.25~0.3 hm²
7. 填土、围垦	面积0.5 hm²以上	面积0.4~5 hm²
8. 地区性土地处理整理项目	面积1 hm²以上	面积0.75~1 hm²
9. 市区新住宅地开发项目	面积1 hm²以上	面积0.75~1 hm²
10. 工业用地造成项目	面积1 hm²以上	面积0.75~1 hm²
11. 新都市地盘整理项目	面积1 hm²以上	面积0.75~1 hm²
12. 流通业务用地造成项目	面积1 hm²以上	面积0.75~1 hm²
13. 住房用地造成项目（含住宅地及工业用地）环境项目	面积1 hm²以上	面积0.75~1 hm²
住宅、都市整理公司	面积1 hm²以上	面积0.75~1 hm²
区域振兴整理公司	面积1 hm²以上	面积0.75~1 hm²
港湾计划	挖掘、填土面积在3 hm²以上	

2. 编制环境影响评价方法草案

环境影响评价在整个项目实施阶段开展得越早，修改的可能性就越大，环境影响评价的预期效果就越好。另外，项目对环境的影响会因地域的不同而有所区别，而且进行环境影响评价需要结合当地的实际情况。例如，对于道路建设项目，根据路段的地理位置差异，在处理环境保护方面的问题时就会有所不同。基于此，在决定评价方法时应当为市民和当地政府创造参与的机会以便听取他们的意见。通过在工程实施的早期阶段搜集意见，并参考这些意见来选择评估条款，这一过程就叫"遴选"。"遴选文件"是环境影响评价方案的蓝本，它阐明了怎样对即将进行的环境影响评价进行调查、预测和评估。发起人要公布该文件，并允许任何人在一个月内能在当地政府的办公室和发起人的办公室查阅并提出书面质疑。项目发起人将根据这些意见来最终决定将采用何种评价方法对项目进行评估。

3. 调查、预测和评估项目可能产生的环境影响

项目发起人按照经"遴选"程序确定的方法进行调查、预见和评估工作，评估需要考虑的环境因素包括：一是空气、水、噪声、震动、恶臭等；二是景观和供人们享受自然环境的地点；三是动物、植物、生态系统；四是废弃物、温室气体等。

4. 在项目计划中反映评价结果

环境影响评价程序在最终的环境影响报告书公告后全部完结。但对于项目发起者来说，在项目计划中正确反映评价结果极为重要。按照《环境影响评价法》，进行评估的项目是否实施最终是由政府来决定的。诸如《公路法案》和《铁路事务法》这些与项目有关的法律中规定了项目的审查及通过不必须考虑环境保护问题。这种情况下，就应当适用《环境影响评价法》中的条款："没有对环境保护予以足够考虑的项目不能授权实施"。

5. 后续调查

后续调查指的是在项目的建设和运行阶段对环境状况进行评估。它在下列情况下被作为一种环境保护方法来使用：①项目对环境影响的不可预见性很强；②关于项目的环保防控技术不够高或不成熟。后续调查的结果一般向公众公布，包括提出应对调

查结果的方案。

6. 特殊规定

当项目包含在城市规划中时，环境影响评价与城市规划的制定同时进行，由对城市规划负责的都道府县及市町村政府机构替代项目发起人执行项目的环境影响评价程序，并在城市规划中反映出环境评价结果。环境影响评价包括在港口规划中时，环境影响评价只是为港口规划而做的，而不是项目本身，故而不进行审查和遴选程序。环境影响评价应用在电厂项目建设时，由国家政府对遴选文件和环境影响报告书草案提出意见。有关这类特别条款没有规定在《环境影响评价法》中，而是规定在《电力公共设施事业法》中。

第七节　小岛屿国家

除了主要国家所建立的 EIA 制度，一些小岛屿国家也建立了 EIA 制度，以下简要介绍相关制度概况。

一、菲律宾

1977 年，菲律宾的第 1151 号总统令"菲律宾环境保护政策"中明确提出了实行 EIA 制度的要求，命令中规定所有政府和私营部门在采取所有对环境质量可能造成显著影响的行动时，都应该提交 EIA 报告。1978 年 6 月 11 日第 1586 号总统令明确提出成立环境影响评价体系（PEISS）。国家环境和自然资源部下属的环境管理局负责 EIA 的组织和评审工作。

菲律宾的 EIA 分为四个阶段：第一阶段：由工程责任部门准备环境影响评价报告书（EIA）和环境影响说明书；第二阶段：传送 EIA 以征求各方面意见；第三阶段：举行公众听证会；第四阶段：批准 EIA 和颁发环境许可证。

在环评报告书提交之后，环境管理局将在报纸上发布一个简要的情况报道，在建设所在地的重要位置树立告示牌，以向各政府部门和公众利益团体提供情况介绍，并征求意见。之后根据征集的有关意见决定是否需要召开公众听证会。对于一些规模巨大、工程费用高昂、资源消耗多、环境影响显著的工程项目，公众听证会往往是必要的。

二、斐济群岛

斐济群岛在 2005 年制定的《环境管理行动方案》（Environment Management Act, EMA）中提出了 EIA 的管理框架，主要包括：管理部门权限、报告书的编制要求、环境监测要求、公众参与要求、评审要求和无需编制报告的项目等相关原则。2007 年颁布了《EIA 程序条例》（EIA Process Regulations），规定了环评的程序和具体要求。

三、基里巴斯

基里巴斯的环境影响报告书分为基本环境影响评价报告和综合环境影响评价报告。

1. 基本环境影响评价报告

基本环境影响评价报告框架主要包括：①环评项目的目标。②项目实施的需求分析。③项目建设概况描述，主要包括：项目的基本概况，性质、材料、设备、施工表、图纸设计等内容；项目建设的范围，材料来源等内容；如果活动包括生物体的采集、收获、生长或保持，则涉及生物体的类型和数量；如果活动包括对珊瑚礁、红树林或海草床的损害，则涉及危害的性质和程度；如果该活动包括对受保护物种或生态群落的危害，则涉及危害的性质和程度；如果活动在保护区或世界遗产区，则涉及对保护区或世界遗产区的危害的性质和程度。④项目建设对环境可能造成的影响描述。⑤项目建设对环境的潜在影响或实际影响。⑥对拟建项目对环境可能造成的影响的任何预期调查或研究的说明。⑦气候变化和气候变化对项目影响的描述。⑧拟建项目的益处，包括任何经济、社会和文化方面。⑨拟建项目的合理替代或备选方案。⑩拟建项目的原因与替代方案的概要。⑪与拟建项目有关的任何其他法律要求的说明。⑫对拟建活动进行磋商的结果摘要。⑬已咨询过的人员和机构名单。⑭拟建活动的环境管理和保护计划，包括：对环境问题或受影响或影响的环境的描述；对用于保护环境的控制、保障措施、标准或其他环境管理或减轻措施的描述和评估，或尽量减少或防止对环境的损害，包括其估计成本；对任何预期的环境监测进行描述，并以估计的成本报告活动的影响；实施减轻措施和监测要求的责任和当局的说明；明确声明申请人致力于环境管理和保护计划中包括的措施；申请人明确声明，如果发生意外的不利影响，将立即与主要环境官员联系以寻求建议。⑮总结环境管理和保护计划。环境保护计划的摘要必须包括：环境问题或受影响的环境；拟议的缓解、控制或保障措施；负责减轻、控制或保障措施的机构名称。⑯报告的贡献者名单及其联系方式。

2. 综合环境影响评价报告

综合环境影响评价报告框架主要包括：①拟建项目的基本环境影响评价报告所需的全部信息。②拟建项目的概况。③有可能受到拟建项目影响的环境的描述，包括：地质、土壤、地面、地表水和潟湖水（包括基线数据）；附近的前滩描述——海滩材料、海岸线形状、风向、海流和礁石的性质；重要生境和生物：区域的分布和丰度。④对社会、经济和文化资源的描述和任何潜在影响，包括：人口和就业（在受影响的社区内）；卫生设施；教育设施；当地社区传统使用的土地使用和资源；具有历史和文化意义的地点或结构。⑤拟建项目的潜在影响或实际影响，包括任何主要、次要、短期和长期、不利和有益的影响。⑥对任何不能减轻的残余影响的全面描述。⑦对其他类似项目的描述和影响的描述和使用的控制。⑧对拟建项目的每个备选方案的完整描述，包括利益、影响和管理选项。⑨在考虑全球气候和局部气候情景的情况下，全面描述为避免气候变化对项目建设的可能不利影响而采取的长期措施。⑩描述可行的可再生能源开发活动的潜在影响，以及开展拟议能源开发活动的理由。⑪对预测和评估方法的全面描述。⑫公众参与和披露的细节包括：涉及公众参与项目计划全过程的相关方案的说明；从公众那里收到的主要问题概要，以及如何处理这些关切的说明；关于拟议项目的公众意见摘要。⑬材料来源与参考。

四、马绍尔群岛

1994 年马绍尔群岛共和国环境保护局发布了《环境影响评价导则》（Environmental Impact Assessment Regulations, 1994），主要分为七个部分：

第一部分：总则。

第二部分：初步提案，包括提交初步提案、初步提案的内容、初步提案审查、重大环境影响项目的确定。

第三部分：环境影响评价要求。

第四部分：环境影响评价格式和内容，主要包括环评报告的格式、环境影响的范围、影响程度等内容。

第五部分：环境影响评价审批。

第六部分：监管许可和报告，主要包括环境监测报告、环境实施过程的监督和审计等内容。

第七部分：其他事项、处罚和执行等相关法律规定。

五、密克罗尼西亚联邦

密克罗尼西亚联邦人力资源部颁布的《环境影响评价导则》分为七个部分和附录A、附录B。

第一部分：总则和一般性规定。

第二部分：规定了项目责任人和人力资源部秘书的相关责任。

第三部分：主要描述了进行环境影响评价的过程，由三个要素构成：环境影响识别、环境影响预测和环境影响评价。

第四部分：对项目进行初步评估，根据附录B的清单格式，对项目进行初步评估，确定其对环境的影响和需要采取的缓解措施。初步评估不需要对项目备选方案进行深入考虑，但是对可能造成环境重大影响的，需提出更全面的环境影响评价。在项目的初步评估中，应考虑项目规划、实施和运行的所有阶段；初步评估的目的主要是：（a）确定环境影响；（b）使项目提案人修改项目，减轻环境影响评估之前可能产生的重大影响；（c）在项目设计中尽早进行环境评估；（d）避免不必要的环评。初步评估应提交给秘书进行审查。

第五部分：综合环境影响评价，主要包括：（a）进行环境影响评价的决定；（b）环评程序和公众参与；（c）项目审批等相关内容。

第六部分：环境影响报告书的内容，主要包括：（a）项目环境影响的总结；（b）项目基本概况；（c）项目对环境的影响描述；（d）替代方案的优缺点和环境影响；（e）编制和咨询人员和组织名单。

第七部分：代理诉讼请求。

附录A：重大环境影响案例的确定原则。

附录B：初步评估环境检查表。

六、所罗门群岛

所罗门群岛颁布的《环境法》和《环境条例》规定 11 类需要进行环境影响评价的产业，主要包括：食品工业（包括水果加工、装瓶和罐头制造）；钢铁工业；非金属工业（包括石灰生产、砖瓦制造、矿物和采矿的提取、骨料石/瓦的提取、放射性相关工业、水泥制造）；皮革、造纸、纺织、木材工业（包括皮革鞣制加工、纺织工业、临终设备、化学染色地毯业、造纸、纸浆及其他木制品）；渔业、海洋产品工业；林业产业（包括伐木作业、锯铣、各种木材加工处理）；化学工业（包括农药生产和使用、农药生产、肥料制造和使用、炼油厂）；旅游业（包括酒店、高尔夫球场、休闲公园、旅游度假区或庄园）；农业产业（包括畜牧业发展、农业发展计划、灌溉和供水计划）；公共工程部门（包括堆填区、基础设施发展、主要废物处置厂、水土流失及淤积控制、水电计划、水库发展、机场发展、废物管理、排水及处理系统、疏浚、流域管理、港口）；其他产业（包括工业区、住宅区、居民点、移民区、石油产品储藏加工厂）。

第四章　国家管辖范围以外区域海洋开发利用活动的环境影响及其评估

第一节　海底矿产资源开发

一、海底矿产资源开发活动概况及其环境影响

目前对深海矿产资源进行勘探开发的主要有多金属锰结核、多金属硫化物和富钴结壳三种。深海矿产资源的勘探开发活动会对海底生态系统造成很多不利的影响：

在采矿环节，深海区域海底矿产的挖掘以及开发时的采矿机械搅起的沉积颗粒所形成的底层和表层羽状流对海洋生态系统会造成不可逆转的影响，采矿活动产生的沉积物再悬浮重新沉淀后会覆盖原有生物的栖息地，埋葬海洋生物[13]，不但将矿区的海底环境完全破坏、直接杀死沉积层生物[14]，对大洋底层以及上层的海洋生境也产生显著的影响，将彻底改变原有的海底生态系统，而且这种影响将是持续的，难以恢复的。公海中物种生育率比较低，生长速度较慢，许多深海生境的水流流速较低，所以环境对外来干扰的敏感性较大，恢复较慢。深海群落想要从采矿干扰中恢复过来需要几年、几十年甚至上百年的时间。开采多金属硫化物造成的潜在影响还包括改变活跃的热液喷口的热液环流，产生废水和化学污染物[15]。

在矿物运输环节，通过采矿机及提升管道输送到采矿船（平台）上的矿浆中含有大量海水，约占总重量的80%～90%，因此必须进行脱水处理，从而产生大量含沉积物、结核和底栖生物碎屑的废水，将直接污染上层海水，使得周围物种受到废水中所含有毒金属和其他化学物质的干扰。

在冶炼环节，将会产生大量的废渣和废料，这些废料如果在陆地处理，将会占用

大量土地，也存在废水、扬尘、化学辐射等潜在危险，因此将这些废料倾倒入海将是现实选择，但这又对海洋生态环境带来巨大风险。因此，在深海大规模开采矿物之前，有必要先期对该区域喷口以及非喷口地点的生物群体组成和分布进行详细的研究，以便评估和确定开采活动的生态环境影响。

目前海底矿产资源探矿和勘探活动较多，鉴于技术、资金等因素的限制，海底矿产开采的障碍较多，矿产开发活动相对较少，开展环境影响评估的海底矿产开发活动更加稀少。1970 年在北大西洋布莱克海底高原进行了气泵提升采矿系统试验，在这个活动中开展了环境影响的研究工作，研究的主要焦点是底层沉积物在表层排放所产生的表层羽流及其由此带来的营养盐的生态影响。此后 20 世纪 70—90 年代，美国、日本、德国等发达国家开展了多项海底勘探、采矿的相关试验活动，但都是以试验的形式小规模开展，属于科学研究的范畴，并不属于真正意义上的资源勘探开发活动。整体来说，由于海底区域矿产资源开发活动的环境影响评价制度处于建设与发展阶段，尚未形成完整的体系，可借鉴的案例极少。

二、海底矿产资源开发的国际法规制

根据 UNCLOS 第十一部分"区域"关于勘探和开发制度的规定，在"区域"内采用平行开发制度，即一方面由联合国国际海底管理局企业部开发，它可以直接牵头把企业或者个人组织起来实施开发；另一方面由缔约国及其自然人和法人与管理局以协作方式开发，申请人须向管理局提出两块经探明的具有同等商业价值的海底区域，由管理局选定一块为保留区，该区域由管理局企业部开发；另一块为合同区，由申请人开发。

国际海底管理局于 2000 年发布了《"区域"内多金属结核探矿和勘探规章》，2010 年发布了《"区域"内多金属硫化物探矿和勘探规章》，2012 年发布了《"区域"内富钴铁锰结壳探矿和勘探规章》，为全球各国申请勘探区块提供了指南。根据勘探规章，在 2001 年，先后有中国、俄罗斯、日本、法国等国家的企业和组织申请获得了世界上第一批多金属结核的勘探区块，并与国际海底管理局签署了为期 15 年的勘探合同，享有国际海底矿产资源的勘探权。从 2001 年至今，国际海底管理局已在太平洋、大西洋中部和印度洋海域发放了 28 个不同的矿产勘探许可，申请主体来自 15 个国家和地区，勘探区块面积达到 120×10^4 km^2。根据合同规定，勘探工作计划期满后，承包者应申请开发工作计划。由于承包者大都面临技术条件、矿产品价格、环境保护、法律法规等各方面问题，近年来到期的各区块勘探合同所有者纷纷申请了延期。

三、现有 EIA 制度框架与实践

1. 法律基础

随着技术的发展，进行海底矿产资源开发的可能性不断增加，近年来，国际社会关于国家管辖范围外区域生物多样性养护与可持续利用问题的关注度不断提高，海底矿产资源开发的环境影响评价规制问题受到国际海底管理局的高度重视。

UNCLOS 对区域内的活动进行环境影响评价做出了相关的规定，第 145 条要求国际海底管理局在管理矿产资源时，务必切实保护海洋环境，并确保海洋环境中的动植物不受勘探及其未来开采这些矿产资源可能产生的有害影响。管理局有义务与担保国一道按照法律和技术委员会的建议对这些活动采取预防方法。第 165 条规定："国际海底管理局的法律和技术委员会应就'区域'内活动对环境的影响准备评价"。相关规定要求承包者收集海洋和环境基线数据，建立环境基线，供对照评估其勘探工作计划的活动方案可能对海洋环境造成的影响，以及要求承包者制定监测和报告这些影响的方案，承包者应与管理局和担保国合作制定和执行监测方案，承包者应每年报告环境监测方案的结果。为了执行 UNCLOS 有关"区域"的规定，1994 年联合国大会通过了《关于执行 1982 年 12 月 10 日〈联合国海洋法公约〉第十一部分的协定》。该协定进一步阐述了对"区域"内的深海采矿活动进行环境影响评价的义务，协定附件一第一节第 7 条规定："请求核准工作计划的申请，应当附有该活动的潜在环境影响评估以及关于按照管理局制定的规则、规章和程序进行的海洋学和环境基线研究方案的说明"。第二节第 1 条规定了管理局秘书处应履行企业部的职务，包括"（b）评估就'区域'内活动进行海洋科学研究的结果，特别强调关于'区域'内活动的环境影响的研究"。

国际海底管理局根据《联合国海洋法公约》对"区域"矿产勘探、开发活动进行管理，颁发了一系列关于深海海底矿产资源勘探和开采的规定。国际海底管理局还成立了环境影响评价工作组，1998 年提出了《环境影响评价的技术指导文件》（草案），包含了关于进行环境影响评价和准备在区域内开采矿产的环境影响声明专章内容。管理局还制定了诸多的软法性文书、规定，都涉及了环境影响评价的内容。例如，2000年颁布的《"区域"内多金属结核探矿和勘探规章》第5条规定了在探矿过程中保护和保全海洋环境的要求，"探矿者应同管理局合作，制订并实施方案，监测和评价多金属硫化物的勘探和开发可能对海洋环境造成的影响"；第18条规定，"为了使合同形式的勘探工作计划获得核准，申请者应提交：关于按照本规章及管理局制定的任何环境方面的规则、规章和程序进行的海洋学和环境基线研究方案的说明，这些研究是为了能够根据法律和技术委员会提出的建议，评估提议的勘探活动对环境的潜在影响；关于提议的勘探活动可能对海洋环境造成的影响的初步评估；关于防止、减少和控制对海洋环境的污染和其他危害以及可能造成的影响的提议措施的说明"。2011年《克拉里昂-克利珀顿区环境管理计划》提出将"预先评估可能对环境造成重大不利影响的活动"作为一项指导原则，并提出需要根据开发提案酌情开展累积环境影响评估。2011年，由国际海底管理局联合斐济政府以及太平洋共同体秘书处应用地球科学和技术司在斐济举行的关于深海矿物勘探和开发管理需要的研讨会上通过了一个针对海底采矿的环境影响评价模板。该模板的制定并非是规范性的，但是却有足够的灵活性能够广泛地运用于不同的环境。

2010年颁布的《指导承包者评估区域内多金属结核勘探活动可能对环境造成的影响的建议》第四部分详细列出了对多金属结核进行勘探活动时不需要和需要进行环境影响评价的活动。其中需要进行环境影响评价的活动有："（a）为采集结核，供在陆地上进行采矿和（或）加工方面的研究而用海底拖撬、挖掘机或拖网进行的采样活动，条件是若任何一项采样活动的采样区超过10 000平方米；（b）利用专门设备研究可能在海底发生的人为扰动的影响；（c）试验采集系统和设备"。

2013年法律和技术委员会第十九届会议上通过的《指导承包者评估"区域"内海洋矿物勘探活动可能对环境造成的影响的建议》建立一套多种资源勘探通用的环境指南，主要内容包括环境基线研究和环境影响评价。第8条规定"在核准合同形式的勘探工作计划之后，并在开始勘探活动之前，承包者应向国际海底管理局提交：（a）一份关于所有拟议活动对海洋环境潜在影响的评估书，但不包括法律和技术委员会认为不具有对海洋环境造成有害影响的潜在可能的那些活动；（b）一份用于确定拟议活动对海洋环境潜在影响，并确定矿物探矿和勘探活动不会对海洋环境造成严重损害的监测方案建议书；（c）可用于制订环境基线以评估拟议活动影响的数据"。第四部分列明了不需要进行环境影响评估的活动和需要进行评估的活动要求、承包者应提供的资料等要求。根据可获得的资料，目前在勘探方面使用的多种技术被认为不会对海洋环境造成严重损害的，则不需要进行环境影响评估。

2017年国际海底管理局公布了《环境规章（草案）》，草案内容包括：环境影响评价程序、环境计划审批程序、环境管理与监控责任、应急措施、对严重损害的处理、预防性做法指南。第三部分专门就环境评估作出规定，主要的内容包括环境评价的一般要求、环境影响区域的识别、环境基线数据调查、环境影响评价范围界定、环境风险评估与评价、替代、减缓和管理措施、决定一项活动是否有重大环境影响的考虑因素等。第四章就环境影响评价声明的准备以及信息要求作出规定。附件二就环境影响声明的内容作出规定。根据对该草案的讨论，环境影响评价技术指南将由国际海底管理局进行制定。

2. EIA 实施程序

目前在"区域"内开展环境影响评价的机制还不够成熟，虽然国际海底管理局不断致力于矿区的环境影响评价制度建设，但是目前没有正式的具有约束力的文件规定在海底区域勘探、开发矿产资源的环境影响评价程序和内容。1998年提出了《环境影响评价的技术指导文件》（草案）列出了环境影响报告书的框架和内容，但属于指导性文件，并以草案形式发布。2017年以来国际海底管理局致力于《区域矿产开发规章草案（环境问题）》的制定，其中关于环境影响评价内容和程序的规定都处于讨论阶段，并未形成最终版本，目前没有统一明确的 EIA 程序。

1998年《环境影响评价的技术指导文件》（草案）列出了环境影响报告书应当包括的内容。在该草案中，建议报告书体系框架应当包括以下方面的内容。第一部分：概述背景、项目历史、项目发起者、目的和理由等。第二部分：政策、法律和行政框架。第三部分：利益相关者协商——描述利益相关团体和利益相关者在申请前的咨询程序。第四部分：对拟议开发活动的说明——提供开发活动的细节。第五部分：开发计划的详细安排。第六部分：对当前海洋环境的描述——对环境基线的描述。第七部分：社会经济环境。第八部分：环境影响，监测和管理措施。第九部分：社会经济影响。第十部分：意外事故和自然灾害。第十一部分：环境管理、监测和保护。第十二部分：科研团队。第十三部分：参考文献。第十四部分：词汇表和缩写。第十五部分：附录。

在2017年2月国际海底管理局提出讨论的《区域矿产开发规章草案（环境问

题）》框架中也提到了环境影响报告书的内容，并以附件的形式作出规定，于 2017 年 3 月在柏林研讨会上讨论，目前没有正式版本。

1994 年联合国大会通过的《关于执行 1982 年 12 月 10 日〈联合国海洋法公约〉第十一部分的协定》附件一第一节第 7 条规定："请求核准工作计划的申请，应当附有该活动的潜在环境影响评估以及关于按照管理局制定的规则、规章和程序进行的海洋学和环境基线研究方案的说明"，此后，国际海底管理局已有的正式规章或软法文件中也是依据此项规定要求发起人请求核准工作计划的申请时，提交的资料中应当包括环境影响评价的说明，但没有对环境影响评价程序作出详细规定。

在 2017 年 2 月国际海底管理局提出讨论的《区域矿产开发规章草案（环境问题）》框架文件中，提到了制定区域内开展 EIA 的程序的框架内容，但是目前各国没有达成一致意见，还未形成正式文件。

第二节　公海渔业捕捞活动

一、公海渔业捕捞活动概况及其环境影响

1. 公海渔业捕捞情况

自第二次世界大战以来，随着科技的发展和发展中国家对渔业投入的加大，世界海洋捕鱼总量呈现平稳增长的趋势。近些年，世界捕鱼量增长率有所下降，这主要是因为大部分具有商业价值的鱼类都已经被充分捕捞甚至过度捕捞。据联合国粮食及农业组织（FAO）《2016 年世界渔业和水产养殖状况》报告，2014 年全球捕捞渔业总产量为 $9\,340\times10^4$ t，其中 $8\,150\times10^4$ t 来自海洋水域，$1\,190\times10^4$ t 来自内陆水域（表 4-1）。捕鱼区域主要分布在北太平洋、中东西部太平洋、南太平洋、北大西洋、中西东部大西洋、东西部印度洋、地中海和黑海，以及南北极地区。西北太平洋是捕捞渔业产量最高的区域，随后是中西部太平洋、东北大西洋和东印度洋（图 4-1）。除东北大西洋外，这些区域的捕捞量与 2003—2012 年的十年相比均呈现增长。地中海和黑海的情况令人震惊，其捕捞量自 2007 年以来已下降三分之一，主要原因是鳀鱼和沙丁鱼等小型中上层鱼类捕捞量下降，多数其他物种也受到影响。

表 4-1　世界渔业捕捞产量（2009—2014 年）　　　　　　单位：百万吨

	2009	2010	2011	2012	2013	2014
内陆	10.5	11.3	11.1	11.6	11.7	11.9
海洋	79.7	77.9	82.6	79.7	81.0	81.5
捕捞合计	90.2	89.1	93.7	91.3	92.7	93.4

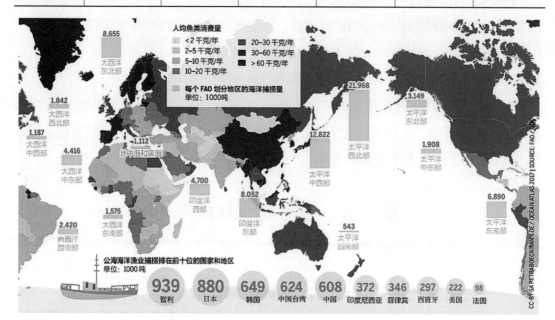

图 4-1　各主要海区公海捕捞量示意图

来源：德国海因里希·伯尔基金会发布的《海洋地图集 2017》

捕鱼业在国家间的发展呈现明显的不平衡态势。根据 2017 年 12 月 14 日德国海因里希·伯尔基金会在北京发布的《海洋地图集 2017》，公海海洋渔业捕捞排在前十位的国家和地区（单位：1 000 t）分别是：智利（939）、日本（880）、韩国（649）、中国台湾（624）、中国（608）、印度尼西亚（372）、菲律宾（346）、西班牙（297）、美国（222）、法国（98）（图 4-1，表 4-2）。在捕鱼量排前 20 位的国家和地区里，发达国家在渔业方面的优势并不明显。随着发展中国家加大对渔业的投入和提高科学技术，其在全世界捕鱼总量中的份额进一步提高。同时，远洋捕鱼的国家（即主要在其他国家的沿海而不是在本国沿海捕鱼的国家，主要是发达国家）的捕鱼量下降了。这是因为其他国家根据 200 n mile 专属经济区（EEZ）制度，对发达国家的海岸捕鱼和在捕鱼鱼种方面实施了更加严格的控制管理。尽管如此，由于根本性的地缘因素和生物物种因素的影响，各国捕鱼量之间还是存在较大的差别。一方面，各国的近海区域

（例如，专属渔业区或者专属经济区）面积是不同的；另一方面，往往在浮游生物密集、物种丰富的区域，能够捕到更多的鱼。

表 4-2　主要国家海洋捕捞（包含近海和公海）产量

国家或地区	2003—2012 年平均	2013 年	2014 年	2003—2014 年平均	2013—2014 年	2013—2014 年
	t			%		t
中国	12 759 922	13 967 764	14 811 390	16.1	6.0	843 626
印度尼西亚	4 745 727	5 624 594	6 016 525	26.8	7.0	391 931
美国	4 734 500	5 115 493	4 954 467	4.6	−3.1	−161 026
俄罗斯联邦	3 376 162	4 086 332	4 000 702	18.5	−2.1	−85 630
日本	4 146 622	3 621 899	3 630 364	−12.5	0.2	8 465
秘鲁	7 063 261	5 827 046 3	548 689	−49.8	−39.1	− 2 278 357
	918 049[1]	956 416[1]	1 226 560[1]	33.6	28.2	270 144
印度	3 085 311	3 418 821	3 418 821[2]	10.8	0.0	0
越南	1 994 927	2 607 000	2 711 100	35.9	4.0	104 100
缅甸	1 643 642	2 483 870	2 702 240	64.4	8.8	218 370
挪威	2 417 348	2 079 004	2 301 288	−4.8	10.7	222 284
智利	3 617 190	1 770 945	2 175 486	−39.9	22.8	404 541
	2 4 62 885	1 967 541[1]	1 357 586[1]	−44.9	40.3	390 045
菲律宾	2 224 720	2 130 747	2 137 350	−3.9	0.3	6 603
韩国	1 736 680	1 586 059	1 718 626	−1.0	8.4	132 567
泰国	2 048 753	1 614 536	1 559 746	−23.9	−3.4	−54 790
马来西亚	1 354 965	1 482 899	1 458 126	7.6	−1.7	−24 773
墨西哥	1 352 353	1 500 182	1 396 205	3.2	−6.9	−103 977
摩洛哥	998 584	1 238 277	1 350 147	35.2	9.0	111 870
西班牙	904 459	981 451	1 103 537	22.0	12.4	122 086
冰岛	1 409 270	1 366 486	1 076 558	−23.6	−21.2	−289 928
中国台湾	972 400	925 171	1 068 244	9.9	15.5	143 073
加拿大	969 195	823 640	835 196	−13.8	1.4	11 556

续表

国家或地区	2003—2012 年平均	2013 年	2014 年	2003—2014 年平均	2013—2014 年	2013—2014 年
	吨			百分比		吨
阿根廷	891 916	858 422	815 355	−8.6	−5.0	−43 067
英国	622 146	630 047	754 992	21.4	19.8	124 945
丹麦	806 787	668 339	745 019	−7.7	11.5	76 680
厄瓜多尔	452 003	514 415	663 439	46.8	29.0	149 026
25 个主要生产国合计	66 328 843	66923 439	66 953 612	0.9	0.0	30 173
世界合计	80 793 507	80 963 120	81 549 353	0.9	0.7	586 233
25 个主要生产国占比	82.1	82.7	82.1			

[1] 合计数不含秘鲁和智利的秘鲁鳀（*Engraulis ringens*）产量。

[2] 粮农组织估计。

2. 深海捕捞活动的环境影响分析

深海捕捞作业对海洋生物多样性和海洋生态系统有很大的负面影响，其影响可分为直接影响和间接影响。

直接影响包括物理性破坏、沉积物的再悬浮、海洋生物的移除。物理性破坏主要是指对有生命的海底结构（例如：珊瑚、海绵和海草）的破坏，同样还有对作为生活在海底或是靠近海底的鱼类和其他有机体的哺育场、避难和栖息地底质结构的破坏，以及降低栖息地结构的复杂性。渔业专家认为由底拖网捕鱼、底刺网捕鱼和中层水刺网捕鱼产生的生态影响是最大的，其次是适度的撞击渔具：鱼笼和渔栅，远洋和底部延绳钓；最后，产生相对较小影响的渔具是中层拖网、围网和手钓渔具。底拖网捕鱼是最具生态破坏性的捕鱼方法，这种移动的捕鱼渔具对深海底的影响已经堪比原始森林的砍伐所产生的影响。因拖网捕捞引起的沉积物再悬浮能够产生很多不同的影响：释放储存在沉积物中的营养物质，暴露厌氧层，释放污染物；增加生物需氧量，使海水变得更浑浊，堵塞海洋动物的摄食和呼吸器官，从而使生物因窒息而死亡；沉积物重新沉降后掩埋生物，干扰原有的栖息地结构。而捕鱼对海洋生物的直接影响则表现为：海洋生物因大量捕捞导致物种数量锐减，改变包括目标物种和非目标物种在内的物种种群的数量以及物种组成的个体大小，使得物种个体总体上变小，珊瑚、海绵等形成重要栖息地结构的生物大量消失。捕鱼会对食物网结构产生不利影响，使得海洋生物的捕食关系发生了变化，降低海洋食物网复杂性，使海洋生态系统的营养级降低，最终导致群落结构发生变化。

间接影响主要是指对海洋生物的影响，包括：过度捕捞使目标物种的数量减少，影响生物群落中其他物种的数量，导致生物群落结构发生变化；捕捞作业过程中副渔货物的倾倒改变海洋生态系统的营养成分；废弃的渔具会引起幽灵捕捞，导致大量海洋哺乳动物死亡。

现如今，已有充分的证据证明捕鱼导致物种数量大量减少[16-17]。对塔斯马尼亚岛（Tasmania）周边海山的一项调查研究发现有 300 种鱼类和大型底栖无脊椎动物，24%~43% 为新发现的物种，16%~33% 只生活在海洋环境中。但是由于深海拖网的影响，使得该区域每一研究站位的底栖生物量减少了 83%，而且与未捕鱼区域相比，捕鱼区域的每一样品的物种数量减少了 59%。此外，有证据表明在反复和密集的海底捕捞干扰下，生物群落结构由相对较高生物量的物种占主导地位向由个体小型化的生物占主导转变。Hinz 等（2009）采用聚类分析和 SIMPROF 检验方法分析底拖网干扰对海底群落的影响[18]，研究显示长期拖网作业对底栖水生生物群落占主导地位的松软沉积物栖息地有强烈的负面影响。在相同的捕捞密度范围内，底表生物的生物量减少了 81%，物种丰度减少 14%。冷水生物群落从捕鱼干扰中恢复的速度是极其缓慢的，甚至在停止捕鱼 5~10 年时间后仍然没有任何恢复的迹象。

二、公海捕鱼活动的国际法规制

1982 年《联合国海洋法公约》规定公海捕鱼自由原则，但是要受到关于跨界渔业资源和特殊渔业资源（第 87 条和第 116 条）规则的限制。《联合国海洋法公约》第 117~120 条还确认了国际合作的义务，即应当利用适当的分区域或区域渔业组织在公海生物资源的管理和保护方面进行合作。目前，涉及公海渔业管理的区域性组织/协议主要包括：东北大西洋、西北大西洋、东南大西洋、地中海、南极、南太平洋、南印度洋、北太平洋，北极、中大西洋和西南大西洋尚未建立区域性渔业组织或安排。事实上，在某些区域还存在一些如中西部大西洋渔业委员会和印度洋渔业委员会这样的组织，但往往是咨询性质的，并没有规制的权限。

随着公海捕鱼活动的增多和科技的发展，很多捕鱼工具的尺寸在增大，诸如漂网。

使用这些渔网导致了海洋种群的整体流失和对金枪鱼及大马哈鱼的过度捕捞。1989年7月，南太平洋论坛通过了《关于漂网捕鱼的塔拉瓦宣言》，表达了对漂网造成的破坏的关注，并认识到这种捕鱼方式并不符合国际法关于公海渔业资源保育和管理方面的要求及国际环境法的原则。在《关于漂网捕鱼的塔拉瓦宣言》的号召下，南太平洋国家于1989年通过了《关于禁止使用漂网在南太平洋捕鱼的惠灵顿条约》，任何违反该条约的船只都将失去其在南太平洋论坛渔业局注册机构中的评价地位。另外，美国1990年修订的《关于漂网影响、监控、评估和控制法》规定，对不遵守有关漂网使用的国际协定的国家施行贸易制裁。

1992年联合国环境与发展大会在里约热内卢召开，并通过了《21世纪议程》，其中第17章的项目C是关于"可持续利用和养护公海海洋生物资源"。1992年国际负责任渔业会议在墨西哥坎昆召开并通过了《坎昆宣言》，其呼吁联合国粮农组织起草《负责任渔业行为守则》，联合国粮农组织也对《坎昆宣言》做出了回应，并最终形成了两项文书，《促进公海渔船遵守国际养护和管理措施的协定》和《负责任渔业行为守则》。

2001年12月11日生效的《执行1982年12月10日〈联合国海洋法公约〉有关养护和管理跨界鱼类种群和高度洄游鱼类种群的规定的协定》（简称《联合国鱼类种群协定》），适用于国家管辖范围以外区域跨界鱼类种群和高度洄游鱼类种群的养护和管理，对沿海国和在公海捕鱼的国家规定了合作义务和预防性做法。针对高度洄游鱼类的管理，还相应签订了《养护大西洋金枪鱼国际公约》《中白令海狭鳕资源养护与管理公约》和《西北太平洋溯河性鱼类保护公约》等条约；针对海洋大型哺乳动物管理，签订了《国际捕鲸管制公约》，由国际捕鲸委员会进行管理。

此外，还有《南极条约》体系（The Antarctic Treaty System）的相关规定，旨在确保南极的和平利用以及保护南极的环境和生态系统，该体系包括《南极海豹养护公约》（Convention for the Conservation of Antarctic Seals, CCAS, 1972）、《南极海洋生物资源保护公约》（Convention on the Conservation of Antarctic Marine Living Resources, CCAMLR, 1980）、《关于环境保护的南极条约议定书》（The Protocol on Environmental Protection to the Antarctic Treaty, 1991）以及历次协商会议通过的各项建议和措施。

三、现有 EIA 制度框架与实践

要求对渔业进行环境影响评估的国际法律文书是 UNCLOS 的《联合国鱼类种群协

定》（UNFSA，1995），其第五条规定："为了保护和管理跨界鱼类种群和高度洄游鱼类种群，沿海国应评估捕鱼、其他人类活动及环境因素对目标种群和属于同一生态系统的物种或与目标种群相关或从属目标种群的物种的影响"。该协定第6条规定："各国应制定数据收集和研究方案，以评估捕鱼对非目标和相关或从属种及其环境的影响，并制定必要计划，确保养护这些物种和保护特别关切的生境"。该协定只是针对跨界鱼类种群和高度洄游鱼类种群，并不包括所有的鱼类种群。而且，该协定并未涉及缔约国违反协定相关规定的内容。此外，由于缺乏有效的监督执法机构，该协定并未得到很好的执行。

从2006年开始，联合国大会开始讨论与深海捕鱼相关的渔业环境影响评价问题。目前为止，已有多个联合国决议提到这一问题。联合国大会第61/105号决议"吁请有权监管底鱼捕捞的区域渔业管理组织或安排根据审慎方法、生态系统方法和国际法，在各自监管地区作为优先事项，至迟于2008年12月31日通过和执行下列措施：（a）根据现有最佳科学资料，评估各项底鱼捕捞活动是否会对脆弱海洋生态系统产生重大不利影响，并确保如评估表明这些活动将产生重大不利影响，则对其进行管理以防止这种影响，或不批准进行这些活动；（b）查明脆弱海洋生态系统，通过改进科学研究及数据收集和分享，并通过新的试探性捕捞，确定底鱼捕捞活动是否会对这些生态系统和深海鱼类种群的长期可持续性造成重大不利影响；（c）对于根据现有最佳科学资料，确知存在或有可能存在包括海底山脉、热液喷口和冷水珊瑚在内的脆弱海洋生态系统的地区，不对底鱼捕捞开放这些地区，并确保在建立养护和管理措施以防止对脆弱海洋生态系统产生重大不利影响之前，不进行这类活动；（d）要求区域渔业管理组织或安排的成员规定悬挂本国国旗的船只，在捕捞作业过程中遇到脆弱海洋生态系统的地区，停止底鱼捕捞活动，并报告所遇到的情况，以便能够在相关地点采取适当措施"。联合国大会第64/72号决议鼓励"各国及区域渔业管理组织或安排查明脆弱海洋生态系统，评估对这些生态系统的影响，并评估捕捞活动对目标和非目标鱼种的影响"。

联合国粮农组织于2008年通过了《公海深海渔业管理国际准则》（International Guidelines for the Management of Deep-Sea Fisheries in the High Seas，2008）。这一准则详细描述了对可能在相关区域产生重大不利影响的深海捕鱼活动进行环境影响评价的责任，定义了脆弱海洋生态系统和重大不利影响，还提供了确定影响的规模和大小是应该考虑的因素。这些因素包括：（a）该影响在受影响的特定场址的强度或严重性；（b）该影响相对其危及的栖息地类型的可获得性而言的空间范围；（c）该生态系统对该影响的敏感度/脆弱性；（d）生态系统受害后的恢复能力和恢复速度；（e）该影响可能改变生态系统功能的程度；（f）相对一个物种在特定时期或生命史阶段需要该栖息地的时间而言，该影响发生和持续的时间。

《公海深海渔业管理国际准则》第 47 条指出，深海渔业的环境影响评价应该解决以下问题："（a）进行的或是预期的捕鱼类型，包括渔船渔具类型，捕鱼区域，目标或是潜在的副渔获物种类，捕鱼努力量水平和捕鱼持续时间；（b）当前渔业资源状况最佳的可利用科技信息和捕鱼区域的生态系统，栖息地和群落的基线信息，与未来的变化进行比较；（c）鉴定描述和绘制在捕鱼区已知的可能出现的脆弱海洋生态系统地图；（d）用于鉴定、描述和评估深海捕鱼影响的资料和方法，识别在知识方面的差距，评定在评估过程中出现的信息方面的不确定性；（e）捕鱼操作产生的可能影响的风险评价，决定哪些影响有可能是重大不利影响，特别是对脆弱海洋生态系统和低生产力的渔业资源的影响；（f）用于阻止对脆弱海洋生态系统的重大不利影响的拟议的缓解和管理措施，以确保对低生产力的渔业资源的长期保护和可持续利用，以及用于监测捕鱼操作的影响的措施"。该准则只是为各国提供了深海渔业环境影响评价的技术指南，并不具有法律约束力，所以无法强制要求各国必须严格遵守该准则的规定。

虽然在对深海渔业进行环境影响评价方面有很多详细的要求，但是很多规定都不具有法律约束力，关于有效执行这些要求的很多问题依然没有得到很好地解决。在太平洋和南大洋，虽然已有开展了公海深海捕鱼的环境影响评价，但是即使是最全面的评估也没有完全符合 FAO 的《公海深海渔业管理国际准则》。在大西洋，目前有东北、西北和东南大西洋三个区域性渔业组织，它们都要求每一个提出参与底鱼捕捞的缔约国要在下次科学委员会会议之前向执行秘书处提交有关捕鱼的信息，并在可能的情况下提交捕鱼活动对脆弱海洋生态系统的已知和预期影响的初步评估报告。截止到 2018 年 7 月，在西南大西洋，并没有成立区域渔业组织，也没有采取暂时性的措施管理该区域的深海渔业。在北太平洋，只有日本、俄罗斯、美国、韩国等国家提交了不同程度的影响评估报告。在南太平洋，只有新西兰、澳大利亚和西班牙提交了影响评估报告，而在太平洋海域进行捕鱼的其他国家却没有提交捕鱼的影响评估报告。在南印度洋，欧盟、日本、泰国、澳大利亚、法国、库克群岛提交了影响评估报告。在南大洋，只有澳大利亚、新西兰、西班牙、日本和英国等国提交了临时评估报告。

综上所述，在 ABNJ 从事的人类活动中，除了矿产资源的勘探开发以外，深海捕鱼对海洋生态系统的负面影响是最大的。全球约有 30 多个区域性渔业组织制定了 20

多个协约进行管理和养护区域渔业。《执行 1982 年〈联合国海洋法公约〉有关养护和管理跨界鱼类种群和高度洄游鱼类种群的规定的协定》和《公海深海渔业管理国际准则》明确提出了评估捕鱼活动对目标和非目标物种及其环境的影响这一要求。但实际上，各国很少向 FAO 提交捕鱼环境影响评估报告。在近海捕鱼实践中，也只有很少的国家进行了环境影响评价。虽然在对深海渔业进行环境影响评价方面有很多详细的要求，但是很多规定都不具有强制性法律约束力，对于这些要求的有效执行方面存在很多问题依然没有得到很好解决。保护海洋生态环境，有必要进一步强化对深海渔业养护和利用的环境影响评价制度与实践。

第三节　公海航行

一、公海航行活动概况及其环境影响

1. 公海航运活动概况

航运被视为全世界最为国际化的行业，在各种跨境运输网络中处于核心位置。全球贸易额约有 90% 通过航运实现。它能够经济、洁净、安全地运送大量货物。公海航运是 ABNJ 最基本的活动，《2015 年海运述评》显示当年的世界商船队的船舶总数为 89 464 艘，总吨位为 17.5 亿载重吨，大约占世界商品贸易总量的 90%。海运贸易与世界贸易的关系如图 4-2。

2. 公海航行环境影响分析

公海航行活动对海洋生物多样性的威胁可能来自于以下方面。（a）事故（如搁浅、泄漏和碰撞）：在航行中，轮船搁浅及碰撞或者非法排放造成的石油污染是国际社会主要关切的问题；（b）工作排放 [如石油、有毒液体（化学物）、大批运载的有毒物质、污水和垃圾]：船只上防污系统的操作所用的化学品也可能危害海洋生物和环境，多项研究显示，防污油漆的金属化合物会慢慢溶入海中，并可能进入食物链；（c）气体排放：远洋船只排放的氧化硫（SO_x）、氧化氮（NO_x）和微粒物质在周围环境中集结，并对公众健康和环境造成不良的影响，包括海洋的酸化和肥化，航运排放

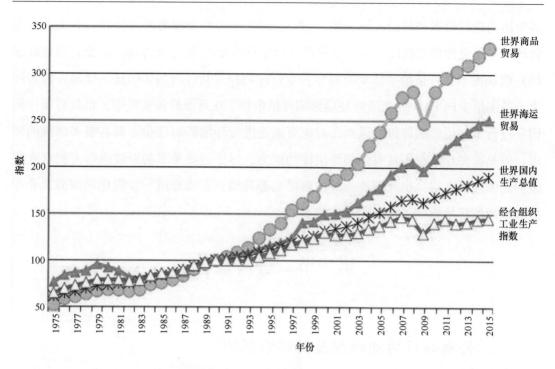

图 4-2　1975—2015 年经合组织工业生产指数与世界国内生产总值、海运贸易和商品
贸易指数（基准年 1990 年 = 100）

来源：Review of Maritime Transport 2016（UNCTAD）

的二氧化碳也是促成气候变化的一个重要因素，例如，国际航运在 2007 年共排放
$8.43×10^8$ t 的二氧化碳，约占全球排放量的 2.7%；（d）对海洋生境如珊瑚礁或微生物
造成的实际损害（如船锚造成的损害，船只碰撞海洋哺乳动物或是造成物种/生境损
伤）；（e）正常的航运业务也可能把外来入侵物种带入海洋环境，外来物种入侵问题
对生物多样性的威胁仅次于生境损失。越来越多的证据表明，入侵的速度随着国际贸易
的扩张正在加快，每天估计至少有 7 000 种不同的物种被装在压载水箱中运往世界
各地。此外，船体上使用的有毒防污油漆会严重危害海洋生物。相比于操作性的影响，
运载有毒物质的船舶因为海上事故导致的有毒物质泄漏、船舶溢油等事故性影响对海
洋生态系统而言是致命的，甚至会导致整个生态系统的崩溃。

二、公海航行的国际法规制

UNCLOS 规定了公海航行自由原则，对所有国家开放。国际海事组织

(International Maritime Organization，IMO) 是联合国负责海上航行安全和防止船舶造成海洋污染的一个专门机构。为了确保航行安全和海洋环境保护，IMO 通过了一系列国际条约和具体规则，如《国际防止船舶造成污染公约》（MARPOL 73/78)，该公约详细规定了船舶油污污染、有毒液体物质污染、生活污水污染、包装有害物质污染、垃圾污染和大气污染的六大防治规则。在公海航行事故情况下，1990 年 IMO《国际油污防备、反应和合作公约》要求缔约国制定国家和区域的防备和响应系统以及所辖船舶制定油污应急计划，必要时其他缔约国应提供协助。2004 年的《国际船舶压载水和沉积物控制和管理公约》（BWM）包括 22 个条款和 1 个规则附则，即《控制管理船舶压载水和沉积物以防止、减少和消除有害水生物和病原体转移规则》。2008 年生效的《控制船舶有害防污底系统国际公约》（《AFS 公约》）禁止船舶使用含有有机锡的防污底漆，以使海洋生物系统免受该漆产生的污染影响。此公约弥补了海上防污方面的一个空白，并为将来在全球范围内禁止和规范其他有害防污的系统建立了一个机制。2017 年生效的《极地水域船舶航行国际准则》（《极地准则》）是一项新的强制性文书，它确立了一些适用于北极和南极航运安全和环境的规则，"旨在为海事组织现有文书提供补充，以加强偏远、脆弱和可能凶险的极地水域作业船舶的安全并减少对人类和环境的影响"。

在针对某些敏感海域的保护方面，IMO 设置了特别敏感海域（PSSA）制度。特别敏感海域是指需要通过 IMO 的行动特别保护的海洋区域，这些区域经确认在生态、社会经济、科学特征等方面具有特殊意义，而这些特征又特别容易受到国际航运活动的破坏。在确认特别敏感海域时，相关的满足法律条款要求的保护措施必须得到 IMO 的批准或采纳，从而防止、减少或消除对环境的威胁及保护环境的脆弱性。鉴定和指定 PSSA 和采纳相关保护措施需要考虑三个方面的因素：该区域特别的环境特征；区域对来自国际航运活动的损害具有的脆弱性；在 IMO 权限内采取相关保护措施以防止、减少、控制航运活动造成损害的可能性。相关保护措施（APM）包括领航制度、分道通航制、避航水域、强制深水航道、强制通报制度、建议航道措施、禁止下锚水域等。

三、现有 EIA 相关实践

对公海航行的国际法规主要通过具有强制约束力的规则、守则或标准实现。由于航行活动的流动性、广泛性和叠加性等特征，开展针对单一航行活动的 EIA 实际意义不大。无论事前或事后，对环境影响的评估主要通过针对特定期间、特定区域范围内航行活动对生态环境的累积影响评估实现。评估的具体实施取决于特定区域的情况和需要保护的对象。

部分区域组织对航行活动的环境影响进行了评估。OSPAR 委员会对东北大西洋海域航行影响评估显示：2007 年在北海观察到 80% 的浮油正在减少，不过却无法确定污染源以及航运的贡献量；1998—2007 年，北海和大西洋国际船舶交通氮氧化物排放量增长超过 20%，达到 1 85×10⁴ t 氮氧化物；OSPAR 区域已经确定了超过 160 种非本地物种，但很难确定和评估引入非本地物种的影响，特别是将物种入侵与单次航行或航运业务联系起来；另外，1999 年和 2000 年两起油罐船石油泄漏事故对当地经济和生态造成重大影响[19]。

经济合作和发展组织（OECD）出版的一份关于全球航行环境影响的报告（"Impacts of International Shipping"）考察了国际海运对环境的影响，更详细地考察了港口附近航行活动、港口货物处理和货物向周围地区的分配所产生的影响[20]。不同的港口位置以及不同类型的运输货物对环境影响也是不同。基于对来自北美洲、欧洲和亚洲的 800 个港口和 120 条航运线路的分析，表明港口当局提到的五大环境问题分别是水质（25%）、废物处理（21%）、空气质量（19%）、生境覆盖（19%）和噪声（15%）（表 4-3）。

表 4-3　公海航行活动的主要环境问题[20]

环境问题	海港区域	海上	腹地
氮氧化物排放	x	X	x
硫氧化物排放	x	X	(x)
微粒排放	X	x	x
能源利用及二氧化碳排放	x	X	X
其他温室气体排放	(x)	x	(x)
噪音排放	X	–	x
压载水处理	X	X	–
石油泄漏	x	X	–
处理污泥和其他类型的含油废物	X		
处理污水	X	x	
处理垃圾	X		
雪水和雨水清除	x		
防尘	x		

环境问题	海港区域	海上	腹地
处理危险货物	x	x	x
使用防污漆	X	x	–
疏浚和污染的土壤	X	–	–
土地使用和资源保护	X	–	(x)

注：X——较大的影响；x——中等影响；（x）——较小影响。

波罗的海海洋环境保护委员（HELCOM）2018 年发布的航运报告对波罗的海的航运进行统计，几乎一半（46%）的港口船舶是客船，并统计出不同类型船舶的行驶路程、停留时间以及路线选择。同时评估了船舶的气体排放、污水排放、运营过程中的油污排放、化学品排放、压载水、船舶造成的海洋污染、船舶产生的水下噪音等方面因素。例如图 4-3 就统计了二氧化碳、氮化物、硫化物和 PM2.5 的年度变化[21]。

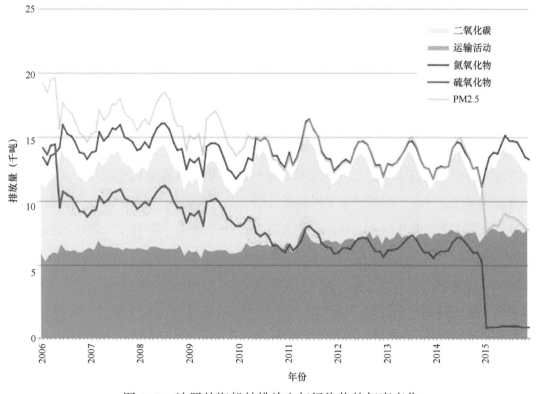

图 4-3　波罗的海船舶排放空气污染物的年度变化

第四节　科学考察活动

一、科学考察活动概况及其环境影响

1. 国际海洋科学考察概况

国家管辖范围以外区域的科学考察手段包括海洋调查船、海洋遥感观测、海洋浮标、潜水器等。海洋调查船是搭载海洋仪器设备直接观察海洋、采集样品和研究海洋的重要工具，可以对海水理化性质、海洋生物、地质地貌等进行综合调查，适应各种海洋调查作业的需求。海洋遥感是利用传感器对海洋进行远距离非接触观测，以获取海洋景观和海洋要素的图像或数据资料，包括海表面温度、海面高度、海面风场、海浪、海冰、海洋表层叶绿素浓度等。海洋浮标是一类用于承载各类探测海洋和大气传感器的海上平台，可实现对海洋环境进行自动、联系、长期的同步监测。在研究海洋和大气的相互作用及全球气候变化、预报全球性和地区性海洋灾害、监测海洋污染、校验卫星遥感数据的真实性，以及作为平台用于水声通信和水下定位等方面发挥了重要作用。潜水器又称为深潜器，可开展水下考察、海底勘探、海底开发和打捞、救生等任务。

近几十年全球海洋观测已从不连续的船基或岸基考察转变成连续原位实时观测。综合运用卫星、飞机、船舶、水下滑翔器、浮（潜）标等先进技术手段，对海洋动力环境、海洋生态、海洋地质、海洋生物资源等进行跨地区、跨部门、长期、连续的观测。目前国际上已建成的海洋观测系统主要分布在欧洲、美洲、大洋洲和亚洲[22]。除了国际综合大洋钻探十年计划、国际大洋中脊计划、Argo 等全球性研究计划，多个国家启动了海底网络观测计划，如美国"海王星"海底观测网络计划（NEPTUN）、欧洲海底观测网（ES-ONET）、日本新型实时海底监测网（ARENA）、美国 Hobo 海底热液观测站、美国新泽西大陆架观测网、美国 ORION 计划等[23]。这些计划的实施对深海技术的发展以及深海科学研究的深入具有重要推动作用。欧盟的《潜得更深：21 世纪深海研究面临的挑战》《欧盟深海和海底前沿计划》等指出了深海研究面临的挑战，提供了面向可持续性海洋资源管理的路径，制定海底采样战略，从而提高对深海和海底过程的认识。美国 NOAA 海底研究计划（NURP）是美国国家海洋与大气管理局为了将先进的海底科考技术应用到大洋、海岸带及五大湖的研究中而启动的一项研究计划[24]。

2. 中国大洋和极地科学考察活动概况

目前，中国在国家管辖范围以外区域的科学考察主要由中国极地研究中心和中国大洋矿产资源研究开发协会分管。中国极地研究中心是我国唯一专门从事极地考察的科学研究和保障业务中心，主要开展极地雪冰-海洋与全球变化、极区电离层-磁层耦合与空间天气、极地生态环境及其生命过程以及极地科学基础平台技术等领域的研究；建有极地雪冰与全球变化实验室、电离层物理实验室、极光和磁层物理实验室、极地生物分析实验室、微生物与分子生物学分析实验室、生化分析实验室、极地微生物菌种保藏库和船载实验室等实验分析设施。截至 2018 年 11 月共开展 35次南极考察，25 次北极考察。中国大洋矿产资源研究开发协会主要分管国际海底资源研究开发活动，包括开展深海勘探、发展深海技术以及建立深海产业，目前逐步形成"三龙"（"蛟龙"号、"海龙"号和"潜龙一号"）和四大装备（中深钻、电视抓斗、声学拖体和电磁法）为代表的深海装备体系，以及以国家深海基地管理中心为代表的大洋保障体系。截至 2018 年 11 月共组织了 50 航次大洋考察。

3. 环境影响分析

海洋科学考察活动对海洋环境的不利影响包括科考船航行过程产生的环境影响和科考船上科学调查研究操作产生的环境影响。

科考船在航行过程中产生的影响类似于航运对海洋环境的影响[25]，包括燃料燃烧排放的大气污染物、船舶含油污水、船舶噪声、船舶生产垃圾、船舶螺旋桨对海洋生物的意外伤害等。

海洋科学调查研究操作的影响有物理、化学、噪音和偶然性的影响，主要包括样品采集和监测过程中噪声和电磁波对海洋生物干扰、对海底沉积物和生物的扰动、样品预处理与实验过程中产生的化学废水、废气和实验废弃物等，以及调查人员产生的生活污水、生活垃圾等污染物排放对海域环境的影响。对海洋环境的物理影响包括：采样、钻探以及其他特殊设备的使用会干扰和杀死海洋生物，破坏海洋生物栖息地和海洋生态系统的结构功能[26]。化学影响是指化学示踪剂及其有害化学物质的丢弃对海洋生物的影响。噪音影响主要指，在进行海洋科学研究过程中有时会将声音引入海洋环境中，从而对海洋生物造成不利的影响。偶然性影响是指引起生物污染，主要有外来物种或是病原体的引入改变了当地的群落结构，最终可能导致本地物种的灭绝[27]。

总体而言，海洋科学考察活动内容多样，主要可以分为三类。第一类是收集数据为主的科研活动，如投放浮标、潜标、温盐深仪、多普勒流速剖面仪和氯度仪等仪器，一般不会对海洋环境产生重大的影响；第二类是涉及海底的科研活动，如采泥、基因采探等海底活动，此类研究会给海底生态环境带进亮光、噪音和热量，可能会对海底生物造成生态压力；第三类是大型工程性的科研活动，如地震勘探、科学钻探等存在明显环境影响活动。此外，还有由两个国家或多个国家联合进行的科学研究活动，如美国和德国科学家进行的北极大洋中脊探索计划、ARGO 计划和海洋生物普查计划等都属于国际研究计划，这些研究计划大部分属于探索性质，对海洋生物多样性的直接影响较小。对于单一的海洋科学调查活动，对海洋生态系统的影响相对较小，而且影响范围也有限。但是，在同一海域进行高频率的采样实验也可能会对该海域的生态系统造成破坏[28]。

二、现有 EIA 制度框架与实践

UNCLOS 第 87 条规定了公海科学研究的自由，但受第六部分和第十三部分的限制。第 240 条规定海洋科学研究的进行应遵守依照本公约制定的一切有关规章，包括关于保护和保全海洋环境的规章。第 263 条规定了科学研究造成海洋环境污染损害的法律责任。目前国际上关于科学考察活动环评要求的法律文书并不多，南极针对科学考察活动的环评要求最为全面。

1.《关于环境保护的南极条约议定书》

1991 年的《关于环境保护的南极条约议定书》（The Protocol on Environmental Protection to the Antarctic Treaty，也称为《马德里公约》）附件一环境影响评价适用于在南极条约地区所从事的科学考察活动。第 3 条第 2 款规定："（a）规划和从事在南极条约地区的活动应旨在限制对南极环境及依附于它的和与其相关的生态系统的不利影响；（b）规划和从事在南极条约地区的活动应避免：（Ⅰ）对气候或天气类型

94

的不利影响；（Ⅱ）对空气质量或水质的重大不良影响；（Ⅲ）对大气环境、陆地环境（包括水中环境）、冰环境或海洋环境的重大改变；（Ⅳ）对动植物物种或种群的分布、丰度或繁殖的有害改变；（Ⅴ）对濒危或受到威胁的动植物种或其种群的进一步危害；或（Ⅵ）使具有生物、科学、历史、美学或荒野意义的区域减损价值或面临重大的危险；（c）在南极条约地区的活动应根据充分信息来规划和进行，其充分程度应足以就该活动对南极环境及依附于它的和与其相关的生态系统以及对南极用来从事科学研究的价值可能产生的影响作出预先评价和有根据的判定。此种判定应充分考虑：（Ⅰ）该活动的范围，包括活动的地区、期限和强度；（Ⅱ）该活动本身的累积影响和与在南极条约地区的其他活动一起产生的累积影响；（Ⅲ）该活动是否会对在南极条约地区的其他活动产生不利影响；（Ⅳ）是否具备在环境方面安全作业的技术和程序；（Ⅴ）是否具备监测关键环境参数和生态系统各组成部分的能力，以确定该活动的任何不良影响并就此提出早期预报，并且根据监测结果或对南极环境或依附于它的和与其相关的生态系统的进一步了解对作业程序进行必要的改进；（Ⅵ）是否具备对事故特别是对具有潜在环境影响的事故作出迅速有效反应的能力；（d）应进行定期有效的监测，以便对正在从事的活动的影响，包括对预计产生的影响进行的核查作出评价；（e）应进行定期有效的监测，以便有利于早期检测出在南极条约地区内外从事的活动对南极环境及依附于它的和与其相关的生态系统所可能产生的无法预见的影响"。同时，根据该议定书第8条的规定，将活动的影响程度分为三个等级："小于轻微或短暂的影响、轻微或短暂的影响、大于轻微或短暂的影响"。

　　另外，《关于环境保护的南极条约议定书》的附件一对环境影响评价的程序进行了详细规定，将环境影响评价分为三个阶段：初始阶段、初步环境评估和全面环境评估。附件一第1条认为，"在初始阶段，如果某一活动被认为是小于轻微或短暂的影响的，该活动可以立即进行"。根据附件一第2条规定，"除非某一活动被认为是小于轻微或短暂的影响的，或是正在准备一个全面的环境评估，否则就需要进行初步环境评估来评估某一拟议活动对环境的影响是否超过轻微的或是短暂的影响"。同时附件一第3条还规定了一个全面的环境评估应该包含以下详细信息："（a）拟议活动的描述，包括目的、地点、持续时间、强度和该活动可能的替代方案：包括没有进行的替代方案及其可能产生的结果；（b）用于同预测变化相比较的初始环境参考状态的描述，在无拟议活动的情况下对未来环境参考状态的预测；（c）用于预测拟议活动影响的方法和数据的描述；（d）拟议活动可能产生的直接影响的属性、程度、持续时间和强度的估计；（e）考虑可能的间接或是次级影响；（f）根据现有的活动和已有的规划活动，考虑拟议活动的累积影响；（g）对能够最大程度地减少或是减轻拟议活动的影响并监测未能预见的影响的措施的鉴定和对该活动的任何不利影响做出早期预报以及迅速有效地处理事故的措施，包括监测项目的鉴定；（h）确定拟议活动中不可避免的影响；（i）考虑拟议活动对进行科学研究和其他现有用途和价值的影响；（j）识别在编辑所要求的信息过程中遇到的知识和不确定性方面的差距；（k）对所提供的信息进行非技术性总结；（l）准备全面环境评估的个人或组织的姓名和地址以及对报告的评论应送往的地址"。另外，在环境影响评价合作方面，该议定书也作了相关的规定，第6条规定："在环境影响评价准备方面，每一个缔约国都应尽力向其他缔约国提供适当的帮助"。

南极条约体系建立了相对完善的环境影响评价机制。《关于环境保护的南极条约议定书》的附件一规定："由主管国家当局或是国际组织完成的全面的环境评估草案应该对外公开，并且提交给所有缔约国进行评论，然后由南极条约环境保护委员会进行评审。该委员会向南极条约磋商会议提供意见是否实施该拟议活动"。另外，协议书对各国如何遵守和执行该协议的内容也提出了要求。根据该议定书第13条的规定，"每一缔约国都应在能力范围内采取合适的措施，包括立法、行政和执法措施来确保对协议书的遵守"。除此之外，还成立了环境保护委员会（Committee for Environmental Protection，CEP）为缔约国提供关于执行《关于环境保护的南极条约议定书》的意见和建议。

2. OSPAR《负责任的海洋研究行为守则》

《保护东北大西洋海洋环境公约》（简称《OSPAR公约》）委员会认为深海和公海的物种和栖息地很容易受到不同的实际或潜在的人类活动的影响，包括海洋科学研究。虽然与自然过程（如火山/构造事件、衰退、气候变化等）或其他人类活动（如采矿、渔业和运输）的干扰相比，许多科学活动对海洋环境的潜在影响较小。比如，许多地区，特别是海山和冷珊瑚礁，在进行科学研究之前，早已受到深海和公海渔业等人类活动的广泛影响。尽管如此，如果没有仔细规划和执行研究活动，某些科学活动仍有可能对特定地区或动物产生不良的负面影响。此外，由于目前已知的区域数量有限，来自各个学科的科学家经常在这些单一地点工作，研究之间可能会产生相互冲突的影响，并产生多重影响，特别是在科学活动密集的地方。

OSPAR 海域的深海和公海应遵守的《负责任的海洋研究行为守则》从物种、生境、濒危和/或退化的特征、管理区和保护区、通知和研究计划、方法、生物群的运输、收集、协作与合作、数据共享 10 个方面分别提出相应海洋研究要求。其中"管理区和保护区"中规定"如果计划在一个具有 OSPAR 濒危和（或）退化的物种和生境清单所列特征的地区进行研究，则应在部署可能产生不利影响的设备之前完成风险评估，并酌情对该地点进行预先评估，以确定可能的影响和适当的缓解措施。如有必要，运营人应考虑修改所采用的设备和（或）方法，以将风险降低到可接受的水平。在某些情况下，可能有必要制定应急措施以收回丢失的设备（包括与其他研究船舶运营商的合作）"。

第五节　公海废物倾倒

一、公海废物倾倒活动概况及其环境影响

海洋被认为是一个吸纳废物容量无限的污水池，并被普遍用于倾倒废弃材料。海洋中的大部分废弃物来自航海船舶、近海石油和天然气平台、钻机和水产养殖设施，也有来自陆地倾倒到海洋的废弃物。随着近代工业的兴起，倾倒物中的成分也发生了根本性的变化，出现了一些原来在自然界中没有的物质，包括通过科学手段形成的人工合成物质，其中有一些是含有剧毒的物质。每年超过 800 t 的塑料被排入海洋，对海洋生物、渔业、旅游业造成了严重影响，经济损失达 80 亿美元。据估计，塑料垃圾每年导致上百万只海鸟、10 万头海洋哺乳动物和难以计数的鱼类死亡。有研究显示，如果对现状置之不理，到 2050 年，海洋中塑料垃圾的量将超过鱼的量。UNEP 特别强调海洋中的塑料废弃物是一个新出现的环境问题。海洋哺乳动物、鸟类、海龟、鱼类、蟹类常常被塑料环、塑料绳和塑料带缠住，并可能因此受伤或动弹不得，海洋哺乳动物也很容易误食各种塑料物体，危及生命。据估计，由于塑料在海洋环境中降解速度缓慢，大约需要数百年时间才能降解，因此塑料废弃物不断积累，同时分解成更小的颗粒和微粒塑料，时刻威胁着海洋生态系统的安全和健康。

公海也是倾弃常规武器和化学武器、中放射性和低放射性废物、其他各类危险材料的地方。据估计，倾倒在波罗的海中的含有砷化物成分的废水废弃物达亿吨以

上，这些砷化物的毒性完全释放出来足以使 3 倍的地球人口丧生，这是多么危险的一个警告。美国在 1945—1965 年间曾在旧金山附近的海上倾倒了近 5 万桶放射性废弃物，此后又选定太平洋 40 个倾倒放射性废弃物区。这些被倾倒的放射性废弃物，有的由于桶罐破损已造成这一海区的放射性污染，已检测到鱼体内的放射性含量，足以对人类健康构成威胁，其潜在危险性和难以弥补性正越来越引起国际社会的普遍关注。

二、废物倾倒活动的国际法规制

1975 年生效的《伦敦公约》是第一个专以控制海洋倾倒为目的的全球性公约，采用的是许可制度，即倾倒废物需要向缔约国申请。其中第四条规定："1. 按照本公约规定，各缔约国应禁止倾倒任何形式和状态的任何废物或其他物质，除非以下另有规定：（a）倾倒附件一所列的废物或其他物质应予禁止；（b）倾倒附件二所列的废物或其他物质需要事先获得特别许可证；（c）倾倒一切其他废物或物质需要事先获得一般许可证。2. 缔约国在发放任何许可证之前，必须慎重考虑附件三中所列举的所有因素，包括对该附件第（二）款及第（三）款所规定的倾倒地点的特点的事先研究"。第六条规定："每一缔约国应指定一个或数个适当的机关，以执行下列事项：（a）颁发在倾倒附件二所列的物质之前及为倾倒这类物质，以及出现紧急情况时所需要的特别许可证；（b）颁发在倾倒一切其他物质之前及为倾倒这类物质所需要的一般许可证；（c）记录许可倾倒的一切物质的性质和数量，以及倾倒的地点、时间和方法；（d）为本公约的目的而个别地或会同其他缔约国和主管的国际组织对海域、海岛进行监测"。第十二条规定："各缔约国可采取为保护海洋环境免受下列物质污染的措施：（a）包括油料在内的碳氢化合物及其废物；（b）并非为倾倒的目的而由船只运送的其他有害或危险物质；（c）在船只、飞机、平台及其他海上人造建筑物操作过程中产生的废物；（d）包括船只在内的各种来源的放射性污染物质；（e）化学和生物战争的制剂；（f）由海底矿物资源的探测、开发及相关的海上加工而直接产生的或与此有关的废物或其他物质"。

1996 年 11 月 7 日在伦敦召开的政府间特别会议上通过了《防止倾倒废物及其他物质污染海洋的公约 1996 年议定书》（The 1996 Protocol to the London Convention，简称《1996 年议定书》）。《1996 年议定书》于 2006 年 3 月 24 日开始生效，这意味着国际保护海洋环境法制建设进程达到一个重要的里程碑。修订后的《1996 年议定书》增加了禁止海上焚烧废物的规定，建立了更加严格的禁止倾倒条款以及许可证申请制度，相比 1972 年《伦敦公约》，无论在海洋废物处理限制范围、处理方式、国家监管、国家责任和争议解决方面都有较大的调整和补充（表 4-4）。《1996 年议定书》规定，《伦敦公约》缔约国如成为《1996 年议定书》缔约国，则以《1996 年议定书》取代《伦敦公约》。1972 年《伦敦公约》签订后，并没有完全阻止中低放射性废物的海洋倾倒活动，而《1996 年议定书》的通过则彻底禁止通过海洋处理一切放射性废物的做法。

表 4-4　《伦敦公约》和《1996 议定书》的主要内容比较

要点比较	《伦敦公约》	《1996 年议定书》
许可与禁止	无事前许可不得倾倒（不可抗力情形例外）	无事前许可不得倾倒（不可抗力情形例外）
废物清单	黑名单与灰名单（列入名单的物质禁止倾倒或须特别注意）	反列清单（仅列入清单的废物方可考虑倾倒）
规范对象	以废物中的化学组分为主要规范对象	以废物类型为主要规范对象
评价方式	列举了一系列评价要素	综合性的评估框架

许可制度是《1996 年议定书》实施运行的基础。未经许可，不得向海洋中倾倒任何废物或其他物质。许可制度的建立与实施需考虑与倾倒申请有关的政策、管理以及科学技术问题。许可制度通常包括以下内容：①行政制度：接收并处理许可申请；对申请进行科学与技术评价；与适当的机构以及包括公众在内的其他利益相关方磋商；考虑申请的科学与技术评价以及其他机构与利益相关方的意见；依据《1996 年议定书》与国内法的规定对许可申请做出决定。②科学与技术支撑制度，依据附件 2 "对可考虑倾倒的废物或其他物质的评价"程序，以及理事机构为每类可以考虑倾倒的废物或物质编制的评价指南，为决策提供支持。

在议定书的执行方面，缔约国应制定政策并采取措施：（a）鼓励遵守许可条件、国内法律法规以及《1996 年议定书》的倾倒活动；（b）禁止违反许可制度、国内法律法规及《1996 年议定书》的行为。缔约国应在实施《1996 年议定书》（第 10.2 条）的国内法中规定与国际法相一致的罚则，具体可包括罚款、赔偿、恢复原状或其他处罚措施。以南非为例,刑事法庭可对犯罪人处以监禁及不超过 500 万南非兰特的罚金,还可责令其将受损的环境恢复原状。对程度较轻的违法行为,可判处违法者从事对环境有益的社区服务。各国法律不同,处罚措施也有所差别。

指定一个或多个机构负责审查许可条件的遵守与执行情况,该机构的职责可包括:检查倾倒船舶;对许可条件进行符合监测;与国家海上检查机构(例如,渔政、海关、海军、海岸警卫队或海事局)建立沟通机制;与海上私营企业(例如,沿海工业、旅游业或渔业)建立沟通机制,促进公众参与,寻求公众支持;审查处置区监测报告及环境数据。

《1996 年议定书》与《伦敦公约》的成功有赖于所建立的报告制度。缔约国每年向秘书处报告倾倒与监测活动,缔约国可以通过网络或书面形式填写国际海事组织的报告表格。秘书处每年会提示缔约国报告其所许可的倾倒活动与监测活动,并向缔约国分发报告提请通知和年度报告汇编,相关信息还会在《1996 年议定书》网站发布。倾倒许可报告与监测报告需要载明:该国全年颁发的所有许可证的年度报告,包括废物的性质、数量与倾倒地点;未颁发许可证的应提交年度零报告(即报告时间内无海洋倾倒活动)和符合监测与现场监测的年度报告。

三、现有 EIA 制度框架与实践

1. 废物倾倒的评估框架

《1996 年议定书》附件 II 规定了废物倾倒的强制性评估框架(图 4-4)。

(1) 实施主体

《1996 年议定书》规定"每一缔约当事国应指定一个或多个适当机关:(1)按本议定书颁发许可证;(2)记录已被颁发倾倒许可证的所有废物或其他物质的性质和数量以及在可行时,被实际倾倒的数量、倾倒地点、时间和方法;(3)单独或与其他缔约当事国和主管国际组织合作,对海洋状况进行监测"。

《1996 年议定书》第 4 条关于倾倒废物或其他物质的一般规定:"(1)缔约当事国应禁止倾倒任何废物或其他物质,但附件 I 中所列者除外;(2)倾倒附件 I 中所列废物或其他物质需有许可证。缔约当事国应采取行政或立法措施,确保许可证的颁发

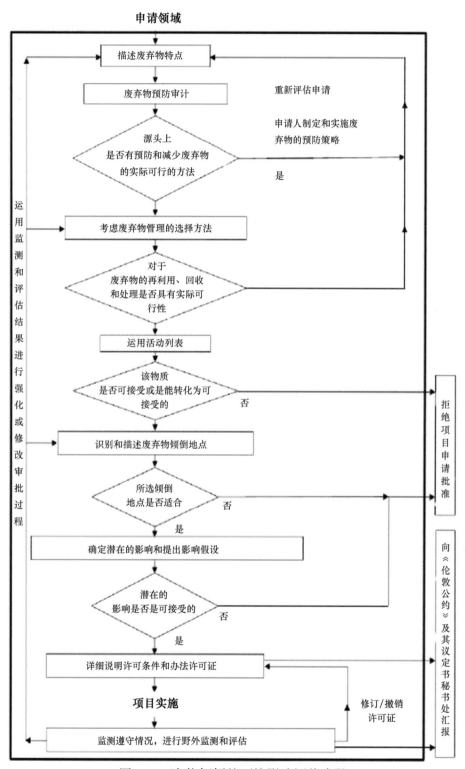

图 4-4　废物倾倒的环境影响评价步骤

和许可证的条件符合附件Ⅱ。特别应注意使用对环境更可取的替代办法来避免倾倒的机会"。负责管理海洋倾倒的国家主管部门应当明确申请的提交程序，需提交的信息类型，以及决策标准。

（2）评估适用范围

《1996年议定书》附件Ⅰ以"反列清单"形式规定了可考虑倾倒的废物或其他物质，即评估适用的范围："①疏浚挖出物；②污水污泥；③鱼类废物及工业性鱼类加工作业产生的物质；④船舶、平台或其他海上人造结构物；⑤惰性、无机地质材料；⑥自然起源的有机物；⑦主要由铁、钢、混凝土和对其的关切是物理影响的类似无害物质构成的大块物体，并且限于这些情况：此类废物产生于除倾倒外无法使用其他实际可行的处置选择的地点，如与外界隔绝的小岛；⑧二氧化碳捕获过程产生的用于封存的二氧化碳流"。

《1996年议定书》附件Ⅱ对行动清单做出如下规定："每一缔约当事国应制定国家行动清单，为根据其对人体健康和海洋环境的潜在影响对备选的废物及其成分作出筛选提供机制。在选择行动清单中予以考虑的物质时，对人类起源的有毒、持久和生物累积物质（如镉、汞、有机卤化物、石油烃类以及，在有关时，砷、铅、铜、锌、铍、铬、镍和钒、有机硅化合物、氰化物、萤石和非卤化有机物的杀虫剂及其副产品）应给予优先。行动清单还可被用作进一步的废物防止措施的启动机制"。

行动清单应指明上限水平，也可指明下限水平。确定的上限水平应能避免对人体健康或对海洋生态系统中有代表性的敏感海洋生物的急性或慢性影响。行动清单的应用将形成三类可能的废物：1）含有特定物质的废物或造成生物反应的废物如超过有关上限水平，则不应被倾倒，但通过使用管理技术或方法可使其成为可被接受倾倒者除外；2）含有特定物质的废物或造成生物反应的废物如低于有关下限水平，则其倾倒应视为环境影响极小；3）含有特定物质的废物或造成生物反应的废物如低于上限水平但高于下限水平，则在确定其是否适于倾倒前需作出详细评定。

（3）潜在影响的评定

对潜在影响的评定应编制对海上或陆上处置方案预期后果的简明陈述（即影响假设）。它为决定批准或拒绝拟议的处置选择方案和确定环境监测要求提供了基础。倾倒评定应综合有关废物特性、拟议的倾倒区的状况、通量和拟议的处置技术的信息，指明对人体健康、生物资源、休闲场所和对海洋的其他合法利用的潜在影响。它应根据合理的保守假设确定预期影响的性质、时间以及空间范围和持续时间。应根据对下列事项的比较评定考虑对每一处置选择方案的分析：人体健康风险、环境代价、危害（包括事故）、经济学和对今后利用的排斥。如果该评定表明没有足够资料来确定拟议的处置选择方案的可能影响，则应对该选择方案做进一步考虑。此外，如果对比较分析的解释表明倾倒选择方案是较差选择方案，则不应颁发倾倒许可证。每一评定最后应对颁发或拒绝颁发倾倒许可证的决定做出论证的说明。

（4）颁发许可证的条件

颁发许可证的决定只能在所有的影响评估均已完成、监测要求已被确定后作出。许可证的规定应尽可能确保对环境的干扰和损害被减至最低程度，其好处增至最大程度。颁发的任何许可证应载有说明下述的数据和信息："（1）拟倾倒的物质的类型和来源；（2）倾倒区的位置；（3）倾倒方法；（4）监测和报告要求"。

应根据监测结果和监测方案的目标对许可证作出定期检查。对监测结果的检查应指明现场方案是否需要继续、修改或终止，并会有助于对许可证的继续、修改或废止一事作出知情的决定。它对保护人体健康和海洋环境提供了一种重要的反馈机制。

2. 相关实践情况

考虑到运输成本，各国一般选择陆地处置和近海倾倒作为优先方案。在远洋运输中货物发生破损且不得不现场丢弃的情况才出现公海倾倒。据国家海洋环境监测中心的跟踪调查显示，2004—2014年间全球仅发生6起位于公海的破损货物倾倒，包括湿坏的散装大米、镍矿、损坏的冷冻鸡、损坏的大米、损坏的大豆和损坏的小麦。

第六节　海底电缆和管道铺设

一、海底电缆和管道铺设活动概况及其环境影响

目前超过95%的国际数据和语音传输都是通过遍布世界海底的光缆传输的（图4-5）。在深度不到2 000 m的海域，电缆一般埋在基体下0.6~1.5 m处；在2 000多

米深的水域，电缆一般会被放置在海底表面。电缆寿命通常是 20～25 年，多是一次性铺设，很少会出现损坏情况，并且电缆多由惰性材料组成，即使在电缆破损情况下，也不会导致周围环境的变化。

由联合国环境署（UNEP）、世界保护监测中心（WCMC）和国际电缆保护委员会（ICPC）编写的一份关于海底缆线的报告认为[29]，有证据表明，在 1 000～1 500 m 的深海，缆线对环境的影响为零至轻微，其中包括一次性地铺设缆线，以及偶尔因维修缆线而造成局部生态破坏。不过在较浅的海域，因缆线必须埋设而会破坏原态。海底电缆和管道的铺设可能会干扰海底沉积物，造成沉积物的再悬浮和重新沉降，从而破坏底栖生物栖息地结构，影响底栖生物的生存。但是这种潜在的影响是局部的，只局限于作业区域。另外海底电缆会产生电磁场，可能会对海洋生物的生理特征造成干扰。海底电缆产生的电磁场对海洋生物的干扰依然存在着很多不确定因素，还有待进一步的研究[28]。

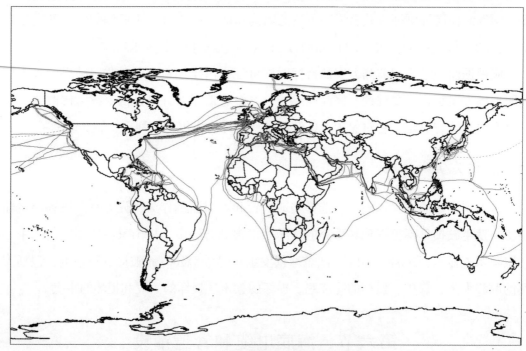

图 4-5　全球电缆分布概况示意图

来源：wikipedia

二、现有 EIA 相关研究与实践

《联合国海洋法公约》（UNCLOS）第 87 条规定了在公海上铺设海底电缆和管道的自由（但受第六部分大陆架制度的限制），但这一自由并不一定与保护深海生境和生态系统的要求相冲突，这也反映在 UNCLOS 中。海底电缆业与环境监管机构一起，试图通过以下方式减少或避免对脆弱的深海生态系统的影响：①利用现代海底测绘和导航系统准确地识别海底生境，并结合现代电缆敷设技术部署电缆，以避免生态和生物敏感地区；②避免在海隆、海底峡谷和热液喷口等生境上或通过这些生境敷设电缆，这些生境由于自然危害的风险也不适合作为电缆线路。例如，峡谷经常被可能磨损或折断电缆的强大电流扫过；海山可能具有火山活动，容易发生山体滑坡和热液排放[29]。

联合国环境署（UNEP）、世界保护监测中心（WCMC）和国际电缆保护委员会（ICPC）在 2009 年共同出版的报告——"Submarine Cables and the Oceans-Connecting the World" 为海底电缆铺设的环境影响评估提供了指导框架，评估的目的是确保在授权在海底铺设电缆之前，考虑电缆铺设和维护对环境的影响。然而，环境影响评估的程度取决于不同监管程序的要求，它可以从提供相关技术信息和遵守环境认证的声明，到简短的环境审查，再到包括正式公众和/或政府磋商在内的全面分析。完成评估的时间表从几周到一年或更长，这取决于所需数据的数量和质量，所需文件和咨询的水平，以及项目范围内存在的敏感环境资源。

上述报告中阐述的正式环境影响评估一般包括五个部分：①建议的操作说明；②接收环境描述（涵盖所有相关的物理、地质、生物和人为/社会经济因素）；③评估对环境的潜在影响；④评估为将环境影响降至环境可接受水平所需的减缓措施（即空间或时间限制，替代、重建或恢复受影响的环境）；⑤评估所需的任何监测措施，以确保（缓解或其他方面）的影响程度保持在可接受的水平。评估文件之后通常是附一份非技术性摘要，这是一份"方便读者"的摘要，供在咨询过程中普遍传阅。除了评估现有数据之外，环境影响评估可能需要进行实地调查，包括海底测绘和沉积物、岩石、动物、植物和生物化学取样。

实践中，电缆作业的环境影响评估很少，一般限于沿海国领海。欧盟环境影响评估指令目前没有明确规定电缆敷设项目的环境影响评估要求。2009 年，OSPAR 发布了一份关于海底电缆环境影响的评估报告（Assessment of the Environmental Impacts of Cables，2009），建议新的海底电缆敷设的批准应遵循许可程序，包括编制环境影响评估，并于 2012 年制定了《电缆敷设和作业的最佳环境实践指南》［Guidelines on Best Environmental Practice（BEP）in Cable Laying and Operation，2012］，要求环境影响评估至少应提供以下数据，并选择适当的缓解措施：沉积物和栖息地结构；底栖生物群落；与鱼类动物有关的栖息地结构；在登陆地区发生繁殖和休息的鸟类；在沿海地区和海上的海洋鸟类和哺乳动物；存在危险废物（如弹药）和文化遗产；其他活动，如在海上倾倒、骨料提取、捕鱼、考古。

BEP 准则的关键要素包括：①避免受保护和对环境敏感或有价值的地区的影响；②使用尽可能短的长度；③将现有的电缆和管道捆扎在安全的地方；④尽量减少电缆和电缆管道的交叉。

BEP 还提到：需建立数据库和监控；减少环境影响和风险（采用最佳可行技术和减缓措施）；实施生态补偿措施。如果发现潜在的不利影响，并且没有适当的减缓措施，则应考虑采取自然保护和景观管理措施进行补偿。此类补偿措施的规模和范围将取决于具体地点的需要，并与环境影响评估确定的影响规模相称。

第七节　海洋地球工程

海洋地球工程，如海洋施肥、海洋大型海藻造林、深海稳定碳池封存、农作物废料深海海底存放等，作为人类应对气候变化的潜在辅助措施，在世界范围内受到广泛关注。但长期以来，作为地球工程的组成部分，国际社会对海洋地球工程的定义，以及应包含的具体项目存在着争论。《伦敦公约》第 35 次缔约国协商大会暨《1996 年议定书》第 8 次缔约国大会，通过了管理海洋地球工程的修正案，将海洋地球工程首次纳入国际公约中。依据修正案的定义，海洋地球工程是指，故意干涉海洋环境，操纵自然进程，包括抵御气候变化和/或其影响在内的活动，且此类活动可能导致有害影响，特别是广泛、持久或严重的影响。

在应对全球气候变化的当下，减少温室气体排放成为各国政府以及科研机构共同关注的热点话题。作为减少温室气体的潜在的辅助措施，以海洋施肥为代表的海洋地球工程引起沿海国家的普遍关注。但作为一种新兴的科学手段，人类对海洋地球工程的认识还明显不足，为避免使用不当引发新的负面效果，如何对其规制也成为国际社会亟须解决的迫切问题。

一、海洋碳封存活动概况及其环境影响

1. 碳封存活动概况及其环境影响

随着全球气候变暖和大气中二氧化碳含量的逐渐增多，国际社会越来越关注在海

洋中的碳封存问题。较多专家和学者开始提倡将二氧化碳等温室气体封存在海床表面和次表层中以应对大气中温室气体浓度的升高和全球气候变暖趋势[30]。碳封存（Carbon Capture and Storage，CCS）的方法就是在合适的温度和压力下将气体形式的二氧化碳转变为固体状态，然后注入合适的海床中[31]。全球第一次海洋碳封存发生在1996年，封存的地点是位于北海的斯莱普尼肯尔气田，该气田位于海床以下 800～1 000 m 的深度，每年大约储存了 100 万吨的二氧化碳[32]。但是目前为止并没有对这些已经封存的二氧化碳的状态进行过调查。虽然初步实验证明将液体状态的二氧化碳直接注入海底中是可行的，但是一些小规模的实验表明碳封存行为会对深海的生态系统及其生物造成不同程度的负面影响。例如，当鱼群游经有大量液体的二氧化碳存在的区域时，鱼类会处于麻痹状态[33]。另外有实验表明，在人为储存液体二氧化碳的地区，其相邻的海域 pH 值降低，导致小型水底生物因为无法适应 pH 值低的环境而死亡。而距离存放液体二氧化碳地点大约 40 m 远的海域，pH 值基本没有变化，生物无大规模死亡的现象[34]。工业规模的二氧化碳处理甚至有可能形成腐蚀槽，吸引和杀死大量的深海食腐动物[35]。

2. 国际上对于碳封存的相关规制与实践

1982 年《联合国海洋法公约》、1992 年《联合国气候变化框架公约》、1992 年《东北大西洋海洋环境保护公约》、1996 年《伦敦协定书》和 2001 年《马拉喀什协定》都从定性的角度强调对海洋有较大影响的活动应当慎重和评估。澳大利亚的《温室气体地质封存法（2006）》《海洋石油修正案（2008）》《二氧化碳捕捉与封存指南（2009）》；美国的《清洁能源与安全法案（2009）》《美国安全碳封存技术行动条例（2010）》《二氧化碳封存纳入法律的提议案（2011）》；欧盟的"二氧化碳捕捉与地质封存环境安全"的欧盟法律框架协议、《欧盟二氧化碳地质封存指令（2008）》和英国的《能源法（2008）》《能源法（2010）》等相关法律制度框架都为碳封存活动的规制提供了依据，部分国家还制定了碳封存的指南，但大部分国家对碳封存还处于研究阶段。

例如，英国的《能源法（2008）》规定了碳封存活动的许可制度，即："（1）除非按照第（2）款的规定取得许可证，否则任何人不得进行第（2）款所指的活动。（2）活动包括：（a）使用受控地点储存二氧化碳（以便永久处置，或作为永久处置之前的临时措施）；（b）为了储存二氧化碳（为了永久处置，或作为永久处置之前的临时措施），在受控地点转换任何自然特征；（c）探勘受管制地方，以期进行或与进行（a）或（b）段所述的活动有关联；（d）为施行本款内的活动而在受管制地方设立或维修设施。（3）在本条中，"受管制地方"系指在下列地方：（a）领海，或（b）气体输入及贮存区内的水域"。

我国密切关注 CCS 技术的进展，并积极开展了相关的研究工作，并已在国际协议下着手建立大型 CCS 示范工程；大部分的技术是在化工及油气开采中运用二氧化碳进行驱油。

《伦敦公约》的科学小组曾对在洋底以下地质结构中的碳吸收进行了研究。这种建议是期望让二氧化碳陷在地质结构里面，但是如果漏出来，其结果可能和深海注入的结果差不多。其中，对公海生态很可能产生深远影响的建议是：在大面积的公海上播种铁以便把大气中的二氧化碳吸收到海水里。不过，从对生物地球化学模式的分析可知，即使是大规模地播种铁，也可能只对大气中二氧化碳的浓度产生不大的作用（17%以下），而被吸收的二氧化碳仅几十年就又回到大气中。不但如此，从在赤道和北极水域进行的添加铁质的研究可知，即使短期的添加铁质也可能剧烈改变缺铁的生态系统中物种群落的结构，以及很可能改变铁的流失。对这些项目的效用和环境影响，应当进行充分的评估。

二、海洋施肥活动概况及其环境影响

1. 海洋施肥活动概况及其环境影响

海洋施肥是指任何人类采取的以刺激海洋初级生产力为主要目的的活动，不包括传统的水产养殖和人工珊瑚礁的建造。海洋施肥的主要途径是通过人工措施向海洋上层提供 N、P、Fe 等限制性营养元素以增加海洋初级生产力，对于促进渔业资源增殖和缓解气候变化具有潜在的应用价值。这种人为的改变海洋初级生产力的方式对海洋生态系统的影响还不得而知，以目前的知识水平还不足以准确地评估施肥活动所产生的影响[36]。

一般认为，海洋铁施肥可改变浮游植物的群落结构；可消耗大量营养盐物质，并将导致初级生产力和海洋食物链的变化；可能导致有害赤潮的发生；降低海水中溶解氧浓度，可对海洋需氧生物造成严重的负面影响；铁施肥难以模拟自然铁输入，并且同时加入的其他物质（如螯合物）对海洋环境影响尚不明确；海洋施肥可能破坏海洋生态系统平衡，也可能在固碳的同时产生其他温室效应更强的气体。海洋地球工程的影响在地域上具有不均衡性，对某些海域有利，但对另一些海域可能就是灾难。可以说，海洋地球工程是把"双刃剑"，国际社会对其可行性存在较大争议。

从环境保护的角度来讲，海洋施肥是通过向海洋中注入铁离子，刺激藻类暴发，从大气中吸收 CO_2，藻类死亡后沉入海底实现碳的封存。但也有作为商业用途的海洋施肥，就是通过注入铁离子达到私人营利的目的，比如通过海洋施肥进行渔业增产，又或者通过海洋施肥获得碳信用而进行碳交易。海洋施肥活动仍然存在着很多不确定因素，在进行大规模商业性质的施肥活动之前有必要进一步研究施肥活动对海洋生态系统的结构和功能的影响。

2. 海洋施肥活动的国际规制

海洋铁施肥是一项海洋地球工程，《伦敦公约》之《1996 年议定书》的修订，将海洋施肥正式归类为海洋地球工程活动的形式之一。

从 2000 年开始，国际社会开始关注无监管的大规模海洋施肥活动问题。2007 年联合国大会发布相关的决议，鼓励国家进行深入的海洋施肥科学研究，提高对海洋施肥的认识。《生物多样性公约》秘书处与联合国教科文组织海洋学委员会（UNESCO/IOC）共同对海洋施肥的"科学公正性"发起了调查，对大规模与商业化海洋施肥活动予以否定，2008 年的《生物多样性公约》第九次缔约国会议通过的决议要求缔约国应根据预防原则，确保在没有充分的科学依据证明海洋施肥活动合理的情况下不要进行这些活动。

从 2007 年开始，《伦敦公约》缔约国就开始致力于建立一个全球透明的、有效的控制和管理机制，用于监督管理包括海洋施肥活动以及《伦敦公约》及其议定书规定的活动在内的可能危害海洋环境的人类活动。与此同时，《伦敦公约》缔约国大会也把海洋施肥活动列为一个很重要的议题进行讨论，并且通过了一系列专门针对这一问题的决议草案。2008 年，第三十次缔约国大会通过的决议指出，"以现有的关于海洋施肥的效果和潜在环境影响的知识不足以证明除了合法的科学研究以外的其他海洋施肥活动是正当合理的；而且应该在适用《伦敦公约》及其议定书框架内的科学专家组制定的评估框架基础上，根据实际情况对海洋施肥科学研究的议案进行评估"。2010年通过的《关于海洋肥化科学研究评价框架决议》则详细描述了评估拟议的海洋施肥活动的步骤，包括初步环境评估、环境评估、决策制定和监测，其中环境评估又包括问题界定、地点选择与描述、暴露评估、影响评价以及风险特征和管理（图4-6）。每个实验，不论规模大小，都要按照评估框架进行评估。但是，需要提交的资料可能因每个实验的性质不同而有所不同。

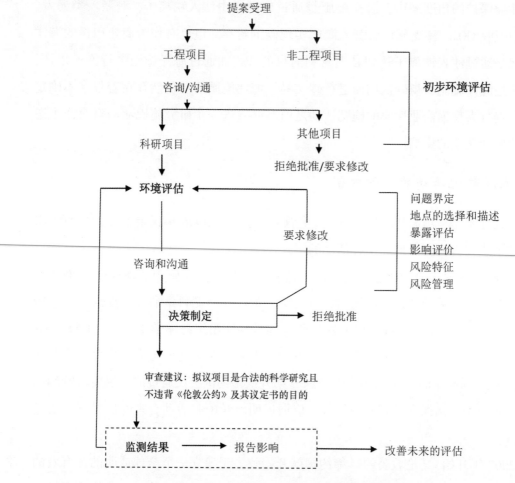

图4-6　关于海洋施肥科学研究评价框架

另外，在2013年通过的《1996年议定书》修订案指出，在考虑任何特殊评估框架的情况下，对某一海洋施肥活动进行评估后认为属于合法的科学研究的，才可考虑颁发许可证[37]。本次修正案实质是通过禁止商业化海洋施肥活动，将海洋施肥局限于科研领域，其主要理由包括：第一，科学研究结果不支持商业化的海洋施肥活动。基于现有的研究成果，海洋施肥无法有效解决气候变化，而其对海洋环境的负面影响却令人非常担忧，因此允许商业化的海洋施肥活动将是对全球海洋环境的严重不负责任。第二，从科研角度出发，对海洋施肥作进一步研究、积累相关科学知识是十分必要的，因此修正案允许合法的海洋施肥活动。修订案设立了海洋施肥"放置许可"制度。

（1）海洋施肥作为地球工程的法律地位是"放置"，无论是海洋施肥科学实验还是大规模与商业化海洋施肥活动，在总体上都属于"放置"行为。

（2）海洋施肥作为"放置"行为不被允许，除非是"经过评估的、合法的、作为海洋科学实验的"海洋施肥活动，即指只允许合法的海洋施肥科学实验。

（3）《1996年议定书》对作为合法海洋科学研究的海洋施肥活动实施许可，即在通过评估框架对合法海洋施肥活动进行筛选的基础上，对合法的海洋施肥活动适用"许可制度"进行有效地规制，防止海洋施肥活动被滥用，以及避免造成海洋生态环境损害，引发海洋环境问题。

3. 国家立场及相关实践

以欧盟为首的发达国家对海洋地球工程的立场较为极端，要求暂停所有可能影响生物多样性的与气候变化相关的地球工程，即包括铁施肥，并尽快建立全球性的管制框架。而发展中国家担忧如果由欧盟主导建立全球管制框架，会使自己受到制约，因此提出可对地球工程采取谨慎态度，但不必全面禁止，应遵循预防原则（precautionary principle），进行科学、透明和有效的评估。对于海洋施肥，进行风险评估后，可以在沿海水域进行小规模的科学试验；但不得违背《伦敦公约》的规定，不得使用海洋施肥制造和出售碳信用，也不得用来实现其他商业目的。

在国内方面，目前尚未有直接在高营养盐、低叶绿素（HNLC）海域开展铁施肥的实验研究。中国科学院以及宝钢集团等基于铁假说，在实施室内开展了钢渣生物利用性以及生态效应的研究，并且在近海海域开展了钢渣生态修复的实践。但是由于钢渣溶出成分较为复杂，相关研究也还不能够解释铁元素在缓解气候变化方面的作用。

总体而言，通过铁施肥缓解气候变化的研究还停留在理论探讨和局部小规模的实验探索阶段，目前尚不具备在低叶绿素海域开展长期大规模铁施肥实验或应用研究的理论基础。

第五章 国家管辖范围以外区域环境影响评价的实施程序

第一节 环境影响评价程序

一、现行国际文书中有关环境影响评价程序

1. 《生物多样性公约》及相关文书的规定

《包含生物多样性的影响评价自愿准则》和《海洋和海岸带区域的包含生物多样性的影响评价和战略环境评价的自愿准则》中有关环境影响评价的基本内容均包括以下7个阶段:"(a)筛选(screening):确定哪些项目需要开展全面的环境影响评估或是开展部分环境影响评价研究;(b)范围确定(scoping):确定要评估哪些潜在的环境影响,确定避免、减轻或是弥补对生物多样性产生不利影响的方法;(c)评估和评价(assessment and evaluation):评估和评定有关的环境影响,提出解决方案;(d)报告(reporting):编制环境影响说明或是环境影响评价报告,包括环境管理计划和面向普通民众的非技术性总结;(e)审查(review of the EIS):在鉴定范围和公众参与的基础上审查环境影响说明;(f)决策(decision-making):就是否和在何种情况下批准或不批准某个项目做出决定;(g)监督、遵守、执行和环境审计(monitoring, compliance, enforcement and environmental auditing):监测影响和拟议的减缓措施是否符合环境管理计划,核实环境管理计划倡议者的遵守,以确保出乎意料的影响和失败的减缓措施得以被鉴定和得到及时的解决"。

2. 《关于环境保护的南极条约议定书》的相关规定

《关于环境保护的南极条约议定书》附件一对环境影响评价的程序进行了详细规

定，将环境影响评价分为三个阶段：初始阶段、初步环境评估和全面环境评估。附件一第 1 条认为，"在初始阶段，如果某一活动被认为是几乎没有任何影响的，该活动可以立即进行"。第 2 条规定，"除非某一活动被认为对环境几乎是没有任何影响的，或是正在准备一个全面的环境评估，否则就需要进行初步环境评估来评估某一拟议活动对环境的影响是否超过轻微的或是短暂的影响"。

若初步阶段判定拟开展的活动对环境的影响小于轻微或短暂的，则活动可以继续进行。若拟开展的活动需编制初步环境影响报告书或全面环境影响报告书，则应按《南极环境影响评价指南》规定的评价程序开展。《南极环境影响评价指南》（2016 年修订）的环评程序如图 5-1 所示。

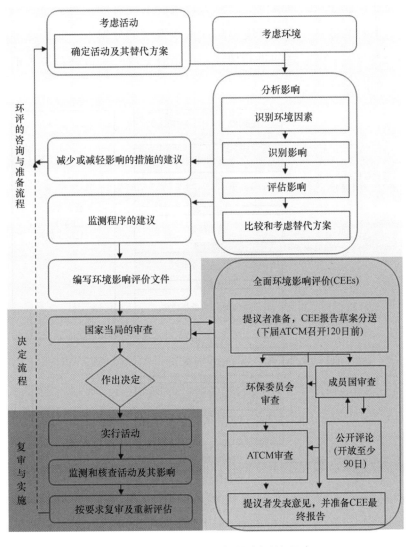

图 5-1　南极活动环境影响评价程序

3. 《北极环境影响评价准则》的相关规定

《北极环境影响评价准则》规定的环境影响评价具体步骤主要包括：筛选（screening）、评估范围（scope of the assessment）、基线信息（baseline information）、影响预测和评估（impact prediction and evaluation）、缓解措施（mitigation）和监测（monitoring），以及公众参与（public participation）等。

4. 《埃斯波公约》的相关规定

根据《埃斯波公约》，环境影响评价流程为：来源国通知受影响国——受影响国确认参与环境评价程序——来源国提交有关环境影响评价的信息和资料——跨界环境影响评价报告书的准备——跨界环境影响评价报告书的分发——受影响国政府当局的协商以及公众参与——国家之间进行协商——最终裁决——最终裁决书的提交——项目后期分析，如图5-2所示。

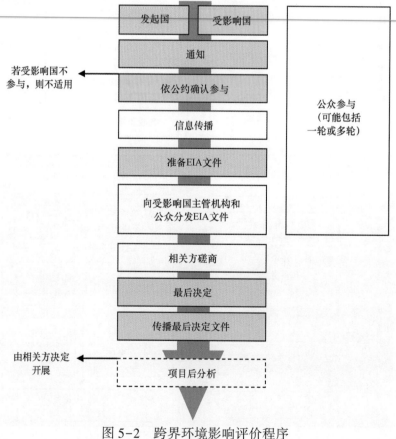

图5-2 跨界环境影响评价程序

以上步骤可概括为六个关键步骤：（a）通知和信息提交（第3条），来源国通知受影响国，受影响国确认参与环境影响评价程序；（b）确定环境影响评价信息的内容和范围；（c）开发者准备环境影响评价信息或报告；（d）公众咨询、信息公布和受影响国政府当局协商；（e）汇总信息的审查和最终裁决；（f）最终裁决的分发。

二、国家管辖范围以外区域环境影响评价程序

第一次、第二次、第三次筹委会报告的环境影响评价程序包括筛选、范围界定、获取信息、公众通知和协商、审查、审议报告、出版报告7个步骤，第四次筹委会报告关于环境影响评价程序增加了对拟议活动的后续监督管理，包括筛选、确定范围、影响预测和评价、公告和协商、发布报告和向公众提供报告、审议报告、发布决策文件、获取资料、监测和审查。

第一次政府间大会就筹委会报告第三节内容中所列应包括在环境影响评估过程中的大多数程序性步骤，与会者达成了共识。还就公布决策文件以及公共通知和协商的模式，以及监测和审查问题，提出了一些其他备选提议。还提出了一些额外步骤，包括遵约和强制执行方面的步骤。就应列入文书的环境影响评估过程中各项要求的详细程度，与会者提出了若干不同提议。就这一过程是否应当"国际化"，与会者提出若干提议；一些与会者要求由各国负责整个过程，以促进效率和及时性，而另一些与会者则要求建立体制安排，用以管理该过程的至少一部分，例如决策、监测和审查部分，以促进全球连贯一致性，并确保文书中的标准得到满足。与会者还表示，该过程的国际化将有助于发展中国家，特别是小岛屿发展中国家。与会者还提出，需要确定一个标准，用以对已经过环境影响评估的活动予以批准。在这方面，与会者提出了一些可能的标准，但或许需要进一步审议这一问题。

欧盟提出环境影响评价程序应尽可能具有包容性，公民、行业和主管国际组织是可能的利益相关方，在环评程序的各个阶段，应当获得：①全球层面的信息（包括环境信息）；②全球层面的信息公布和磋商，包括利益相关方的确定和参与，以及与有关国家的磋商。加拿大提出公众咨询应作为环境影响评价程序的一部分。77国集团和中国提出根据《联合国海洋法公约》第204条，各国应对环境影响评价后拟议活动的后续实施情况进行监测。新西兰提出磋商是环境影响评价程序的重要和必要的组成部分。磋商主体以及磋商方式应当在新执行协定中进行规定，磋商主体可以包括：相邻

沿海和邻近国家以及感兴趣的利益相关方，包括在某领域现实存在的利益相关者。

基于环境影响评价的概念，环境影响评价技术程序仅包括评估可能环境影响，并提出监测和后续的管理计划，具体包括：项目筛选、范围界定、预测评估、减缓措施、环境监测和管理计划五大步骤。其他环节包括环评文件的审查、决策以及后续监管（监测、后评价等）这三部分属于管理程序。但目前多数国际法律文书以及欧盟等均把这两者结合起来。技术程序和管理程序分开或是合并对后续实施的影响不大，尤其技术程序存在广泛共识，但管理程序关系国家主导或"国际化"的程度，是新的有约束力法律文书制定过程中谈判磋商的焦点。基于现有的相关国际法律文书的规定以及时效考虑，环评文件的审查和决策由活动发起国主管部门负责。环评文件决议后实施过程的监督管理确实很有必要，建议由拟议活动的发起者落实后续的跟踪监测以及评价，监测评估报告报活动发起国主管部门审查。此外，公众参与和咨询目前在《埃斯波公约》和《关于环境保护的南极条约议定书》等文书中明确作出了具体规定，是环评程序的重要内容。但具体参与范围、利益相关者的界定以及协商模式还有待更进一步讨论。

第二节　环评报告内容

一、现行国际文书中环评报告内容

1. 《生物多样性公约》及相关文书的内容

《包含生物多样性的影响评价自愿准则》和《海洋和海岸带区域的包含生物多样性的影响评价和战略环境评价的自愿准则》中对环评报告内容的要求一样，包括：（a）附有附件的技术报告；（b）环境管理计划，提供详细信息，说明如何实施，管理和监测避免，减轻或补偿预期影响的措施；（c）非技术性总结。

2. 《关于环境保护的南极条约议定书》的相关内容

根据《关于环境保护的南极条约议定书》附件一和《南极环境影响评价指南》（2016年修订），初始环境评估（IEE）和综合环境评估（CEE）的环境影响评价内容要求如表 5-1 所示。

表 5-1　IEE 和 CEE 的环境影响评价内容要求

环境影响评价内容的要求	初步环境影响评价书	全面环境影响评价书
封面		X
目录	X	X
准备和顾问	X	✓
非技术性总结	X	✓
描述拟议活动，包括其目的、地点、持续时间和强度	✓	✓
描述拟议活动的可能替代方案	✓	✓
不开展活动的替代方案	X	✓
没有开展活动时，初始环境参照状态和环境状况预测的说明	X	✓
用于预测影响的方法和数据的说明	X	✓
直接影响的性质、范围、期限和强度的估计	✓	✓
考虑可能的间接或次要影响	X	✓
累积影响的考虑	✓	✓
确定不可避免的影响	X	✓
活动对科学研究和其他利用价值的影响	X	✓
减轻和缓解措施	X	✓
监测程序	X	✓
知识差距的确定	X	✓
结论	X	X
参考文献	X	X
词汇表		X

注：✓表示附件一的要求；X 表示通常有用。

3. 《北极环境影响评价准则》的相关规定

《北极环境影响评价准则》要求环境影响评价文件应包括的要素有："（a）拟议项目和替代方案的描述，包括项目的位置、设计和大小以及规模的信息；（b）可能受拟议活动项目和替代方案影响的环境的描述；（c）用于鉴定和评估项目可能对环境产生主要影响的资料和其他信息；（d）拟议项目运行期间预计影响因素的类型和数量；（e）用于评估的方法，包括识别和预测对环境的任何影响，传统知识的使用和评估的描述，以及用于比较替代方案的方法；（f）根据以上所述，确定影响区域；（g）拟议活动和替代方案可能产生的重大影响；（h）提出避免、减少或纠正重大影响的措施；（i）评估不同的替代方案，包括未采取行动的方案；（j）环境影响评价的一体化描述，在规划和决策制定的过程中的公众参与和公众咨询；（k）非技术性总结"。

4. 《埃斯波公约》的相关内容

《埃斯波公约》附件二列出了环境影响评价最少应包括的信息内容：（a）对拟议活动及其目的的描述；（b）在合适的情况下对拟议活动的合理的可替代方案和不采取行动的替代方案进行描述；（c）可能受到拟议活动和可替代方案重大影响的环境的描述；（d）潜在环境影响的描述及其影响重要性的评估；（e）将不利环境影响降到最低的缓和措施的描述；（f）预报方法和基本假设的明确说明和使用的相关环境数据；（g）明确在收集必要信息时遇到的知识和不确定性方面的差距；（h）监测和管理项目以及任何项目后分析计划的大纲；（i）非技术性总结，包括适当的视觉显示（地图、图表等）。

5. 《联合国环境规划署环境影响评价目标和原则》的相关内容

《联合国环境规划署环境影响评价目标和原则》要求环境影响评价报告应包含：（a）拟议活动的描述；（b）可能受影响的环境的描述，包括用于确定和评估拟议活动的环境影响所必需的特殊信息；（c）酌情实际可替代方案的描述；（d）对拟议活动和可替代方案的可能或潜在环境影响的评估，包括直接的、间接的、累积的、短期的和长期的影响；（e）确定和描述用于减轻不利环境影响的措施，并且评估这些措施；（f）表明在编制所需资料时可能遇到的知识差距和不确定性；（g）说明是否其他国家或是国家管辖范围外区域的环境可能受到拟议活动或是替代方案的影响；（h）对上述标题下提供的信息作简短的非技术性总结。

6. 《公海深海渔业管理国际准则》的相关内容

《公海深海渔业管理国际准则》准则第 47 条指出，船旗国和区域渔业管理组织/安排应进行评估，确定深海捕捞活动是否可能在特定海域产生重大不利影响。这种影响评估尤应考虑："（a）进行的或是预期的捕鱼类型，包括渔船渔具类型、捕鱼区域、目标或是潜在的副渔获物种类、捕鱼努力量水平和捕鱼持续时间；（b）当前渔业资源状况最佳的可利用科技信息和捕鱼区域的生态系统，栖息地和群落的基线信息，与未来的变化进行比较；（c）鉴定描述和绘制在捕鱼区已知的可能出现的脆弱海洋生态系统地图；（d）用于鉴定、描述和评估深海捕鱼影响的资料和方法，识别在知识方面的差距，评定在评估过程中出现的信息方面的不确定性；（e）捕鱼操作产生的可能影响的风险评价，决定哪些影响有可能是重大不利影响，特别是对脆弱海洋生态系统和低生产力的渔业资源的影响；（f）用于阻止对脆弱海洋生态系统的重大不利影响的拟议的缓解和管理措施，以确保对低生产力的渔业资源的长期保护和可持续利用而采取的减轻影响和实行管理的措施，以及用于监测捕鱼操作的影响的措施"。

7.《国际海底矿产资源开发环境影响评价指南（草案）》的相关内容

《国际海底矿产资源开发环境影响评价指南（草案）》规定环境影响评价报告应包括：（a）执行摘要（非技术性总结）；（b）引言；（c）政策、法律和行政框架；（d）利益相关方磋商；（e）建议开发的说明；（f）开发时间表（详细时间表）；（g）现有海上环境描述；（h）社会经济环境；（i）环境影响、减缓和管理措施；（j）社会经济影响；（k）意外事件和自然灾害；（l）环境管理、监测和报告；（m）研究团队；（n）参考文献；（o）词汇表和缩写；（p）附录。

二、BBNJ 环评报告内容

除第二次筹委会报告对环评报告内容没有涉及外，第一、第三和第四次筹委会报告对环评报告内容逐步完善，第四次筹委会报告提出环评报告应包括以下几部分内容：说明计划开展的活动；说明可以替代计划活动的其他选择，包括非行动性选择；说明范围研究的结果；说明计划活动对海洋环境的潜在影响，包括累积影响和任何跨边界的影响；说明可能造成的环境影响；说明任何社会经济影响；说明避免、防止和减轻影响的措施；说明任何后续行动，包括监测和管理方案；不确定性和知识缺口；一份非技术摘要。第一次政府间大会就筹委会报告第三节内容中所反映的应包括在环境影响评估报告中的大多数内容，与会者似乎达成了共识。此外，与会者提议，环境影响评估报告应该说明报告中所载信息、投标人环境记录和环境管理计划的来源。与会者还提议，依照《联合国海洋法公约》第 205 条，报告应予公布，可供所有国家查阅。与会者似乎日益达成一点共识，即文书不应当包含太多关于环境影响评估报告内容的细节，对这类细节，可以在之后的阶段由一体制安排予以阐明，或附于该文书。就文书将如何解决跨界影响问题，与会者提出了若干提议。按基于拟议活动的处理办法，该文书仅涵盖发生在国家管辖范围以外区域的活动，而按基于拟议影响的处理办法，所有影响到国家管辖范围以外区域的活动都涵盖在内。

77国集团和中国提出环境影响评价应当全面和在公认的科学方法的基础上进行；公海联盟提出环评报告应包括对预测方法、基本假设以及所使用相关环境数据的明确说明；应要求对拟议活动和气候变化的累积影响进行评估；世界自然保护联盟提到应关注气候变化的影响。

综合现有国际文书的相关规定和实践做法，我们认为文书中关于环评内容要求不宜过细，详细内容可后续另行编制指南。此外，我们认为气候变化属于全球尺度的变化，原因和变化机制复杂，目前对单一活动的气候变化影响评价从科学性、必要性和可行性方面都还不足。基于以上分析，我们建议BBNJ环境影响评估报告内容可以包括如下几部分。

（1）拟议活动的说明

阐述拟议活动的目的，详细说明拟议活动的位置、规模、平面布置、建设方案、工艺流程以及时间进度安排等信息。

（2）拟议活动的合理替代，包括不采取行动的替代方案

包括关于拟议活动的合理替代方案的详细说明，以及不采取行动的替代方案，不采取行动的替代方案的说明要突出不开展活动的问题和结论。

（3）对于评价范围的描述

详细说明评价范围内的海洋水文地质、气象、海水水质、沉积物、生物生态等环境现状。

（4）关于拟议活动对于海洋环境的潜在影响的描述，包括累积影响以及跨界影响

明确说明拟议活动对各要素影响的性质、空间范围、强度，期限，可逆性和滞后性等影响分析的结果，包括累计影响以及跨界影响。

（5）对于可能受影响环境的描述

包括拟议活动对环境的影响性质、空间范围、强度，期限，可逆性和滞后性等关于影响确定的明确说明。

（6）对于社会经济影响的描述

说明拟议活动对现有其他开发活动等社会经济影响的范围、强度、期限等。

（7）避免、预防和减缓影响的措施的描述

说明避免、预防和减缓拟议活动影响的措施，提出的措施应具体可行。

（8）后续行动的描述，包括监测和管理计划

明确说明后续监测目标、关键参数、监测方法，监测频率和时间等监测计划，提出各阶段的环境管理计划。

（9）不确定性和知识差距分析

阐述在评价中哪些方面存在知识的不完整性或不确定性，以及不完整性或不确定性所占的比例，确定需要增加哪些知识。

（10）非技术性的总结

以通俗易懂的语言编制，包括拟议的活动的目的和需求、所处的环境现状、造成的环境影响以及减缓措施等信息。

第三节　环境影响后评价（后续行动）

一、环境影响后评价的相关概念

开展环境影响评价的拟议活动开始实施后，仍然需要继续通过后续监管措施防止对海洋环境造成不利影响。通常需要通过活动影响的监测、报告、项目后分析或评价

等措施验证活动的环境影响及相关减缓不利影响的措施有效性等。

对项目的环境影响后评价在不同国家有不同的提法，国外的提法有 Post-Project Evaluation，Post-Project Review，Post Project Appraisal，Post-Project Environmental Impact Assessment Audit，Post-Auditing，Environmental Impact Assessment Review 或者 Post-Project Analysis，其中"Post-Project Analysis（PPA）"是最常用的一种提法[38]。有研究认为，PPA 是指对建设项目的环境影响进行跟踪、验证性评价和预防措施的有效性的方法和系统，并提出相应的补救方案或措施，以实现项目工程建设与环境的协调关系[39]。联合国报告对 PPA 的界定是：做出项目批准决定之后，在项目实施阶段进行的环境研究，其主要作用是及时发现工程建设中的环境问题，验证环境影响评价结果的准确性，最终反馈到工程建设中。

近年来，环境影响评估后续行动（EIA follow-up）的提法也逐渐被更多的人接受。环境影响评估后续行动是指在过程的决策后阶段为监测、评估、管理和传达所发生的环境结果而开展的活动，以便为环境影响声明提供一些后续行动。包括：监测、审计、事后评价、决策后分析和决策后管理。

在国内，环境影响后评价的提法有：环境影响后评价[40]、回顾性评价[41]、跟踪评价[42]、有效性评价和验证性评价[43]等。《中华人民共和国环境影响评价法》（2003年9月1日起实施）规定在项目建设、运行过程中产生不符合经审批的环境影响评价文件的情形的，建设单位应当组织环境影响的后评价，采取改进措施。2016年1月1日起施行的《建设项目环境影响后评价管理办法（试行）》中明确阐述了环境影响后评价的定义和内涵，即编制环境影响报告书的建设项目在通过环境保护设施竣工验收且稳定运行一定时期后，对其实际产生的环境影响以及污染防治、生态保护和风险防范措施的有效性进行跟踪监测和验证评价，并提出补救方案或者改进措施，提高环境影响评价有效性的方法与制度。建设项目环境影响后评价文件应当包括以下 7 个方面的内容：①建设项目过程回顾。包括环境影响评价、环境保护措施落实、环境保护设施竣工验收、环境监测情况，以及公众意见收集调查情况等；②建设项目工程评价，包括项目地点、规模、生产工艺，环境污染或者生态影响的来源、影响程度和范围等；③区域环境变化评价，包括建设项目周围区域环境敏感目标变化、污染源或者其他影响源变化、环境质量现状和变化趋势分析等；④环境保护措施有效性评估；⑤环境影响预测验证，包括主要环境要素的预测影响与实际影响差异，原环境影响报告书内容和结论有无重大漏项或者明显错误，持久性、累积性和不确定性环境影响的表现等；

⑥环境保护补救方案和改进措施；⑦环境影响后评价结论。

国内外关于环境影响后评价的时间界定上存在较大的差别。在国外，环境影响后评价指根据具体项目的环境影响评价作出最终决策后，对具体项目建设中或完工后的环境影响进行的系统监测、报告和审查。即不仅包括完工后的监测、报告和审查，也包括项目建设中的监测、报告和审查。在国内，环境影响后评价是指项目正式建设、运行过程中，对项目实施前后污染物排放及周围环境质量变化等情况进行评价。

二、现行国际文书中对环境影响后评价的相关规定

一些国际或区域条约和文件中明确提出了开展环评监测、报告和审查的义务。如：UNCLOS 第 204 条、第 205 条明确规定了关于监测、报告及其公布等内容。《联合国环境规划署环评目标和原则》明确环评报告和审查的原则，但没有具体规定。《跨界背景下环境影响评价公约》提出审查主体和决策主体为发起国主管当局。《关于环境保护的南极条约议定书》附件一第 6 条规定监测所得到的信息由发起国分送给各缔约国，递交南极环境保护委员会并予公开。《〈伦敦公约〉1996 年议定书》附件二对监测、报告的要求更为严格、具体，包括：（1）颁发许可证的决定只能在所有的影响评估均已完成、监测要求已被确定后作出；（2）颁发的任何许可证应载有监测和报告的要求；（3）应根据监测结果和监测方案的目标对许可证作出定期检查。对监测结果的检查应指明现场方案是否需要继续、修改或终止，并会有助于对许可证的继续、修改或废止一事作出知情的决定。它对保护人体健康和海洋环境提供了一种重要的反馈机制。监测、报告和审查也被一些国际性技术指南置于环评程序中，并纳入环评报告中，如 2006 年 CBD《包括生物多样性的环境影响评价的自愿准则》《北极环境影响评价准则》《公海深海捕鱼管理的国际准则》和《关于海洋肥化科学研究评价框架》都提出了关于监测的相关要求。

在环评监测、报告和审查的主体方面，不同的条约和文件内容差异较大。《跨界背景下环境影响评价公约》《〈德黑兰公约〉环评议定书草案》《关于环境保护的南极条约议定书》规定环评监测、报告和审查的主体应为国家；《包括生物多样性的环境影响评价的自愿准则》和《公海深底捕鱼管理的国际准则》指出环评监测、报告和审查的主体应为船旗国；《北极环境影响评价准则》指出环评监测、报告和审查的主体应可以是项目经营者、合同方、独立监测机构或者政府机构。《国际海底管理局合同

指南建议》提出项目合同方也可以作为环评监测、报告和审查的主体；《联合国环境规划署环境影响评价目标和原则》《关于海洋肥化科学研究评价框架》和《〈伦敦公约〉1996 年议定书》均未对环评监测、报告和审查的主体做出具体要求。因此，无论从 UNCLOS 公约义务还是技术层面的可操作性来讲，活动发起国主导执行监测、报告和审查是当前国际普遍采用的模式。

在程序与内容方面，《联合国环境规划署环评目标和原则》《跨界背景下环境影响评价公约》《〈德黑兰公约〉环评议定书草案》对环评监测、报告和审查的程序和内容都未做具体要求；《关于环境保护的南极条约议定书》在程序上要求做好评估、记录和报告，但内容上无具体规定；同样《关于海洋肥化科学研究评价框架》也未在内容上做出具体要求，但程序上要求监测、报告和通过秘书处沟通；《〈伦敦公约〉1996 年议定书》则在具体内容上提出了监测目标，但程序上无具体内容；《包括生物多样性的环境影响评价的自愿准则》在程序上要求制定 EMP、监测、审计，内容上要求对预期影响最为敏感的生物或生态系统；《管理公海深底捕鱼的国际准则》程序上要求监测、控制和监督，内容上包括登船观察、电子监测和卫星船舶监测系统；《海底局合同指南建议》程序上包括收集、监测和报告，具体实施过程中要求允许国际海底管理局派员现场检查；程序和内容上相对完善的是《北极环境影响评价准则》，在程序上要求有监测、审查，内容上提出了：①清晰界定的目标；②测量变化的环境基线；③某些环境要素的环境标准；④测量环境资源变化的方法；⑤确定活动引起环境变化的程度的方法；⑥评估减轻措施的有效性；⑦常规审查和修改，尽量确保项目目标符合成本有效性；⑧与北极其他地区兼容的标准化方法。综上，由于不同活动和监测项目的差异性，对于监测结果的报告在内容上一般不做详细规定，实践中由报告责任主体根据情况确定。各国明确应当履行的义务是"活动发起国每隔适当时间向邻近沿海国提供监测报告，或者通过向主管国际组织提供这些报告，主管国际组织向所有国家提供这些报告"。

在效力方面，许多国际文书均未对环评监测、报告和审查的效力做出具体要求，如《联合国环境规划署环评目标和原则》《包括生物多样性的环境影响评价的自愿准则》《关于环境保护的南极条约议定书》《北极环境影响评价准则》《管理公海深底捕鱼的国际准则》《海底局合同指南建议》和《〈伦敦公约〉1996 年议定书》；《跨界环境影响评价公约》和《〈德黑兰公约〉环评议定书草案》均提出如果后项目分析发现重大不利影响，通知另一方并进行磋商；《关于海洋肥化科学研究评价框架》则提出环评监测、报告和审查的效力应包含修改或者终止效果监测、修改或者撤销许可、重新界定或关闭许可地点、修改评估的基础。

三、国家管辖范围以外区域环境影响的监测和后评价

1. BBNJ 谈判中关于环境影响监测、审查和报告的相关讨论

BBNJ 筹备委员会主席对议题和问题组的指示性建议中曾指出了国际文书中环境影响评价的监测和审查需注意的问题，例如，国际文书中可以包括哪些监测和审查措施？谁可能负责监督政策/活动/项目的影响？监测应该考虑哪些信息？

BBNJ 第一次筹备委员会会议指出，环境影响评价中的监测、审查和合规性部分需考虑：在后评价过程中，监测和审查需要遵从 EIA 和 SEA 一定的规则和程序；后评价应根据监测结果采取后续措施，包括调整或终止活动或进行补救/赔偿/补偿等；各国有责任监测 UNCLOS 所规定的影响情况；国家可以要求影响活动的支持者负责报告和提供有关影响的信息；以前未经审查的活动应受到监督；在监测一项活动的影响时应考虑环境和对环境的影响的新信息；监测结果的公开可用性；建立报告制度的一般规则；等等。

BBNJ 第二次筹备委员会主席总结报告中也提出了一些需要筹委会认真考虑的内容，包括：①在环境影响评价、监测和评估活动程序中应有国际参与或监督（如果有的话）的阶段，特别是谁来决定是否需要环境影响评价，谁来开展环境影响评价，审查评估报告，谁来决定活动的可接受性。②国际文书是否应包括监测和审查的条款，如果是，则应是强制性的还是自愿的？③EIA 的结果应该如何审查，以及由谁（组织或国家）来进行审查？另外，还指出，监测、报告和评估应与其他现有国际文书的做法相一致。

BBNJ 第三次筹备委员会会议对涉及监测和审查部分的讨论中，关于环境影响评估的程序步骤，似乎有一些共识，即国际文书应包括筛选、范围界定、信息获取、公布和全球咨询、独立科学审查以及审议和公布报告。会议讨论了需要监测或审查的内容以及由谁进行此类监测或审查。有人认为，监测和审查将有助于衡量能力建设和海洋技术转让的成功与否，建议这种程序的实施方式包括定期或不定期的、透明的审查程序，使用定量和定性指标，并通过联合协作，以评估进展情况；包含同行评审过程；

等等。会议提出可以进一步探讨监测、审查和后评价进程，包括从体制角度，同时认识到整个国际文书的监测和审查问题也需要在跨界影响问题讨论背景下进行研究。

BBNJ 筹备委员会第四次会议主席对议题的指示性建议中指出：根据 UNCLOS 第204 条，新的国际文书案文将规定对国家管辖范围以外区域特定活动的影响进行监测和审查的义务，将指明谁负责执行此类监测和审查以及可采取的后续行动；在能力建设和海洋技术转让问题上，案文将列出监测和审查的方式，以评估能力建设和海洋技术活动转让的有效性，并需要采取后续行动。BBNJ 第四次会议主席报告中对环境影响评价中的监测、审查和后评价的概述如下。①根据 UNCLOS 第 204 条，各国将监测并监督环境影响评估之后开展的任何活动的影响，并遵守与活动授权有关的任何附加条件（如预防、缓解或补偿措施）。②监测和审查可按如下方式进行："备选方案一：监测和审查机制应确保得到切实遵守。每年，缔约国将被要求编写一份报告，并向审查委员会提交一份报告，详细说明其对该文书的环境影响评估相关规定的执行情况。各国还可以报告其他方未能执行与环境影响评估有关的规定。报告将及时公布。在秘书处和科学机构的协助下，委员会将编写一份年度综合文件，评估各国遵守其环境影响评估相关义务的情况，查明任何具体的违规情况并公布此类报告。监测和遵约委员会将在监测和评估活动中与受影响的沿海国家和相关区域/部门机构进行协商。备选方案二：监测和审查将由国家或活动的发起者进行，并定期向有关国家报告。"活动结束后，将进行后续评估，以确保维护环境保护，可采取自然资本核算的方式，与筛选阶段确定的基准进行比较。可以建立应急基金，以减轻活动直接对环境可能造成的有害影响。根据污染者付费原则，活动的发起者将存入约定的金额，这些金额将在事后 EIA 圆满完成并由全球性的科学委员会批准后返还给发起者。关于后续措施和监测结果的报告应公之于众。

BBNJ 联合国政府间第一次会议文件中也讨论了环境影响评价中的监测、报告和审查问题。与会者似乎普遍认识到，可在该文书框架内规定一个监测、报告和审查机制。然而，与会者提出了若干具体的实施办法：文书将以何种方式规定相关义务，以确保经核准的在国家管辖范围以外区域活动的影响受到监测、报告和审查，尤其是对这一步骤是否予以国际化。有提议认为，需要作出体制安排，如设立决策机构、科学机构或遵约委员会，以在一定程度上对这一步骤加以监督，其他一些提议则要求这一过程完全由有关活动的管辖或控制国家加以管理。与会者一致认为，应向毗邻沿海国通报有关拟议活动的情况。然而，就将在何种程度上与毗邻国协商以及是否让毗邻国参与决策，与会者存在不同意见。

2. 各国对环境影响后评价的观点和立场概述

经过 4 次筹委会会议，在 EIA 议题上，各代表团已清晰明确地表明了各自的立场与关切。总体而言，以 77 国集团和中国、小岛屿国家联盟、加勒比共同体、最不发达国家集团等为代表的发展中国家主张在新文书中提出的环境影响评价要求应最大限度地考虑发展中国家尤其是沿岸国在环境影响评价过程中的作用，尽可能地保护沿海国专属经济区毗邻的公海和海底区域。77 国集团和中国认为，各国应根据 UNCLOS 第 204 条监测环评结果下的所有后续活动的影响。欧盟认为，在获批继续开展的拟议活动的影响监测过程中，仍应继续进行评估。新西兰认为，规定监测和审查机制，以制定并纳入战略环境评价和环境影响评价程序。欧盟认为，应当规定后续程序，以审查环境影响评价和战略环境评价是否遵守了商定的规则和程序。新西兰提出，缔约国应每年向审查委员会提交一份报告，详述其对环境影响评价相关规定的执行情况，各国还可以报告其他缔约方未能实施环境影响评价相关规定的情况，这些报告应立即公布。公海联盟提出，审查委员会成员应从缔约国中选出，并受任期限制。在秘书处和科学机构的协助下，审查委员会将编写年度综合文件，评价各国环境影响评价相关义务的遵守情况，查明不履约的具体案例，并公开此报告。而俄罗斯、美国和日本等海洋开发派国家希望新文书中提出一个较为宽泛、具有较强自主操作性的环境影响评价要求，避免其公海与海底区域的海洋开发活动受到环境影响评价的制约。

根据筹委会最后提交的建议草案，各国在监测和审查有关要素上，也通过简单的描述性语言提出了宽泛的要求，以此达到尽可能的平衡。

3. BBNJ 活动开展后续监测和后评价的若干思路

BBNJ 环境影响后续行动或后评价的目的是拟议活动开始实施后，通过采取的针对活动影响的监测、项目后分析或评价等措施，及时发现工程建设中的环境问题，验证环境影响评价结果的准确性，最终反馈到工程建设中，以减少对环境的不利影响。根据 UNCLOS 第 204~206 条，各国有必要对国家管辖区域外所开展的活动进行监测、审查和后评估并遵守与其授权有关的任何条件（如预防、缓解或补偿措施）。BBNJ 环境影响后评价的相关规定应与 UNCLOS 以及其他现行的国际法律文书相一致（参见

BBNJ 第二次筹备委员会主席概述文件附录 4)。监测和后评价过程应该遵守 EIA 和 SEA 一般规则和程序，即国际文书应包括以下内容：筛选、范围界定、信息获取、信息公开和全球咨询、独立科学审查以及审议和公布报告。监测和后评价实施的主体可以为适格的国家或者国际组织。在监测和后评价过程中，活动的毗邻国或沿岸国的特殊关切应予以考虑。

关于报告制度的具体实施，可以每年要求缔约国编写一份报告，并向审查委员会提交该报告，详细说明其执行协议中与环境影响评估有关规定的情况。各国还可以报告其他方未能执行与环境影响评估有关的规定。报告需通过合理途径妥为公布。

为了确保公正和透明，审查委员会成员应从缔约国中选出，并受到任期限制。在秘书处和科学机构的协助下，委员会将编写一份年度综合文件，评估各国遵守其环境影响评估相关义务的情况，查明任何具体的不遵守情况并公布此类报告。另外，根据监测结果和监测方案的目标对 BBNJ 活动影响作出定期检查。基于对监测结果的检查，提出现场方案是否需要继续、修改或终止的建议，有助于对相关许可证的继续、修改或废止的决定提供科学支持。

第六章　国家管辖范围以外区域环境影响评价的筛选机制

目前各国针对环境影响评价（EIA）的适用活动范围尚未达成明确共识，如何对ABNJ开展的活动进行筛选，即确定哪些活动需要进行EIA、哪些活动不需要进行EIA，是该议题讨论的重点和难点，也是BBNJ谈判所关注的一个关键问题。本章针对EIA的筛选机制进行研究，基于ABNJ开展的各类型人类活动的现状、特征及环境影响，分析EIA适用的活动范围、标准和筛选机制，以期为ABNJ环境影响评价制度的建立和发展提供一定的科学参考。

第一节　EIA筛选机制的基本概念及定义

EIA的筛选机制是启动和实施EIA程序的第一个正式步骤，启动环节涉及相关的标准和程序性事项，需要首先充分理解和把握相关概念的实质性内涵，进而顺利、有效地实施筛选程序。对于EIA筛选机制的相关概念的定义和内涵，国内外的学术研究和国家实践中并无分歧。其中，筛选（Screening），是指主管当局依据法律规定和以往经验判断一个拟议活动或项目是否需要进行EIA，以及确定EIA开展水平的程序，在某些区域的实践中也被称为环境影响评价的预先评价程序。在欧盟、美国、加拿大和澳大利亚等国家和组织都相应对环境影响评价的筛选机制和过程进行了明确规定。筛选程序的一个必要的依据是环境影响评价的启动门槛，也称阈值（Threshold），分为定性阈值和定量阈值。定性阈值为描述性的，需要根据价值判断才能确定结论，而定量阈值通常与项目的数量特征相关；根据阈值的限制性，还可分为强制阈值和豁免阈值，高于强制阈值的活动必须进行EIA，低于豁免阈值的活动不需要进行EIA。通常情况下，除了规定阈值，还配套制定一系列阈值判断的辅助性标准（Criteria），尤其对于定性阈值，主管当局拥有一定的自由裁量权，标准的内容通常与项目的定性特征或其影响有关，主管当局可以根据标准进一步判断拟议项目将产生影响的大小，便于确定筛选结果。标准的合理设置可以提高筛选的效率与公平性，减少行政成本。

第二节　环境影响评价启动门槛的相关国际制度与实践

一、现行国际法律文书中环境影响评价的启动门槛

由于各国的环保能力与环保意识具有显著差异，海洋开发活动的环境影响尚缺乏评价标准，故国际上达成的大部分法律文书环境影响评价使用定性门槛，从低到高依次是："轻微或短暂的影响""重大影响"和"重大不利影响"，使用"重大不利影响"作为环境影响评价门槛的居多，具体文书规定如表6-1所示。

表6-1　现行国际文书中对 EIA 门槛的界定概况

国际文书	阈值	清单及形式
《联合国海洋法公约》	可能对海洋环境造成重大污染或重大和有害的变化	无
《生物多样性公约》及 2012 年《海洋和沿海区域环境影响评估和战略性环境评估中考虑生物多样性时使用的自愿准则》	不利影响	A 类活动必须进行环境评估；B 类活动是否需要环境影响评估或评估级别尚待确定
《关于环境保护的南极条约议定书》	(a) 少于轻微或暂时的影响；(b) 轻微或暂时的影响；(c) 超过轻微或暂时性的影响	无
《北极环境影响评价指南》	重大环境影响	开发可再生和不可再生自然资源，公共使用，军事活动和为不同目的开发可能会对环境产生重大影响的基础设施的活动。附录 2 是敏感地区清单
《联合国环境规划署环境影响评价目标和原则》	重大影响	无

国际文书	阈值	清单及形式
《埃斯波公约》	重大不利跨界影响	经历 13 年修改清单。 附录 1 的活动是需要 EIA 和通知被影响国； 附录 3 是判断活动影响大小的标准
《东北大西洋海洋环境保护公约》（《OSPAR 公约》）	重大影响	附件一是需要公众参与的活动
《巴塞罗那公约》	重大不利影响	无
《南太平洋地区自然资源和环境保护公约》（《SPREP 公约》）	自然资源开采以及重大工程规划	无

二、主要国家或组织的环境影响评价筛选制度与实践概况

1. 欧盟

欧盟 2014/52/EU 指令将环境影响评价筛选项目划分两种：①附件一规定的需要强制性开展环境影响评价的项目，例如长途铁路线、公路和高速公路、机场跑道长度大于 2 100 m，等等；②附件二规定需要自由裁量的项目，根据阈值或逐案检查来确定项目的影响大小，由国家当局决定是否需要进行环境影响评估。附件三提供了适用附件二采用的判断标准，如表 6-2 所示。

表 6-2　欧盟 EIA 筛选标准

项目特征	项目选址	潜在影响
规模大小	现有和批准的土地使用类型	影响的幅度和空间范围
项目累积	自然环境吸收能力	影响的性质（跨界）
利用资源类型、大小	自然资源丰度、质量	影响的强度和复杂性
废物的产生	是否湿地、河岸区、河口等	影响的可能性
污染、公害	地区是否符合环境质量标准	影响的预期开始、持续时间、频率和可逆性
人体健康影响	人口稠密地区	有效减少影响的可能性

欧盟成员国国内立法都与 2014/52/EU 指令所采用的筛选模式相似，即"清单+自由裁决"的筛选方式。各国所列的环评清单可能是关于那些必须进行 EIA 的项目，或者完全不需要 EIA 的项目。欧盟的《筛选指南》提供了 27 项判断是否产生严重影响的因素，与表 6-2 相比更加详细具体，除了考虑项目位置、规模、潜在影响，还考虑到视觉审美、社会人口变化和项目风险等，但没有具体的规则可以用来决定适用 27 项问题所得出的最终筛选结果（即 EIA 是或不是必需的）。

丹麦是欧盟国家 EIA 筛选机制较为完备的国家，更是在畜牧业中使用了电子模型进行筛选。筛选程序被用作当局和 EIA 申请者的"对话工具"，所以业主们会自愿采取缓解措施，以此减少全面环评的成本。例如：在 2003—2004 年期间，丹麦各县共收到 2 637 份申请，其中只有 121 份申请需要完整的环境影响评估。

2. 美国

美国的 EIA 制度和其他国家略有不同，《国家环境政策法》（NEPA）规定美国的 EIA 对象主体是联邦政府机关的行为。政府具体某个活动的"领头"机构与合作机构开展 EIA，美国环保署 EPA 往往是前期参与评论和后期审查，项目审批权并不在 EPA 手中。美国联邦制和环评"不统不控"特点，使得每个部门或每个州都有自己的环境影响评价规章，这也导致想要完整收集所有关于美国的 EIA 清单是非常困难的。尽管如此，《国家环境政策法实施程序的条例》（CEQ）中第 1507.3 条将为是否开展 EIA 提供了筛选参考：1）通常需要环境影响报告；2）通常不需要环境影响声明或环境评估；3）通常需要环境评估（筛选是否需要 EIS）但不一定需要环境影响报告。美国各个机构往往采取的是组合阈值法，即给出清单的同时列出需要进行 EIA 和不需要进行 EIA 的活动。例如：美国食品和药物管理局（FDA）正在修改其关于环境影响考虑因素的法规，以扩大现有的绝对排除范围，包括批准人道主义设备豁免（HDEs）和建立特殊控制措施，既不需要环境评估（EA）也不需要环境影响声明（EIS）。

根据第 1508.27 条，NEPA 中关于"重大"（significantly）的考量需要考虑拟议活动背景和影响的强度两方面。背景意味着行动的意义必须在整个人类社会或国家、受影响地区、受影响的利益相关者等几个背景下进行分析。强度是指影响的严重程度，评估强度要考虑以下几方面：

（1）影响的好处和坏处；

（2）拟议活动对公众健康和安全影响的程度；

（3）地理区域的独特特征，如历史文化资源、公园、农田、湿地、河流或重要生态区域；

（4）可能会引起很大的争议的人类环境质量的影响程度；

（5）对人类环境可能造成的影响程度高度不确定或涉及独特或未知的风险；

（6）拟议活动可能为未来具有重大影响的行动确定先例，或原则上就未来审议作出决定；

（7）拟议活动是否与其他具有单独微不足道但累积重大影响的行为有关。如果可以合理预测对环境的累积重大影响，则存在重要意义。临时命名行动或将其分解成小的组成部分是无法避免的；

（8）拟议活动可能对在国家史迹名录登记或有资格登记的地区、地点、高速公路、建筑物或物品产生不利影响，或可能导致重大科学、文化或历史资源的损失或毁坏；

（9）根据《1973 年濒危物种法》，拟议活动可能对已被确定为危急的濒危或受威胁物种或其栖息地产生不利影响的程度；

（10）拟议活动是否会威胁到联邦、州或地方法律的违反或对保护环境的要求。

3. 澳大利亚

澳大利亚 1979 年《环境规划与评估法》（NSW）规定以发展为目的的基础设施建设，包括（但不限于）为铁路、公路、电力而开发输电或配电网络、管道、港口、码头或划船设施、电信、污水处理系统、雨水管理系统、供水系统、航运及航道管理活动、减轻洪水工程、公园或储备管理、土壤保持工程，需要进行 EIA。对于其他的公共工程是否需要 EIA，1978 年《环境影响法案下评估环境影响的部长指南》（Ministerial Guidelines for Assessment of Environmental Effects under the Environment Effects Act, 1978）提供了重大影响判别因素。

澳大利亚的筛选标准除了关注项目本身特点外，更注重基于专家知识和社会价值的判断，以及项目运营整个周期存在的不利影响。部长裁决时会考虑有效避免和缓解措施的可能性、可用预测的不利影响和相关不确定性的可能性、拟议项目的公共利益水平等。对环境产生重大影响的可能性将要考虑以下因素：①受影响的环境资产的重要性，如可能受影响的环境资产的特征、环境资产的地理位置和基于专家知识、相关政策和社会价值证明环境资产的价值或重要性；②项目的开发、运营和相关的退役的短期、中期和长期对环境资产的不利影响的潜在程度和持续时间；③考虑对环境资产的不同影响和建设过程的相互作用以及在空间和时间上产生更广泛的不利影响。

推荐标准：

（1）可能从以下区域清除 10 hm² 或更多的原生植被：①属于可持续性和环境部认定的生态植被类（根据维多利亚州本土植被管理框架附录 2 定义）；②是否或可能具有非常高的保护意义（根据维多利亚州本土植被管理框架的附录 3 定义）；③未经批准的森林经营计划或消防计划授权。

（2）维多利亚州内已知剩余栖息地或濒危物种种群的潜在长期损失（例如 1%～5%，取决于物种的保护状况）。

（3）根据《拉姆萨尔公约》或《澳大利亚重要湿地目录》列出的湿地生态特征的潜在长期变化。

（4）长期对水生、河口或海洋生态系统的健康或生物多样性可能产生广泛或重大影响。

（5）由于排放到空气或水中或化学危害或住宅排水，对人类社区的健康、安全或福祉可能产生广泛或重大影响。

（6）潜在的温室气体排放量每年超过 20×10⁴ t 二氧化碳当量（直接归因于设施的运营）。

4. 日本

日本的《环境影响评估法》规定，建设道路、大坝、铁路、机场和发电厂等 13 类项目以及规模较大的港湾项目需要开展环境影响评价。其中，可能对环境造成严重影响的大型项目属于一级项目，需要遵守法律规定。一级项目规模排名靠后的项目被划分为二级项目，单项确定是否按照环境影响评估程序进行评估。换句话说，所有被评为环境影响评估的一级项目和二级项目都必须遵循法律规定的环境影响评估程序，如图 6-1 所示。

日本的《环境影响评估法》规定，是否对项目实施环境影响评价要视项目的规模大小而定。但这并不是环境影响评价项目范围的唯一决定要素。比如说一个项目虽然规模很小，但它离学校、医院或是饮用水生产取水点很近，或者是一个开垦项目充填了许多野生鸟类聚集的湿地，诸如这些会对环境产生严重影响的项目都要进行环境影响评价。因此，二级项目是否应当进行环境评价要具体情况具体分析，其中项目的自身性质和它所处的地理位置是重要的参考因素。该判断是由授权机构根据判断标准作出的（例如，基础设施、土地和交通部对道路项目的决定，经济产业省关于电厂项目的决定等）。对各种项目规模的具体要求在日本的各个县是有所不同的。在作出判断

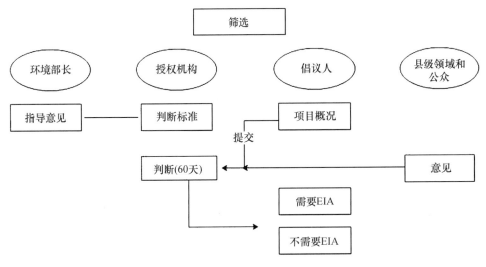

图 6-1　日本的项目分类概况

时，应该考虑熟悉当地情况的县长的意见。

日本筛选项目的特点是公众参与和政府各级主导介入。筛选的方法很重要的是进行案例学习，以及案例分析。此外，《日本经济合作协定和自由贸易协定环境影响评估指南》规定，筛选是选择应用影响评估的自由贸易的过程，并讨论贸易自由化与环境影响之间的关系。

5. 中国

《中华人民共和国环境保护法》是我国环境保护的基本法，规定了有关开发利用规划与建设对环境有影响的项目，应当依法进行环境影响评价。《中华人民共和国环境影响评价法》详细地规定了环境影响评价分类管理的内容：①可能造成重大环境影响的，应当编制环境影响报告书，对产生的环境影响进行全面评价；②可能造成轻度环境影响的，应当编制环境影响报告表，对产生的环境影响进行分析或者专项评价；③对环境影响很小、不需要进行环境影响评价的，应当填报环境影响登记表。

我国的 EIA 对象是政府规划和建设项目，《建设项目环境影响评价分类管理名录》（2018 年 4 月 28 修正）具体规定了某类型的活动的评价等级。第二条规定，根据建设项目特征和所在区域的环境敏感程度，综合考虑建设项目可能对环境产生的影响，对建设项目的环境影响评价实行分类管理。第五条规定，跨行业、复合型建设项目，其环境影响评价类别按其中单项等级最高的确定。第六条规定，本名录未作规定的建设项目，其环境影响评价类别由省级生态环境主管部门根据建设项目的污染因子、生态影响因子特征及其所处环境的敏感性质和敏感程度提出建议，报生态环境部认定。根据《建设项目环境影响评价分类管理名录》，所有需要 EIA 的项目以及相应的评价等级都以列表的形式详细列出，为 EIA 筛选工作提供直接的规范依据（表6-3）。其中，需要编制环境报告书和环境影响报告表的项目相当于其他国家的强制 EIA，填报登记表的项目相当于豁免 EIA。

表6-3　建设项目环评分类管理名录（海洋工程部分）

环评类别 / 项目类别	报告书	报告表	登记表	本栏目环境敏感区含义
四十八、海洋工程				
152　海洋人工鱼礁工程	/	固体物质投放量 5 000 m³ 及以上；涉及环境敏感区的	其他	第三条（一）中的自然保护区、海洋特别保护区；第三条（二）中的野生动物重要栖息地、重点保护野生植物生长繁殖地、重要水生生物的自然产卵场、索饵场、天然渔场、封闭及半封闭海域
153　围填海工程及海上堤坝工程	围填海工程；长度 0.5 km 及以上的海上堤坝工程；涉及环境敏感区的	其他	/	第三条（一）中的自然保护区、海洋特别保护区；第三条（二）中的重要湿地、野生动物重要栖息地、重点保护野生植物生长繁殖地、重要水生生物的自然产卵场、索饵场、天然渔场、封闭及半封闭海域
154　海上和海底物资储藏设施工程	全部	/	/	
155　跨海桥梁工程	全部	/	/	
156　海底隧道、管道、电（光）缆工程	长度 1.0 km 及以上的	其他	/	

另外，《海洋工程环境影响评价技术导则》（2014）中，根据建设项目的工程特点、工程规模和所在地区的环境特征对海洋环境影响评价的等级做了更为详细的规范指导。等级的判断根据单项海洋环境影响评价等级来确定，包括海洋水文动力、海洋水质、海洋沉积物、海洋生态（含生物资源），每个单项分为 1 级、2 级、3 级，建设项目的环评等级取各单项环评等级中的最高级（表6-4）。同一建设项目由多个工程

内容组成时，按照各个工程内容分别判定各单项环评等级，并取所有工程内容各单项环评等级中的最高级作为建设项目的环评等级。

表 6-4　海洋环境影响评价等级判据（部分）

海洋工程分类	工程类型和工程内容	工程规模	工程所在海域特征和生态环境类型	单项海洋环境影响评价等级			
				水文动力环境	水质环境	沉积物环境	生态和生物资源环境
围海、填海、海上堤坝类工程	城镇建设填海，工业与基础设施建设填海，区域（规划）开发填海，填海造地，填海围垦，海湾改造填海，滩涂改造填海，人工岛填海等填海工程	50×10⁴ m² 以上	生态环境敏感区	1	1	1	1
			其他海域	1	2	2	1
		50×10⁴~30×10⁴ m²	生态环境敏感区	1	1	2	1
			其他海域	2	2	2	2
		30×10⁴ m² 及其以下	生态环境敏感区	1	2	2	1
			其他海域	2	3	3	2
	各类围海工程；滩涂围隔、海湾围隔等围海工程	100×10⁴ m² 以上	生态环境敏感区	1	1	2	1
			其他海域	1	2	2	1
		100×10⁴~60×10⁴ m²	生态环境敏感区	1	1	2	1
			其他海域	2	2	2	2
		60×10⁴ m² 及其以下	生态环境敏感区	1	2	2	1
			其他海域	2	3	3	2
	海上堤坝工程；海中筑坝、护岸、围堤（堰）、防波（浪）堤、导流堤（坝）、潜堤（坝）、引堤（坝）等工程；海中堤防建设及维护工程；促淤冲淤工程；海中建闸等工程	长度大于 2 km	生态环境敏感区	1	1	1	1
			其他海域	2	2	2	2
		长度 2~1 km	生态环境敏感区	1	2	2	1
			其他海域	2	3	3	3
		长度 1~0.5 km	生态环境敏感区	2	2	2	2
			其他海域	3	3	3	3
	需要围填海的集装箱、液体化工、多用途等码头工程；需要围填海的客运码头，煤炭、矿石等散杂货码头；渔码头等工程	年吞吐量大于 100 万标准箱（500×10⁴ t）	生态环境敏感区	1	1	1	1
			其他海域	1	2	2	1
		年吞吐量（100~50）万标准箱（500~100）×10⁴ t	生态环境敏感区	1	2	2	1
			其他海域	2	3	3	2

三、筛选总结

纵观全球主流国家的 EIA 筛选机制，大多数国家规定了 EIA 的潜在筛选清单和标准，如欧盟国家、日本、中国、美国等，对于位于中间阈值的项目，采用了具有特色的编写环境影响报告表的形式，其他国家则需要进行人为的判断筛选，表6-5 以火电厂建设为例进行说明。

表6-5 不同国家火电厂 EIA 筛选的阈值界定

序号	国家	强制 EIA 阈值	中间阈值	免除阈值（低于）
1	奥地利	200 MW	筛选	25 MW
2	保加利亚	50 MW	筛选	—
3	克罗地亚	100 MW	筛选	1 MW
4	塞浦路斯	50 MW	筛选	—
5	捷克共和国	200 MW	筛选	50 MW
6	丹麦	120 MW	筛选	—
7	法国	20 MW 或 500 t 煤/天	筛选	—
8	德国	200 MW	筛选	1 MW
9	匈牙利	20 MW	筛选	50 MW
10	爱尔兰	300 MW	筛选	—
11	意大利	300 MW	筛选	50 MW
12	立陶宛	300 MW	筛选	50 MW
13	马耳他	50 MW	筛选	—
14	荷兰	300 MW（热）或 500 t 煤/天和/或 100 t 非危险废物	筛选	200 MW 或 50 t 无害废弃物
15	波兰	300 MW	筛选	10 MW
16	罗马西亚	300 MW	筛选	—
17	斯洛伐克	300 MW	筛选	50 MW
18	斯洛文尼亚	50 MW	筛选	—
19	英国	300 MW	筛选	—
20	日本	15 MW	筛选	11 MW
21	美国	50 MW	筛选	—
22	中国	全部	—	—

注：强制 EIA 阈值——规定活动需要 EIA；免除阈值——活动低于这些阈值将不需要 EIA，—代表没有最低阈值。筛选——在强制阈值和免除阈值之间，需要根据具体活动具体判断。

火电厂是对环境有较大影响的代表项目，可以发现表6-5中的22个国家都给出了强制的 EIA 要求，日本的 15 MW 阈值和中国全部要求进行 EIA 是最为严格的，8 个国家 300 MW 的宽松阈值是根据欧盟《EIA 指令》的标准；其中大概 11 个国家给出了免除阈值；除了中国不需要进行筛选，其他 21 个国家都需要责任官员对中间阈值进行判断是否需要 EIA。

实际上，项目筛选是否需要环境影响评估需要酌情确定，由主管当局考虑该项目是否可能对环境产生重大影响。现在人们普遍认为 EIA 中的显著性检验主要是主观的，定量描述项目环境影响还存在技术上的难度。筛选本身也是一种成本效益的考量，对于严重污染性质的项目进行 EIA 是毋庸置疑的，但是如果所有政府行动和建设项目都进行 EIA 将会带来巨大的生产和行政成本，所以 EIA 在各国实践中逐渐形成不同的做法。

同时，筛选程序的实施还与国家的经济水平以及环保意识存在很大关系。欧盟强烈的环保意识和美国的高经济水平也是他们具有完善的 EIA 制度的前提。在 EIA 筛选的诉讼中，欧洲法院认为《EIA 指令》的措辞具有广泛的用途，这就表明欧盟对 EIA 的门槛是严格的。

第三节　国家管辖范围以外区域具体活动的筛选分析

一、BBNJ 谈判进程中的焦点

1. BBNJ 筹备委员会形成的意见

根据联合国大会第 69/292 号决议设立的筹备委员于 2016 年 3 月 28 日至 4 月 8 日举行第一次会议，关于环境影响评价阈值方面初步形成了许多丰富的意见，认为环境影响评价启动应采用定性门槛，同 UNCLOS 第 206 条的规定保持一致：只有当活动可能对海洋环境造成重大污染或重大和有害变化时，才应要求进行环境影响评估。同时认为一类活动的阈值可以是一个或者多个组合而成，阈值的来源可以是 UNCLOS 的第 145 条、第 192 条、第 194 条、第 198 条、第 207 条和第 208 条，也可以是《里约宣言》原则 17，以及《南极条约环境保护议定书》等其他文书。对于环境影响评价的实施应制定标准进行分级，分为全面环境影响评价和部分环境影响评价。对于位于EBSAs、VME、PSSA等敏感区域的活动需要开展初步环境影响评价。此外，该次大会还考虑到对于同类活动可能因使用的技术不同而产生不同的影响，环境影响评价活动清单应当定期审查以纳入新的或新兴的海洋活动。

2016年8月26日至9月9日举行筹备委员会第二次会议，有关EIA阈值的讨论内容包括：①使用哪些阈值和标准来确定需要环境影响评估的活动；②是否使用需要环境影响评估的活动清单，包括新的或新兴的活动，或免除环境影响评估；③较低的阈值是否适用于重要的区域。

2017年3月27日至4月7日筹委会的第三次会议深入讨论了环境影响评价阈值的相关问题，形成了一些共识。关于环境影响评估的门槛，普遍认识到UNCLOS第206条是关于环境影响评估阈值相关讨论的出发点，但需要就如何在国家管辖范围以外区域实施这一规定提供指导。对这种指导的形式和内容存在一些不同意见，有国家建议可以在国际文书的附件中或在稍后阶段由国际文书的缔约国制定准则，且需要进一步讨论第206条中的门槛方法是否应由需要或不需要环境影响评估的活动清单加以补充。各国对制定需要进行环境影响评估的活动指示性清单的效用表达了不同意见，普遍认为如果清单灵活且可以定期更新，则该清单被认为是有用的，特别是为了解决新的或新出现的用途和技术进步。针对上述方法的争论包括需要考虑作为环境影响评估的理由，不仅要考虑影响的严重程度，还要考虑有关活动发生的区域和活动的规模。会议还提到需要在被确定为具有生态或生物重要性或脆弱性的地区制定环境影响评估的特殊规定。此外，会议还提到了累积影响以及其他压力因素，如气候引起的影响，这些因素在决定是否达到阈值时也需要考虑。还提出了一项以"南极条约环境议定书"为蓝本的分层方法。对于现有文书和机构已经受到监管的某些活动是否应符合国际文书中的环境影响评估要求，代表们表达了不同意见。这些问题值得进一步讨论，包括国际文书是否应规定审查现有条例的可能性，以确定其是否符合适用的阈值。最后，考虑进行环境影响评估的指导原则和方法也很重要，会议指明了一些指导原则和方法，包括预防原则/方法、生态系统方法、基于科学的方法、决策的透明度、代际和代内公平、保护和保全海洋环境义务、无净损失原则。

2017年7月10日至21日筹委会举行了第四次会议，关于环境影响评价阈值和清单形成了两套备选方案：

方案1：对于国家管辖范围以外区域的所有拟议活动，EIA必须是强制性的。

方案2：在特定情况下需要进行环境影响评估，包括：根据 UNCLOS 第 206 条（"有理由认为拟议的活动可能对环境造成重大和有害的变化"）；比 UNCLOS 更严格的要求包括"任何有害"变化；"次要或暂时性影响"作为初步阈值，需要进行初步评估，以确定是否可能产生重大影响，并因此需要正式的环境影响评估和报告；不仅仅是"轻微或短暂的影响"；重要性/脆弱性地区（例如，EBSA，VME，PSSA，MPA），则可以确定特定阈值。

关于清单，也有两套方案：

方案1：制定需要环境影响评估的活动指示性清单（参见《埃斯波公约》，附件三）。清单不是详尽无遗的，也不具有法律约束力，清单将以附件的形式体现。

方案2：制定免于环境影响评估的活动清单。可以制定一份清单，负责指导环境影响评估的实施，可以通过缔约方大会审查或更新清单，以反映新的或新出现的用途以及科学和技术发展。如果现有义务和协议已涵盖国家管辖范围以外区域的活动，可能的方法包括：备选方案1：根据该文书，没有必要为这些活动进行另一次环境影响评估。备选方案2：根据定义，任何此类活动都不会被视为豁免。指定在该文书下应用 ABMT 的区域内的活动，或在国际层面指定其重要性/脆弱性的区域（例如，EBSA，VME，PSSA，MPA），将需要进行环境影响评估。

2. 政府间大会形成的意见

2018 年 9 月 4 日至 17 日举行了 BBNJ 政府间会议第一届会议，大会主席在会前提出了需要进行讨论的 EIA 问题如下：

（1）文书将纳入环境影响评价的哪些阈值和准则？具体如何体现？

（2）是否制定一份清单，列明需要或不需要环境影响评价的活动，作为对阈值和准则的补充？

（3）是否考虑累积影响？如是，文书如何规定纳入考虑的累积影响？

（4）文书是否纳入一个具体条款，要求对经认定在生态或生物方面具有重要意义或者脆弱性的区域实施环境影响评价？

协商和谈判期间，各方关于环境影响评价筛选的典型观点如下：

新西兰认为，新执行协定应阐明 ABNJ 活动在什么情况下需要实施环境影响评价，包括：尚未纳入现有协议框架义务的活动；新执行协定中所列的具体活动；达到或超过阈值的所有活动。

密克罗西亚联邦认为，对于涉及国家管辖范围以外区域海洋生物多样性的所有拟议活动，必须强制实施环境影响评价，新协定不需要设定环境影响评价的最低阈值。

澳大利亚认为，新执行协定下的环境影响评价制度应该为环境影响设定一个明确阈值，该阈值的设定能够使显著或更大影响的活动触发环境影响评价。根据现有条约规定，新协定可以将"重大影响"定性为，可能对生物多样性产生重大不利影响，或可能对海洋环境造成实质性污染或重大有害变化的活动。基于《联合国海洋法公约》第 206 条的规定，应辅之以一份说明性的活动清单。任何活动都不得被豁免环境影响评价，所有活动需要进行初步评估，以确定是否可能产生重大影响，如果可能产生重大影响，则需要正式的环境影响评价和报告。战略环境影响评价也是一种确保累积影响不会超过显著标准的方法。

公海联盟认为，新执行协定中的阈值设定可以是"潜在的严重不利影响"或借鉴《关于环境保护的南极条约议定书》的"轻微或短暂影响"的初步阈值模式。同样重要的是，筛选的范围的界定标准应考虑可能的累积影响，包括气候变化、海洋酸化和低氧等累积影响，因为它们可能加剧拟议活动环境影响的严重性。

77 国集团和中国认为，可以使用"定性阈值"，如"有合理理由相信拟议活动可能对环境造成重大和有害变化"。同时制定需要实施的环境影响评价的活动清单以及豁免清单以补充定性阈值，且该清单应该能够进行更新。

斐济倾向于认为在活动清单和阈值之间进行混合，并认为对清单可能包含的活动需要进行进一步讨论。

日本建议对 EIAs 的需求和形式进行个案评估，根据现有国际文书应当实施环境影响评价的活动，不必在新执行协定中另行规定。应在新执行协定中考虑避免重复环境影响评价的方式和方法，为此设立明确规定。

非洲国家集团反对列出需要 EIAs 的活动。

韩国提出对于少于轻微的影响的活动不需要进行环境影响评价，轻微影响的要进行初步程序，严重危害的活动需要全面环境影响评估。

挪威认为新执行协定出发点是具有可适用性阈值，即"可能对海洋环境影响造成重大污染或重大和有害变化"的活动。

二、ABNJ 环境影响评价筛选机制的思考

1. 关于阈值

如何理解、平衡 BBNJ 养护和开发利用之间的关系，是新的国际制度构建的关键问题。在 ABNJ 建立 EIA 制度已经是"众望所归"，各国从自身利益角度以及海洋环境保护角度为 EIA 筛选机制的形成提出了各自的主张和建议。对于环保先进国家或海洋保护领域的国际社会非政府组织、团体，希望国际社会构建有利于 BBNJ 养护和严格管制的制度；对于在 ABNJ 开发利用的主流国家，倾向于避免对开发利用活动设置太多技术上的限制。

各国开展的 EIA 筛选大都采取"阈值+清单和/或标准"的形式，针对不同类型的活动，需要考虑 ABNJ 的自然属性和活动的特征等多重因素。ABNJ 的面积广阔，人类活动复杂多样，且各类活动之间具有显著差异，采用"重大不利影响"的定性门槛较为灵活，方便进行具体活动具体分析。故 ABNJ 的环境影响评价启动门槛也应符合 UNCLOS 的规定，即"可能具有重大不利影响"的人类活动，对于不具有此类影响的活动可不进行环境影响评价。这种定性描述的阈值表述相对宽泛，国家具有更大的灵活性和主导权，更适合当前 BBNJ 复杂的条件和面临不确定性的实际情形，留出未来发展和完善的空间。但是也应看到，定性表述的阈值较为原则性，实际操作性不强，需要辅之以具体的技术标准和指南；各国实施存在差距，可能影响 ABNJ 活动 EIA 的实际成效，可能需要设置适当的"国际化"安排，确保实施的有效性。

2. 关于标准

分析现有国际文书，对定性阈值中影响的"重大/严重/显著/轻微"等程度难以给出统一、权威的界定，需要国家根据活动的具体情况具体判断。因此，本研究认为新文书有必要对定性阈值补充列明判断标准（或考虑因素）的相关指导性建议，供国家逐案考量。各国也可根据自身能力和实际需要制定细化标准。结合现有的实践普遍所适用的可考虑因素或判定标准，可参考下列因素进行标准判定。

（1）活动的特点

考虑活动的规模、活动持续时间和频率；与其他活动的累积性、对自然资源的利用、废物类型等方面特征。

（2）活动的位置

考虑可能受项目影响的海域特征和生态环境类型，包括环境敏感性、脆弱性和代表性，以及自然资源的重要性区域，如位于保护区、禁渔区、濒危物种栖息地等敏感海域，考虑具有生态学和生物学重要性的区域（EBSAs）、脆弱海洋生态系统（VMEs）、渔业封闭区、特别敏感海域（PSSAs）、特别环境利益区等。

（3）影响特征

考虑影响发生的可能性、影响范围、规模、复杂程度、跨界性、频率、持续时间、可逆性等，并适当考虑活动的累积影响以及不确定性。

（4）应对影响的能力

考虑活动实施者环境安全作业、监测环境影响、预防和事故应急能力等。

3. 关于清单

已有的国际文书和国家实践中，仅有部分机制采取了列明 EIA 筛选的适用活动清单。对于 ABNJ 活动的 EIA，考虑到当前对 ABNJ 生态环境现状的科学信息和对活动影响的认识不充分，且存在各种不确定性因素，达成全球层面权威的通用清单难度较大。此外，现有的相关国际或区域性制度框架针对某些涉及 ABNJ 的活动是否需要开展 EIA 已做出相应规制，如深海捕鱼、海底矿产开发、海洋倾废等，其他活动可以根据个案判定予以确定。因此，国际社会对待活动清单的态度以不列明为主，如若增列活动清单，也以采取开放性的建议清单方式，并应当涵盖所有 ABNJ 开展的人类活动，同时避免与现有的国际性法律框架相冲突。

列明活动清单的形式包括三类，一是需要开展 EIA 的活动，二是需要根据阈值和标准逐案考量的建议性活动，三是 EIA 豁免的活动。对于明确第一类需要开展 EIA 的活动对于 ABNJ 的 EIA 制度建立至关重要。初步确定一项活动是否需要开展

EIA，需要综合考虑多方面因素，主要包括影响程度、成本效益和现有机制的规定等。

以下主要根据 ABNJ 各类海洋开发利用活动的特征、环境影响及其相关国际规制，以及成本效益等因素，对各类活动进行分析和筛选判定，以期为清单的编制提供科学参考。

（1）海底矿产资源开发

对于近海采矿，中国、英国、美国等许多国家都要求进行 EIA。国际海底管理局（ISA）是区域的主管国际组织，代表全人类行使权力。ISA 形成了相对完善的区域采矿制度，也积极酝酿关于区域采矿的 EIA 制度，如 2017 年《"区域"内矿产资源开发规章草案（环境问题）》（草案）中要求申请人应根据经济性原则进行或开展环境影响评估，所以未来在"区域"内的采矿活动要求开展 EIA 是可以预见的。

（2）捕鱼活动

联合国大会第 61/105 号决议呼吁评估各项底鱼捕捞活动是否会对脆弱海洋生态系统产生"重大不利影响"。FAO《公海深海渔业管理国际准则》详细描述了对深海捕鱼活动是否可能对脆弱海洋生态系统产生重大不利影响进行环境影响评价的责任。因此，对于 ABNJ 深海捕鱼活动的筛选及考虑因素可以参考已有的指导性文书予以明确。

（3）航行

航行是开展所有海上活动的基础，航运是公海最为频繁的活动。国际航行的主管国际组织是 IMO，IMO 就航行安全和环境保护进行了系统、全面的规制，取得了富有成效的结果。

公海航行自由是一项重要的国际法原则，对于航行活动环境影响评估问题的讨论可能会涉及在未来划设的公海保护区内航行的准入、管理和规制。IMO 框架下，在设立 PSSA 的过程中需要评估航行活动对特定区域的生态环境影响，同时对采取相关保护措施做出了具体要求，这一做法可以为 ABNJ 新的划区管理工具相关制度建设提供参考。除此之外，对于航行的累积影响研究也是十分必要的，如船舶带来的水下噪音，油污的累积影响，高频率航线对于海洋生物的影响等都需要更多的关注和研究。建立国际性的航运航线数据库，为以后的环境基线和特定时空维度的累积影响提供数据支持。

(4) 科学研究

针对科研活动的国际制度通常施以较少的限制。不过，如果不谨慎地进行，科学研究活动本身便可能对海洋生物多样性和生态系统造成不利影响。科学研究活动是否需要开展 EIA，需要根据具体的科学研究活动类型、方式、所在区域、影响等因素来判断。

科学研究分为三种类型。第一类是投放浮标、潜标、温盐深仪（CTD）、声学多普勒流速剖面仪（ADCP）、氯度仪等收集数据为主的小型活动（如 ARGO 计划虽然投入浮标 3 000 个，但相对于海洋来说是微不足道的）；第二类是海底科学研究（采泥、采生物样等）、海洋施肥、碳封存等存在明显影响的地球海洋工程活动；第三类是地震勘探、科学钻探等严重影响的活动。第一类监测性质的活动总体来说对海洋环境是没有影响，也是不需要 EIA 的；第二类和第三类科研活动影响较大，需要进行 EIA，其中，海底生物研究会给海底带进亮光、噪音和热，可能会对生物造成压力，由于移动或散播沉积物而造成窒息和物质环境动荡，以及遗弃垃圾和化学或生物污染，也对生物多样性有影响，甚至一个热液喷口完全掩埋，可能会使得依附于此的动物群落灭绝；第三类的地震勘探、科学钻探等严重影响的活动，会直接杀死海洋生物，地震研究中的声波对海洋生物的影响也需要更多的研究来证实，这类活动需要进行 EIA，方能有效地保护海洋生物，特别是敏感的海底生物。

频繁的研究考察也令人关切，尤其是那些根据各种监测方案而有系统地进行观察的计划，虽然至今没有进行全面的评估，但由国际性的机制框架对科学研究的整体累积影响评估也是必要的。

(5) 废物倾倒

废物倾倒活动对海洋生物多样性的影响毋庸置疑。《伦敦公约》之《1996 年议定书》对废物倾倒的 EIA 框架和要求进行了规定，议定书附件以"反列清单"形式规定了可考虑倾倒的废物或其他物质，即评估适用的范围。同时，每一缔约当事国应制定国家行动清单，为根据其对人体健康和海洋环境的潜在影响对备选的废物及其成分作出筛选提供机制。行动清单应指明上限水平，也可指明下限水平。确定的上限水平应能避免对人体健康或对海洋生态系统中有代表性的敏感海洋生物的急性或慢性影响。

《伦敦公约》及其议定书的 EIA 评估框架可以为 ABNJ 倾废活动 EIA 的筛选机制及相关指南的制定提供直接的参考。鉴于 BBNJ 新协定不与现有的国际性或区域性法律与框架相冲突，而且议定书评估清单是可更新的，未来 ABNJ 倾废活动 EIA 可以在现行框架下得到较好的规制。

（6）海底电缆和管道铺设

在 1 000~1 500 m 的深海，缆线对环境的影响为零至轻微，其中包括一次性地铺设缆线，以及偶尔因维修缆线而造成局部破坏原态。不过在较浅的海域，因缆线必须埋设而会破坏原态（近海国际上各国都要求进行 EIA）。当放置在 2 000 m 余深的水域中时，电缆一般不会被埋设；在深度不到 2 000 m 的海域，电缆一般埋在基体下 0.6~1.5 m 处。同时，OSPAR 委员会发布的《关于海底电缆环境影响的评估报告》（Assessment of the Environmental Impacts of Cables）、《美国通信委员会的第八工作组研究报告》（Protection of Submarine Cables Through Spatial Separation）和其他相关研究报告（The Relationship between Submarine Cables and the Marine Environment）都认为电缆对海洋环境、海洋生物不存在明显的影响。因此，影响轻微的海底电缆和管道铺设可以不开展 EIA。

（7）海洋地球工程

海洋碳封存对中层与海底生态系统的主要影响很可能将是 pH 值降低，而直接处于二氧化碳羽流所经过地方的生物，则将感受二氧化碳增高的部分对生理的压力，也会带来底栖生物应激效应，从抑制活动，到呼吸、代谢功能减弱，到最后细胞内酸碱失衡死亡。碳封存对海洋生态系统的影响仍需要更多的调查，进行 EIA 是谨慎而十分必要的选项。

海洋铁施肥可改变浮游植物的群落结构，可消耗大量营养盐物质，并将导致初级生产力和海洋食物链的变化等影响。2010 年的《关于海洋肥化科学研究评价框架》中要求对海洋施肥活动进行评估，所以对 ABNJ 开展的海洋施肥进行 EIA 也是符合国际社会共同利益的。

综上对各类活动的初步分析，适宜开展 EIA 或不需要开展 EIA 的活动及相关考虑因素可概括如表 6-6。

表 6-6　ABNJ-EIA 的活动筛选情况及判据

活动		是否适用事前 EIA	主要考虑因素
航行		X	成本效益
捕鱼		Y	直接影响生物资源及脆弱海洋生态系统
采矿		Y	直接损害海洋生态系统
铺设电缆		X	影响轻微
废物倾倒		Y	《1996 年议定书》
海洋地球工程	碳封存	Y	造成海洋生物明显生境变化
	施肥	Y	造成海洋生物明显生境变化
科学研究	采水	X	影响轻微
	采泥	O	需判断是否在保护区、敏感生物群落
	采生物	O	需判断是否在保护区、敏感生物群落
	浮标、潜标	X	影响轻微
	爆破	Y	严重伤害海洋生物
	钻探	Y	严重伤害海洋生物

注：X——不需要 EIA；Y——需要 EIA；O——需要筛选判定。

第七章　国家管辖范围以外区域活动的累积环境影响评价

累积影响评价是环境影响评价领域新兴起的研究方向。累积影响评价与可持续发展的目标相吻合，着重考虑环境影响在空间上的叠加和时间的上累积作用，是环境影响评价进一步发展完善的重要趋势。由于累积影响途径和影响效应的复杂性及其涉及诸多学科领域，累积影响评价尚未形成公认的原则和成熟的方法。

在 BBNJ 谈判过程中，从第一届筹委会起，累积影响评价即被列为环境影响评价的指导原则和方法之一，成为此后历届筹委会会议所关注讨论的议题之一。从现有的谈判成果来看，目前筹委会对于该议题的讨论主要集中于战略环评、跨界环境影响评价中如何处理累积影响等较为宏观的问题，对于哪些活动需要开展累积影响评价以及开展累积影响评价应遵循何种程序、采用哪些技术方法等具体问题则尚未有相关文件提及。

与 BBNJ 相比，目前在跨国环境和生物多样性保护合作领域已有多个国际文书，诸如《关于环境保护的南极条约议定书》《海洋和沿海地区环境影响评价和战略环境影响评价中对生物多样性进行考量的自愿性准则》等提出了开展累积影响评价要求，这对于 BBNJ 中累积影响谈判议题的走向具有一定的参考意义。

鉴于累积影响评价在 BBNJ 谈判中的重要性，本章通过对累积影响评价的相关国际制度和技术方法发展现状进行简单梳理，以期为我国在 BBNJ 谈判提供相应的技术支撑。

第一节　累积环境影响的内涵

随着人类环境意识的提高，可持续发展已经成为社会发展的最终目标，传统的环境影响评价渐渐暴露出其局限性而与可持续发展的目标不匹配，如没有充分考虑活动对环境的间接影响和累积效应评价、时间跨度和空间范围不够、没有关注相邻区域内同期开展的建设项目或同区内先后开始的工程之间的相互作用等，这就决定了环境影响评价必须向更深更广的范围发展。

累积影响评价（CEA）着重考虑环境影响在空间上的叠加和时间的上累积作用，这与可持续发展的目标是一致的[44]。累积影响（Cumulative Effects/Impacts）一词最早见于 20 世纪 70 年代美国环境质量委员会（CEQ）颁布的《实施〈国家环境政策法〉（NEPA）指南》，而较为严格的定义最早见于 1979 年美国颁布的《NEPA 法案》（40CFR1508.7），即"某活动与过去、现在和未来的其他活动进行叠加时对环境产生的影响"。这里所指的活动可以是开发项目，也可以是某项具体的行为活动。累积影响特别关注单个活动的环境影响不大、但多个活动的影响相互叠加或经过长时间的累积导致其环境影响往往很大的现象。加拿大、欧盟等国家和地区的相关文件也有给出累积影响的定义，与上述定义几乎没有差别[45-46]。累积影响表现在空间上的叠加和时间上的累积两个层面：当几个干扰之间的时间间隔小于环境系统从每个干扰中恢复过来所需的时间时，就会产生时间上的累积现象；当几个干扰之间的空间间距小于疏散每个干扰所需的距离时，就会产生空间上的累积现象[44]。

累积影响评价本身也是环境影响评价的范畴，因此累积效应与传统的环境影响评价所陈述的环境效应累积效应并不冲突。与传统的环境影响评价相比，累积影响评价拓展了评价的时空尺度，是环境影响评价的进一步发展和完善。在实践中累积影响评价需要着重考虑以下几个问题：

1）在评价的空间尺度上较大，往往跨越行政边界，而且需要考虑自然干扰对环境和人类活动的影响。

2）在评价时间尺度上较长，通常要追溯过去、展望未来。

3）对于环境影响考虑不只是限于拟议活动的影响，而且要考虑拟议活动与其他活动的相互作用叠加所产生的影响。

4）需要考虑过去、当前以及未来其他活动的影响。

人类活动对环境的累积的影响既包括单项活动的时空累积，也包括多项活动的时空累积。多项活动对环境的累积影响通常还需要考虑其交互作用，包括加和效应、协同效应和拮抗效应三种类型。根据 Crain 等基于多重环境压力对海洋系统交互效应的研究，当前各种类型的海洋开发活动两两相互之间有 26% 表现为加和效应，36% 表现为协同效应，38% 表现为拮抗效应[47]。

累积影响评价从概念的初步提出到现在已有约 30 年的发展历史，开展累积影响评价是许多国家和地区的法定要求。最早是美国在 1979 年《NEPA 法案》明确要求，提交给联邦政府和地方政府的环境影响报告应该给出直接环境影响、间接环境影响和累积影响[48]。欧盟委员会在 1985 年发布 337 号指令（85/337/EEC），提出了拟开展公共及个人项目的环境影响评价应考虑与其他项目相叠加的累积影响[46]。受欧盟委员会指令影响，英国于 1988 年通过《城乡规划法》，要求在项目环境影响评价中开始考虑累积影响[45]。加拿大在 1995 年通过修订环境评估法案，要求联邦开展的每一项环境影响评价均需考虑其累积影响[49]。此外，荷兰、澳大利亚等国家也较早地对累积影响评价提出了类似的要求[50]。但从各国环境影响评价的实践落实情况来看，目前对于累积影响考虑不充分或与法规要求不一致的状况依然普遍存在，如对美国在实施《NEPA 法案》后的 30 份环境影响评价报告进行统计，其中只有不足半数（14 份）的报告里提到累积影响一词，而且均为定性的描述，没有给出清晰的时空边界、明确的指南或评估方法[51]；对英国 1989—2000 年各种项目环境影响评价报告的抽样调查统计，大约 48% 的报告提到累积影响一词，其中 18% 的报告对累积影响进行了探讨，而且基本上仅限于定性的探讨[45]。

相对于西方发达国家，我国的累积影响研究起步较晚。目前研究多集中在对概念、指标体系、评价思路、国内外综述以及部分技术方法在环境影响评价中的应用等方面的初步探讨[44,50,52]。2009 年 8 月 17 日，国务院发布了《规划环境影响评价条例》，提出规划环境影响评价"应当分析、预测和评估规划实施可能对环境和人体健康产生的长远影响"，首次涉及累积影响评价的内容。随后 2014 年修订的国家标准《规划环境影响评价技术导则 总纲》（HJ 130-2014）首次明确要求开展累积影响预测与分析。但受限于配套技术方法不成熟、不完善，目前国内已有的规划环境影响评价对于累积影响评价也基本上停留在定性讨论的阶段。

第二节　累积影响评价的相关国际制度及实施概况

BBNJ 谈判中关于是否开展累积影响评价目前各国尚未达成共识，更谈不到技术实施细则。但已经建立的相关国际制度，特别是涉海的国际环境影响制度对于 BBNJ 谈判中累积影响评价议题的走向具有一定的参考指示意义。目前在涉及海洋环境保护领域影响较广的国际环境影响评价制度主要有：①国际海底区域资源勘探开发环境影响评价制度；②基于全球生物多样性保护的环境影响评价制度；③公海渔业活动环境影响评价制度；④南极活动环境影响评价制度；⑤北极活动环境影响评价制度；⑥跨界环境影响评价制度；⑦东北大西洋环境影响评价制度。

上述环境影响评价制度对累积影响的约定和实施情况，大致可分为三类：其一是以南极环境影响评价制度为代表，通过强制性的文件《关于环境保护的南极条约议定书》明确要求开展累积影响评价；其二是以基于全球生物多样性保护的环境影响评价制度为代表，通过建议性质的文件《负责任渔业行为守则》，鼓励成员国自愿开展累积影响评价；其三包括跨界环境影响评价制度和东北大西洋环境影响评价制度，均未对累积影响评价提出要求或建议。

相关国际文书中对累积影响评价的要求如表7-1所示。

表7-1 相关国际文书中对累积影响评价的要求概况

适用范围	主要文书	累积影响评价定义	对累积影响评价的要求或相关表述
"区域"内资源勘探开发环境影响评价制度	ISA关于区域多金属结核、多金属硫化物、富钴铁锰结壳探矿和勘探的规章及建议	过去、目前或可预见的其他行动逐渐造成的变化的影响（附件二）	正式文书即各"规章"对累积影响评价没有明确要求
生物多样性环境影响评价制度	《生物多样性公约》《海洋和沿海地区环境影响评价和SEA中对生物多样性进行考量的自愿性准则》	无	①"准则"第25项（d），在划定范围阶段，"鉴定生态系统之间的连通性所受的影响及潜在的累积影响"；②"准则"第28项（a），评价影响和替代性方案阶段，"对在甄别和划定范围阶段鉴定出来并在评估范围中加以说明的潜在影响的性质要加深理解，包括鉴定间接和累积影响以及鉴定可能性的因果链"

适用范围	主要文书	累积影响评价定义	对累积影响评价的要求或相关表述
公海渔业环境影响评价制度	FAO《负责任渔业行为守则》、FAO《公海深海渔业管理国际准则》《有关养护和管理跨界鱼类种群和高度洄游鱼类种群的规定执行协定》	船旗国和区域渔业管理组织应进行评估，确定深海捕捞活动是否可能在特定海域产生重大不利影响。这种影响评估尤应考虑："……对该渔区脆弱海洋生态系统和低生产力渔业资源评估所涉及的活动可能产生的影响，包括累积影响的产生、规模和持续时间的确定说明和评价"。（"准则"47条v项）	同累积影响评价定义
南极地区（60°S以南的所有地区）的所有活动	1988年《关于环境保护的南极条约议定书》及其附件	无定义	①第三条环境原则第2项（c）：判定在南极条约地区活动的环境影响应充分考虑"该活动本身的累积影响和与在南极条约地区的其他活动一起产生的累积影响"；②附件一第二条第1项（b）：初步环境评价应包括"对拟议活动替代方法的考虑和该项活动可能具有的任何影响的考虑，包括根据现有的和已知的规划活动对累积影响的考虑"；③附件一第三条第2项（f）：全面环境评价应包括"按照现有的活动和其他已知的规划活动，对拟议中的活动累积影响的考虑"

适用范围	主要文书	累积影响评价定义	对累积影响评价的要求或相关表述
北极地区环境影响评价	1997年《北极环境影响评价指南》及其附件	由于人类活动（过去的、现在的、拟议的活动及环境影响评估活动本身）造成累积的环境变化（附件三）	①开发活动累积影响应在资源和土地利用规划水平上进行考量； ②累积影响评价应考虑三种情形：其一同时开展的多个活动，其二在时空尺度上延伸的不同开发活动，其三在全球时空尺度上广泛分布的活动； ③累积影响评价需关注的关键问题：应关注包括极地敏感区域在内的VEC，基于VEC界定空间边界，基于项目影响寿命界定时间边界等
欧洲经济委员会成员国跨界环境影响评价制度	1991年《跨界环境影响评价公约》（《埃斯波公约》）及其议定书	无定义	无
东北大西洋环境保护制度	《东北大西洋海洋环境保护公约》	无	无

1. 明确要求开展累积影响评价的国际文书

目前明确要求开展累积影响评价的只有南极环境影响评价制度。《关于环境保护的南极条约议定书》率先提出了较为系统的环境影响评价制度，严格按照程序对在南极地区的人类活动进行环境影响评估。该议定书规定，在南极条约地区的活动应充分考虑其本身的累积影响以及与其他活动一起产生的累积影响，全面环境影响评价应考虑对拟提议活动的累积影响。从实际落实情况来看，最近各国在南极地区开展的旅游观光、科学探险、科考建站等活动均按规定提交了初步环境影响评价报告（IEE）或全面环境影响评价报告（CEE），其中CEE报告如意大利在2017年提交的Mario Zucchelli科考站的砾石跑道工程CEE报告、白俄罗斯在2015年提交的南极科考站建设与维护工程CEE报告、英国在2012年提交的Ellsworth湖调查采样活动CEE报告均包括累积影响评价的内容，部分的 ICE 报告如加拿大在 2017 年提交的观光巡航活动 IEE 报告、2015 年澳大利亚提交的航空活动 IEE 报告也涉及了累积影响评价的内容。然而上述报告中有关累积影响评价的描述通常是一言带过，提出目标活动可带来长期的累积影响，而对于累积影响的途径、影响程度、造成累积影响各要素的贡献大小等则均没有涉及，上述信息的获得还有赖于事后的长期跟踪监测。

2. 建议开展累积影响评价的国际文书及制度

目前通过建议性质的文件鼓励成员国自愿开展累积影响评价制度的有基于全球生物多样性保护的环境影响评价制度、公海渔业活动环境影响评价制度以及国际海底区域资源勘探开发环境影响评价制度。

根据《生物多样性公约》，缔约国应尽可能并酌情要求就其可能对生物多样性产生严重不利影响的拟议项目进行环境影响评估，以期避免或尽量减轻这种影响。根据《海洋和沿海地区环境影响评价和战略环境评价中对生物多样性进行考量的自愿性准则》，鉴定和评估间接和累积影响应作为环境影响评价评估阶段的主要任务之一〔28 条（a）〕。

在公海渔业环境影响评价方面，FAO《公海深海渔业管理国际准则》第 47 条要求：船旗国和区域渔业管理组织应进行评估，确定深海捕捞活动是否可能在特定海域产生重大不利影响。这种影响评估尤应考虑：v. 对该渔区脆弱海洋生态系统和低生产力渔业资源评估所涉及的活动可能产生的影响，包括累积影响的产生、规模和持续时间的确定说明和评价。

对于"区域"内矿产勘探开发活动的潜在环境影响，ISA《"区域"内多金属结核探矿和勘探规章》《"区域"内富钴结核探矿和勘探规章》《"区域"内多金属硫化物探矿和勘探规章》3 个文件就保护和保全海洋环境做了专门规定，包括"采取必要措施防止、减少和控制其'区域'内活动对海洋环境造成的污染和其他危害"，以及"制订并实施方案，监测和评价深海底采矿对海洋环境的影响"等。对于勘探开发活动的累积影响，ISA 环境影响评价工作组在 2011 年提出的《"区域"内矿产资源开发环境影响评价与环境影响报告编制草案》中明确将累积影响评价纳入环境影响评价体系，包括拟提议活动（即采矿）自身的影响以及关注区所有活动的累加影响两个方面。2017 年发布的《"区域"内矿产开发环境评估与管理》（ISA 技术研究系列报告 No.16）在提出的环境影响评价报告模板草案中就开发活动对理化环境及生态环境影响开展累积影响评价，但没明确提出累积影响评价的具体工作程序与方法。

3. 对累积影响评价无要求或未建议的国际制度框架

跨界环境影响评价制度和东北大西洋环境影响评价制度没有提出开展累积影响评价的要求或建议。

从相关制度和实施状况来看，绝大多数涉海的国际海洋环境影响评价制度（或条约体系）没有对累积影响评价提出强制要求。虽然南极条约体系下的《关于环境保护的南极条约议定书》明确提出开展累积影响评价，但从实践落实情况来看，相关的环境影响评价报告对于累积影响考虑并不充分，普遍停留在定性分析的阶段。

第三节　累积影响评价相关技术方法

一、累积影响评价的一般性原则或要求

累积影响评价应遵循一定的原则，这些原则是累积影响评价实践的准则和指南，是衡量累积影响评价的质量和有效性的依据。毛文峰等在分析和总结国内外有关文献的基础上，提出了累积影响评价的 9 条原则[53]可供参考：

（1）累积影响是由过去的、现在的和可合理预见的将来的活动的集合体引起的对某种自然资源、生态系统或社会环境的影响的总和，包括直接和间接的影响。

（2）累积影响源于性质相同影响的加和或性质不同影响的协同作用。

（3）累积影响评价应有明确的时间和空间边界，在此边界范围内能充分考虑与建议活动及其替代方案有关的累积影响。

（4）评价基线不是目前的环境现状，而应包括过去和当前活动的影响。

（5）累积影响可能不可逆转或在影响源终止后还将持续相当长的一段时间。

（6）对某种自然资源、生态系统或社会环境的累积影响很少与政治或行政界限相一致。

（7）累积影响评价需要针对受影响的具体的自然资源、生态系统或社会环境，应着重考虑真正有意义的累积影响。

（8）对自然资源、生态系统或社会环境的累积影响评价应根据其对增加影响的承

受能力（环境承载力）和可持续发展目标来考虑。

（9）累积影响的监测和管理应与自然地理或生态系统边界相协调。

二、累积影响评价工作程序

正如前文所述，国际上对于累积影响评价的理论、技术方案以及案例研究最早、较为系统全面的主要是美欧等西方发达国家，其中美国、加拿大和欧盟等专门发布了相应的技术指南[54-56]。中国学者也通过分析总结国内外有关文献，曾提出过累积影响评价的程序框架[44,52]。其中，1997 年，美国环境质量委员会（CEQ）提出的累积影响评价的包括 11 步程序（表 7-2），该程序与传统的环境影响评价程序相似。美国国家海洋与大气管理局（NOAA）从保护海洋生物多样性、维持海洋渔业生产的角度对 CEQ 的 11 步程序进行了重组优化，形成范围与基线的确定、环境影响分析两个工作环节、6 个工作步骤如表 7-3 所示。

表 7-2　美国环境质量委员会累积环境影响评估步骤

要素	步骤
划定评价范围	1. 识别开发活动的潜在的累积环境影响并确定评价目标 2. 空间范围的界定 3. 时间范围的界定 4. 识别对 VEC（资源、生态系统、社会经济）的其他影响源
敏感环境表征（描述受影响的环境）	5. 环境敏感性表征：VEC 对有害效应的响应及承载能力 6. 对 VEC 有害的各类活动的特征及其与法定安全阈值的关系 7. VEC 基线状态的确定
确定环境后果（环境影响分析）	8. 人类活动-VEC 因果关系识别 9. 累积影响的重要性、显著性的判断 10. 环境管理计划，即提出避免、减轻有害累积影响的措施及替代方案 11. 评估剩余影响，即实施环境管理计划之后的累积影响

表 7-3　美国国家海洋与大气管理局累积环境影响评估步骤

步骤	内容
A	①识别开发活动的直接影响与间接影响；②界定空间与时间范围；③识别受影响的环境资源（有价值的生态要素 VEC，包括海洋生物、栖息地、社会经济）
B	环境资源各阶段（过去、目前、可预见的未来）状态资料汇编
C	识别各阶段对关注的环境资源产生影响的开发活动。 NOAA 识别了美国东北部对沿海渔业栖息地有影响的 9 类非渔业活动：①海岸开发，②能源开采，③对淡水水系的改变，④海上交通，⑤近海清淤疏浚，⑥取排水设置的理化影响，⑦农业与林业，⑧养殖与外源物种的引入，⑨对全球的影响以及其他影响
D	基线的表征
E	影响分析，即分析开发活动对每一种环境资源的直接及间接影响，影响的主要指标；在此基础上，综合考虑其他活动、当前状态分析各种累积影响
F	提出可行的环境管理与环境监测计划

三、累积影响评价的主要方法

作为 EIA 的一部分，CEA 侧重于评估环境影响的时间效应和空间效应，因而一些传统的 EIA 方法，如列清单法，没有表达影响的原因和结果之间的相互联系而不适用于 CEA。相对而言，系统动力学（SD）能够阐述不同变量之间的"流量"关系和反馈作用，适合分析不同要素之间的相互作用及其在时间尺度上的累积影响；空间分析（GIS）基于空间分析技术识别和分析时间和空间累积，能够详细描述扰动的空间变化，这两种方法均可用于 CEA。此外专家咨询法、生态系统分析和线性规划等方法（表 7-4）也被推荐应用于 CEA 中。总的来看，由于累积影响途径和影响效应的复杂性及其涉及诸多学科领域，累积影响评价尚未形成公认的原则和成熟的方法。

表7-4　累积影响评价的常用方法

类型	主要特征	分析模式	代表方法
空间分析	地图的时空变换	连续的地理分析	GIS
网络分析	确定系统的核心和相互作用	流程图；网络分析	回路分析；Sorenson 网络
生物地理分析	分析景观单元的结构和功能	地域模式分析	景观分析
交互矩阵	附加的交互影响的加和；确定高层次的影响矩阵乘法和集合方法	Argonne	扩展的 CIM
生态模型	作为环境系统或系统组分的模型	数学模拟模型	假设森林采伐模型
专家意见	运用专家意见解决问题	组群过程技术	因果关系图
多目标评价	运用先前目标对可选择方案进行评价	参数的估值	多属性权衡分析
规划模型	在指定的约束条件下使可替代目标的作用最优化	质量平衡方程	线性规划
土地适宜性评价	运用生态目标确定可能的土地利用的位置和强度	利用生态指标确定生态健康和目标极限的可接受水平	生态系统基础规划的土地扰动目标
过程导则	程序步骤的系统序列	执行累积影响评价的逻辑框架	Snohomish 导则累积影响评价决策树

四、累积影响评价案例研究

目前有关人类活动对海洋累积环境影响的研究主要是针对近海海域。Giakoumi 等[57]构建了人类活动对海洋食物网 CEA 的程序框架（图7-1），基于专家经验判断识别了对地中海海草（*Posidonia oceanica*）食物网系统的具有潜在威胁的主要人类活动，并根据专家赋值打分定量评价了 21 种活动对食物网不同要素的影响程度，评价结果（图7-2）表明拖网捕捞、工业污染、海岸工程建设等活动对食物各要素的影响最大。

Coll 等[58]基于 GIS 技术计算了海洋生物多样性水平与人类活动强度的叠加指数（OI），据此评估了陆源污染、拖网与疏浚、商船通航以及海上石油开采等活动对地中海主要生物类群的累积环境影响，评估结果为地中海生物多样性受人类活动累积环境

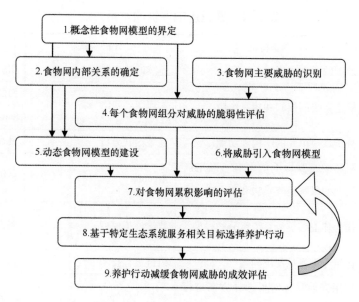

图 7-1　人类活动对海洋食物网系统累积环境影响评价程序框架

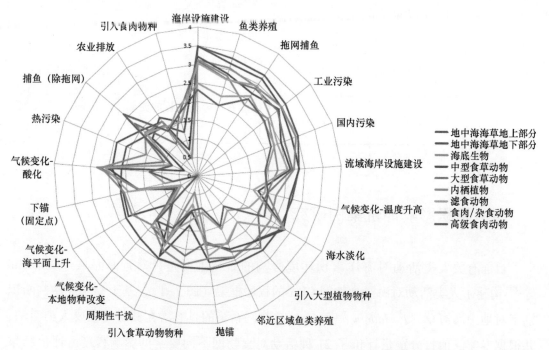

图 7-2　人类活动对地中海海草食物网累积环境影响评价结果

影响威胁相对较大的海域主要分布在爱琴海、亚得里亚海以及利古里亚海等近岸海域，受影响最大的海洋生物类群为哺乳动物和海鸟（图 7-3）。

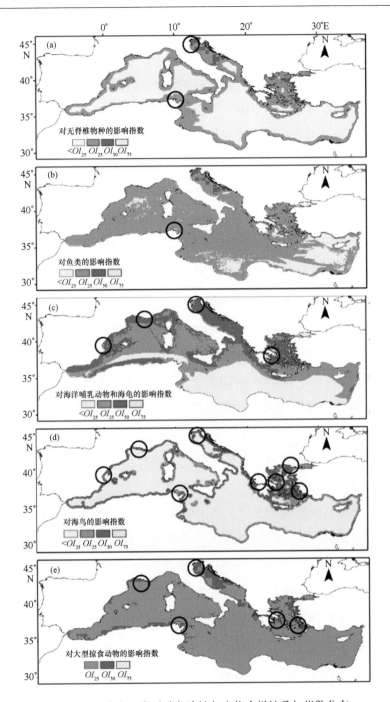

图 7-3　地中海人类活动危险性与生物多样性叠加指数分布

确定地中海生物多样性的保护关切领域，在这些领域中，高度多样性和高度威胁重叠的有：（a）商业或记录良好的无脊椎动物物种，（b）鱼类物种，（c）海洋哺乳动物和海龟，（d）海鸟，（e）大型食肉动物（包括大型鱼类、海洋哺乳动物、海龟和海鸟）。重叠指数表明物种多样性和累积威胁强度均<25%（<OI_{25}）的地区，≥25%（OI_{25}），≥50%（OI_{50}），≥75%（OI_{75}）。黑色圆圈表示OI_{75}值出现的位置。

Hargrave[59]基于关键的物理及生物地化特征提出了海湾环境质量判别指标体系，从海洋开发活动对场地尺度（site-specific 或 near-field）以及对区域尺度（ecosystem-level 或 far-field）影响的角度分别对各指标的影响进行打分，建立了评估海洋水产养殖选址适宜性的决策支持系统（DDS）。King[60]进一步基于养殖活动对区域环境承载力的累积效应（导致的海底生境破碎化、溶解氧及其他生源要素通量畸变、关键及濒危物种生境扰动、水声设备对海洋生物有害效应等潜在影响）的角度完善了DDS，据此对加拿大 Grand-Manan 岛周边海域现状 23 处海水养殖场选址的适宜性进行了评估，结果表明根据海洋区域管理和 CEA 的基准，有相当数量的养殖场选址不适宜。

针对特定的人类活动如捕捞活动的影响，加拿大不列颠哥伦比亚大学渔业研究中心的 Daniel Pauly 团队进行了数十年的研究，从区域尺度到全球尺度上评估过度捕捞以及人类活动导致的全球变化对渔业发展潜力以及海洋生态系统的影响。Pauly 的团队已经开发了成熟的食物网模拟系统（Ecopath with Ecosim，EwE）模拟食物网的物质流动和动力学过程，目前已被相关领域的学者和管理部门广泛应用[61-63]。如 Coll 等[64]基于 EwE 系统构建了西班牙南加泰罗尼亚地中海食物网模型，模拟了 1978—2010 年商业捕捞以及主要环境因素（初级生产力、温度、盐度）变化对该海域三种主要的经济鱼类欧洲鳕、欧洲鳀和沙丁鱼的累积影响，结果表明历史时期的捕捞的累积影响与环境要素的影响表现为协同或拮抗效应，而且渔业活动对渔业资源的影响程度高于初级生产力等环境要素。

在深海采矿环境影响的研究方面，自 1970 年美国第一次在大西洋海底开展深海采矿影响试验与环境评价以来，德国、法国、俄罗斯、日本等国相继开展了一系列环境评价工作。结果认为，采矿会引起羽流、水质扰动、有毒重金属的溶出等环境影响，从而造成海洋生物栖息地的破坏、生物迁徙乃至死亡。研究在加勒比海 Portmán 湾通过现场实验模拟了尾矿排放悬浮羽流对底栖生物群的短期影响，与未被干扰的区域即对照区相比，实验区小型底栖动物的丰度、生物量均未发生显著变化[65]。2015 年在 JPIO 项目资助下，德国主导了深海采矿生态效应研究项目，发现采矿等海底扰动对底栖生物群落和生态系统功能的影响可持续数十年。1989 年，DISCOL 项目在秘鲁盆地进行了模拟锰结核开采的拖耙作业实验，2015 年 MIDAS 项目重复了该实验，结果显示大部分动物种群密度恢复较快，在干扰发生 7 年后基本上恢复至干扰前的状态，但是被干扰区域的群落结构及生物多样性在干扰发生 26 年后未恢复到初始状态[65]。相比之下，MIDAS 项目在大西洋 Palinuro 海山进行了局部的岩石钻探和疏浚扰动实验，7

年后微型底栖生物的丰度、生物量和多样性则完全恢复到了扰动前的水平[66]。由于目前深海采矿还处于理论的探讨和小尺度的模式试采阶段，还没有实际采矿长期或累积环境影响的相关报道。与此同时，由于还没有有效的方法能够快速评估深海海洋生物多样性，也不能够识别重要物种的遗传连通性或扩散潜力，目前仅有极少区域的生物分布信息能够用于支撑深海采矿环境影响的预测[66]。

第四节　国家管辖范围以外区域活动的累积影响

一、BBNJ 磋商过程中累积影响的相关讨论

BBNJ 第一届筹委会主席在总结报告中，累积影响评价被列为 EIA 的指导原则和方法之一，环评的范围也包括累积影响，评估报告将明确所包含的信息类型和最低数量要求，其中关于影响部分的内容包括随时间推移和跨部门的累积影响。

BBNJ 第二届筹委会主席对案文要素建议文本中指出，EIA 的评价范围将考虑在战略环境评价、环境影响评价和跨界环境影响评价中如何处理累积影响的问题。

在 BBNJ 第三届筹委会会议过程中 EIA 非正式工作组提交的报告中阐述了累积影响以及其他应激源，如气候引起的影响，是在决定是否达到阈值时需要考虑的一个因素，并建议环评报告中包含累积影响部分。EIA 的标准应尊重国际上的最佳实践，包括对直接、间接和累积影响的考虑。主席报告中还强调了考虑跨部门和累积影响的必要性。报告还提到战略环境评价对解决累积影响和进行后续基于项目的环境影响评估起着重要作用。

BBNJ 第四届筹委会总结报告对于案文的建议文本 A 节中列明，案文将说明环境影响评估报告应包含的内容，包括说明计划活动对海洋环境的潜在影响，包括累积影响和任何跨边界的影响。

2018 年第一届政府间大会主席对讨论的协助文本中提到，需要进行环境影响评价的活动是否考虑累积影响？如是，文书如何规定纳入考虑的累积影响？

二、各国对累积影响评价的观点和立场

在 EIA 的评价内容方面，新西兰提出 EIA 应至少确定环境影响的全部范围，包括

活动的累积影响，以及间接或次生影响。

公海联盟提出，在 EIA 的筛选和范围界定标准中应考虑潜在的累积影响，包括气候变化、海洋酸化和脱氧等累积影响，因为这些要素可能加剧拟议活动环境影响的重要性，应对拟议活动和气候变化的累积影响进行评估。

挪威认为，环境影响评价的内容要素中，应包括基于最佳可获得科学或知识的拟议活动的环境影响，包括处理累积影响的知识和识别知识的差距。

世界自然保护联盟认为，环境影响评价范围的确定需认识到生态系统服务来源于多个生命阶段、迁移、水或化学运动以及其他跨界运动，在相去甚远的地区开展的某些活动，也可能对此处的生态系统服务产生累积影响；环境影响评价和战略环境评价应认识到，气候变化可能是累积影响的来源。

中国认为，UNCLOS 第 206 条规定了"各国……应在实际可行范围内"就活动对海洋环境的可能影响作出评价，考虑到科学信息、技术方法、成本、能力等因素，累积影响评价是否"在实际可行范围内"值得商榷。

澳大利亚认为，战略环境评价是一种确保累积影响不会显著超过标准的方法。

世界自然基金也提出，战略环境评价可以开展区域环境评估，以确定不同活动的累积影响、单独活动影响的阈值以及跨部门冲突。

三、有关对累积影响评价的分析与思考

从相关国际文书对环境影响评价的规定来看，目前与海洋相关的绝大多数文书未明确提出开展 CEA，虽然《关于环境保护的南极条约议定书》明确要求在协议区（南极）开展 CEA，但各成员国已提交的 EIA 报告中对 CEA 的表述通常极为粗浅，尚未能够实质性地开展 CEA 或提交系统的 CEA 成果。

CEA 侧重于某种活动自身的长期累积以及与其他活动在时间和空间上通过交互作用相互累加的结果，因此 CEA 的开展通常需要大面积、长时间序列的调查观测数据支撑。但是限于现有的认知水平，其配套技术方法尚不完善，尤其是在公海大洋和深海海域还缺乏足够的基础资料和实践案例，当前关注的各项重要人类活动对不同尺度的海洋生态系统的累积环境影响程度还不得而知，各种影响要素对累积影响贡献的估算还没有相关的案例报告。

当前，人类活动的累积环境影响是 EIA 工作中新兴的热点领域。CEA 已经被 ISA

在相关的技术草案以及建议文稿中纳入 EIA/EIS 体系，而且在 BBNJ 谈判中也被澳大利亚、新西兰等国明确列入提案。然而，中国在公海大洋和深海海域 EIA 的相关工作还处于起步阶段，对于深海采矿、公海捕鱼等 BBNJ 关注的重点活动 CEA 的研究还存在较多的空白地带。

因此，建议主管部门应尽快组织专门的技术服务支撑团队开展 CEA 的国际相关政策立场、国际法理依据以及技术方法的研究，以期为我国在当前的 BBNJ 谈判中提供有针对性的专业技术支撑。

第八章　国家管辖范围以外区域环境影响评价中的替代方案

第一节　替代方案的概念与内涵

替代方案（或替代性措施）是环境影响评价报告的核心内容之一。一般来说，替代方案是指除拟议活动以外的其他可供选择的备选方案。目前关于替代方案没有正式统一的定义，但就替代方案的内涵达成了一定的共识。换言之，替代方案是可以代替拟议行动并实现拟议行动的预期目的的行动方案。

替代方案的规定最早出现于美国的《国家环境政策法》，该法明确规定替代方案（Alternatives）作为环境影响报告书（EIS）的重要组成部分；美国环境质量委员会（CEQ）也将替代方案的制订和选择作为 EIA 工作的核心内容，要求 EIS 中替代方案部分必须充分而公正地论述拟议行动可能产生的重大环境影响，必须让决策者和公众知晓可避免或可将有害影响减至最低程度的或可提高人类环境质量的合理的替代方案。EIS 中要求论述可能的替代方案的目的就是为决策者科学合理的选择提供依据，不能因为拟议行动方案优于替代方案就不论述替代方案。

替代方案从内涵来说主要包括以下几个方面：

（1）替代方案首先是能够实现拟议行动预期目标的行动方案。进行替代方案的选择首先要保证其能够实现拟议行动的目标。

（2）替代方案需要在范围确定阶段就进行考虑。美国的环境影响评价有关法规要求在范围确定阶段就要对替代方案进行考虑，并在环境影响报告书中进行编写。国际法律文书中一般也要求在范围确定阶段就要考虑替代方案。

（3）多方案比较是做出科学决策的基础。确定的多个替代方案之间必须要有原则的区别，不能仅仅是细节上的差异。只有确定多个替代方案，才能使决策者具有更大的选择机会。一般来说多个替代方案中应当包括不行动（no-action）方案。

（4）替代方案的比较分析、择优。环境影响报告书中应当对提出的各种替代方案陈述各自利弊、权衡各替代方案实现预期目标的有效程度，确定选择的标准，进行择优选择。综合权衡利弊得失，最后选定的方案，虽然不一定是各项指标都为最优，但是往往是相对于其他替代方案来说主要指标较好，能兼顾多方面，这样的最优方案一般容易被选中。

第二节　国际法律文书对替代方案的相关要求

1. "区域"矿产开发环境影响评价中的替代方案

国际海底管理局根据 UNCLOS 对"区域"矿产勘探、开发活动进行管理，颁发了一系列关于深海底矿产资源勘探和开采的规定。国际海底管理局还成立了环境影响评价工作组，起草了《环境影响评价的技术指导文件》（草案）：进行环境影响评价和准备在区域内开采矿产的环境影响声明。还制定了诸多的软法性文书、规定，都涉及环境影响评价的内容。2000 年发布的《"区域"内多金属结核探矿和勘探规章》、2010年发布的《"区域"内多金属硫化物探矿和勘探规章》和 2012 年发布的《"区域"内富钴铁锰结壳探矿和勘探规章》都有关于探矿和勘探活动中环境保护和环境影响评估的一般性规定，属于原则性一般性要求，但没有具体规范环境影响评价活动。2010 年4 月 26 日至 5 月 7 日国际海底管理局法律和技术委员会第十六届会议通过的《指导承包者评估区域内多金属结核勘探活动可能对环境造成的影响的建议》中提到："在可行的情况下，（监测）方案应尽可能包括资料，具体说明如造成严重环境损害，在不能适当地减轻其后果时，应暂停或修改试验的特定活动或事件。"2013 年 7 月 15 日至26 日第十九届会议通过《指导承包者评估"区域"内海洋矿物勘探活动可能对环境造成的影响的建议》，第 28 条规定"每一承包者应在其特定活动方案内具体说明，如在不能适当地减轻其后果，可因造成的严重环境损害而导致暂停或修改活动的事件。"

国际海底管理局 EIA 工作组制定的技术指导文件《在区域内实施矿产资源开发环境影响评价和准备环境影响声明（草案）》，对环境影响评价的工作提供技术指导。其要求为非技术性读者提供项目说明：包括"提出补救行动的细节（details of remedial actions that are proposed）"。环境影响评价报告声明中项目的组成部分应当包括：采矿位置选择的方法信息，包括调查的备选方案，考虑和拒绝分析的备选方案。2017 年 1 月 25 日国际海底管理局发布的《"区域"内矿产资源开发规章草案（环境问题）》第 20 条规定，关于环境调查报告应表明可能的替代方案，包括地点选择和规模选择。该草案第 5 节关于替代、缓解和管理措施，第 22 条"申请人应根据上文第 4 条的环境风险评估，评估和确定：（a）对已确定、量化和合格的潜在重大风险的替代风险预防或管理应对"。第 8 条"如果最佳环境实践的应用不能提供可接受的结果，则可能需要采取其他或替代措施，并相应地重新定义最佳环境实践。"第 32 条"环境影响评价报告书的信息要求包括的内容：开展活动可以减轻任何副作用的替代位置或方法，包括申请人位置和方案选择的主要原因，包括任何这种替代方案的技术、经济可行性和环境影响。第 47 条，提交给理事会的评估报告：……申请人所考虑的备选方案的细节和委员会的答复。"

审查该行动对环境的影响评估过程中，替代方案作为重要方面：

LO（没有异议）：审查没有发现任何潜在的（海洋）环境影响，需要对首选替代方案进行实质性改变。审查可能揭示了实施缓解措施的机会，只要对拟议的行动稍作改动，就可以完成这些措施。

EC（环境问题）：审查确定了为充分保护环境应避免的（海洋）环境影响。纠正措施可能需要改变首选替代方案或应用缓解措施，以减少环境影响。

EO（环境异议）：审查确定了为充分保护环境应避免的重大（海洋）环境影响。纠正措施可能需要对首选替代方案进行实质性更改，或考虑其他项目替代方案（包括无行动替代方案或新替代方案）。

EU（环境不符合）：审查已经确定了足够严重的不利环境影响，环境保护局认为拟议的行动不得按提议进行。环境不符合决定的依据包括确定上述环境不良影响和一个或多个下列条件：……

综上所述，国际海底管理局在制定新的环境影响评价规则的过程中比较注重考虑替代方案。

2.《生物多样性公约》相关文书中的替代方案

《生物多样性公约》（CBD）本身未对替代方案作出规定。2006 年的《包含生物多样性的影响评价自愿准则》中明确提出了替代方案的相关要求。其中第 4 条提到："在筛选中，识别有希望的替代方案，可以发现可能大大减少或完全防止对生物多样性的不利影响。"第 5 条，环评的基本组成部分必须包括以下几个阶段：……（b）确定哪些潜在影响与评估相关（基于立法需求、国际公约、专家知识和公共参与），确定替代解决方案，避免、减少或补偿对生物多样性的不利影响（包括选择不继续发展，寻找替代设计或地址，避免影响，保障项目的设计，或对不利影响补偿），最后，为影响评估提供参考依据；（c）评价和评估影响与替代方案的发展，预测和确定拟议项目或开发可能的环境影响，包括详细阐述备选方案。第 20 条提出，范围界定（scoping）可以使主管当局：指导研究团队对重大问题和可替代方案进行评估，阐明应如何审查它们（预测和分析方法、分析深度），以及根据哪些准则和标准。第 21 条在范围界定阶段，在环评研究中可以确定有前景的备选方案供深入考虑：确定可能的替代方案，包括"无净生物多样性损失"或"生物多样性修复"替代方案（在影响研究开始时，这种替代方案可能不容易被识别，我们需要通过影响研究来确定这样的选择。备选方案包括位置选择、规模选择、选址或布局备选方案和/或技术方案）。第 27 条在处理与生物多样性有关的问题时，分析目前的影响评估/提供了许多实际的建议：必须对备选方案和/或缓解措施进行详细的认定和说明，包括对它们可能抵消不利项目影响的成功和现实潜力的分析。第 28 条评价影响和评估替代方案的发展。EIA 应该是一个评估影响、重新设计替代方案和比较的反复过程。影响分析和评估的主要任务是：审查和重新设计备选方案；考虑缓解和改善措施，以及补偿残留影响；规划影响管理；评价影响；替代方案间的比较。第 31 条在研究过程中出现了一些实际的经验，评估应该包括：评估替代方案对基线情况的影响；与法律标准、阈值、目标和/或生物多样性目标进行比较；使用国家生物多样性战略和行动计划及其他相关文件来获取信息和目标；保护和可持续利用当地计划、政策和战略的生物多样性的远景、目标和目标，以及公众对生物多样性的关注、依赖或兴趣的程度，为可接受的变化提供有用的指标。第 39 条决策过程在环评过程中以渐进的方式进行，从筛选和确定阶段到数据收集和分析的决策，以及影响预测，在备选方案和缓解措施之间做出选择，最后决定拒绝或批准项目。

CBD 2012 年的《海洋和海岸带区域的包含生物多样性的影响评价和战略环境评价的自愿准则》中关于替代方案的规定与 2006 年准则中替代方案的规定基本一致，不再罗列。

3. 南极环境影响评价中的替代方案

《关于环境保护的南极条约议定书》对发生在南极条约区域内的活动进行环境影

响评价做出了较为详细的规定。附件一环境影响评价中第二条初步环境影响评价规定："除非业已确定一项活动将具有小于轻微或短暂的影响，或除非按照第三条正在准备全面环境评价，应准备初步环境评价。该评价应包括充分的详细情况以便评估一项拟议中的活动是否或可能具有大于轻微或短暂的影响，并还应包括：（a）对拟议中的活动的说明，包括对活动的目的、地点、期限和强度的说明；并（b）对拟议活动替代方法的考虑和该项活动可能具有的任何影响的考虑，包括根据现有的和已知的规划活动对累积性影响的考虑。"第三条全面环境影响评价规定："①如果初步环境评价表明或如果确定一项拟议中的活动行为很可能具有大于轻微或短暂的影响，则应准备全面环境评价。②全面环境评价应包括：（a）对拟议中的活动的说明，包括活动的目的、地点期限和强度以及该活动的可能替代方法，包括不开展该活动的替代方法与这些替代方法的后果。"

2016 年的《南极环境影响评价指南》第 3 部分环评程序中，EIA 咨询与准备程序中要求"定义活动和替代方案"（Define the activity and its alternatives）——活动和个人行动应通过规划过程来确定，规划过程考虑到拟议项目的物理、技术、经济和其他因素及其备选方案。建议的活动和可能的备选方案都应在协调一致的情况下进行审查，以便决策者能够更容易地比较对南极环境的依赖和相关生态系统的潜在影响；根据《关于环境保护的南极条约议定书》第 3 条，这应包括考虑对南极洲的内在价值的影响，包括其荒野和美学价值及其作为进行科学研究的领域的价值。可供选择的备选方案包括：

（1）不同的活动位置或地点的使用。通过选择一个可以避免活动与环境（例如远离野生动物群落、植被区、科学项目的地点、对微生物学重要的原始遗址、历史遗迹）之间的不良互动的地点，可以减少总体影响。出于类似的原因，应考虑在由于先前人类活动而改变的开展活动地点的备选方案。

（2）拟议地点使用的替代安排，包括设施的布局。例如，一栋多层建筑可能会使被行人干扰的区域最小化。但是结构的可视性也应该考虑。

（3）在设施、研究和后勤方面进行国际合作的机会。在适当的情况下，如同环境效益方面获得好处一样，可以从与其他国家的合作安排中获得科学和成本效益，例如共用现有的研究站或其他基础设施，加入现有的或计划的科学项目，或利用已建立的航运、空运和地面运输作出安排。

（4）为减少活动的输出（或输出的强度）使用不同的技术。例如，使用可再生能源、节能设备和建筑管理系统，这将有助于减少大气排放，废水处理厂可能允许重复使用处理过的水，使用无人机，可能减少脆弱的环境下的直接人类影响，或替代调查设备，可以减少水下噪声。

（5）使用已存在的设施。例如，这可能包括分享或扩大操作设施，包括国际合作，或重新开放、恢复和重新使用被遗弃或暂时关闭的设施。

（6）可以避免/最小化设施停运的成本和努力以及环境影响的替代方案。如有可能，环评应考虑上述的备选方案组合，包括地点、布局、国际合作或技术。

（7）不同的活动时间（例如，在本地鸟类或哺乳动物的繁殖季节，或在一年的时间内，临时雪/无冰的地面可能易受车辆交通影响）。

不继续开展该活动的替代方案（即"无行动"替代方案）应该被包括在任何拟议的活动的环境影响的分析中。环评应描述评估替代方案时考虑的因素/标准（例如环境影响、后勤考虑、安全考虑、成本），并清楚地说明评估和确定优先选择的理由和过程。影响分析中要对比和考虑替代方案，在关于环境影响方面进行项目评估时，有必要总结并找出适合与决策者沟通的各种备选方案的重大影响。从这样一种信息的整合中，可以很容易地对替代方案进行比较。

综上所述，EIA 内容和附件一的要求：（1）初步环境影响评价和全面环境影响评价中都应当包括拟议活动的可能的备选方案的描述；（2）在全面环境影响评价中应当包括不继续开展活动的替代方案。

4. 北极环境影响评价中的替代方案

《北极环境影响评价准则》介绍了环境影响评价过程的要素，每一步的定义，为什么要考虑这些要素，如何执行环境影响评价的每一步骤。

（1）确定环境目标并评估所有可行的替代方案对环境的影响是北极环境影响评价的一个目标。

（2）在环境影响评价程序—评估范围中规定，评估的范围应包括所有可能的环境、社会文化和经济影响，特别是对土著居民的资源和生计的传统用途的影响，以及对替代方案的考虑。识别、讨论和审议替代方案，包括不采取行动的备选办法，是确定评估范围的必要条件。备选方案允许比较可能的影响和缓解措施。由于数据的不确定性以及缺乏关于生态和社会文化条件及功能的详细知识，许多影响只能通过备选方案之间的相对差别加以审查。有些活动是特殊的，但是在所有情况下，备选方案应考虑基于不同方法实现项目。除了不采取行动的方案之外，这些措施还包括规模、外观、技术、垃圾排放、缓解措施和交通管理等方面的选择。

（3）环境影响评价文件应包括的要素有："（a）拟议项目和替代方案的描述，包括项目的地址、设计和大小以及规模的信息；（b）可能受拟议活动项目和替代方案影响的环境的描述；（c）用于鉴定和评估项目可能对环境产生主要影响的资料和其他信息；（d）拟议项目操作过程中所造成的预期影响因素的估计类型和数量；（e）用于评估的方法，包括鉴别和预测任何环境影响，传统知识的使用和评估的描述，以及用于比较可替代方案的方法；（f）根据以上所述，鉴定影响区域；（g）拟议活动和替代方案可能产生的重大影响；（h）重大有害影响确定后，描述用于避免、减轻和整顿这些影响的措施；（i）评估不同的替代方案，包括未采取行动的方案；（j）环境影响评价的一体化描述，在规划和决策制定的过程中的公众参与和公众咨询；（k）非技术性总结"。

5. 1987 年《联合国环境规划署环境影响评价目标和原则》中的替代方案

该"目标和原则"4 规定：（a）拟议活动的描述；（b）可能受影响的环境的描述，包括用于确定和评估拟议活动的环境影响所必需的特殊信息；（c）酌情实际可替代方案的描述；（d）对拟议活动和可替代方案的可能或潜在环境影响的评估，包括直接的、间接的、累积的、短期的和长期的影响；（e）确定和描述用于减轻不利环境影响的措施，并且评估这些措施；（f）明确在收集必要信息时遇到的知识和不确定性方面的差距；（g）说明其他国家或是国家管辖范围外区域的环境是否可能受到拟议活动或是替代方案的影响；（h）对根据以上要求提供的信息的非技术性总结。

6. 《伦敦公约》体系中的替代方案

《〈伦敦公约〉1996 年议定书》第 4 条规定：（1）缔约当事国应禁止倾倒任何废物或其他物质，但附件Ⅰ中所列者除外；（2）倾倒附件Ⅱ中所列废物或其他物质需有许可证。缔约当事国应采取行政或立法措施，确保许可证的颁发和许可证的条件符合附件Ⅰ。特别应注意使用对环境更可取的替代办法来避免倾倒的机会。

附件Ⅱ规定："对可考虑倾倒的废物或其他物质的评定中，评定倾倒的替代办法的最初阶段应视情包括评估：（1）生成废物的类型、数量和相对危害；（2）生产工艺和该工艺范围内的废物源的详细资料；（3）下列减少/防止废物技术的可行性：1）产品改造；2）清洁生产技术；3）工艺改良；4）原辅材料的替代；5）现场、闭路再循环"。

颁发许可证的机关如确定存在对废物进行再利用、再循环或处理废物而不会对人体健康或环境造成不适当的风险或产生过度费用的机会，则不应颁发倾倒废物或其他物质的许可证。应根据对倾倒和替代办法所作的比较风险评定来考虑是否实际具备其他的处置办法。

对废物的详尽陈述和定性是审议替代办法的必要前提和决定废物是否可被倾倒的依据。如果因未做好某一废物的定性而不能对其对人体健康和环境的潜在影响做出正确评定，则不应倾倒该废物。

7.《埃斯波公约》及《SEA 议定书》中的替代方案

《埃斯波公约》关于替代措施的规定主要如下。

第五条规定："在完成环境影响评价报告的编写以后，发起方应不拖延地与受影响方对拟议活动的潜在跨界影响和减少或消除其影响的措施问题展开磋商。磋商可以包括以下几个方面：（a）拟议活动的可行替代方案，包括不行动方案和由发起方付费来减轻显著不利跨界影响以及对其效果进行监测的可行措施"。第九条规定："缔约方应当针对以下内容特别考虑制订或强化具体的研究计划：（d）开发为推动以创造性方式寻求拟议活动、生产和消费的环境无害替代方案而需要的方法"。附件二要求在环境影响评价报告中至少应当包括以下信息："（a）对拟议活动及其目的的说明；（b）酌情说明拟议活动的合理替代方案（例如选址或技术方案）以及不行动替代方案；（c）对可能受到拟议活动及其替代方案显著影响的环境的说明；（d）对拟议活动及其替代方案的潜在环境影响的说明以及对其显著程度的评价"。

《战略环境评价议定书》（《SEA 议定书》）第七条规定："1. 对于要进行战略环境评价的规划和计划，各缔约方应保证编制环境报告。2. 环境报告应依照第六条确定的信息范围确认、描述和评价执行规划或计划及其合理替代方案可能造成的包括健康在内的显著环境影响（概述选择替代方案的理由以及说明评价进行情况，包括在提供评价所需信息方面遇到的困难，例如技术缺陷或缺乏知识）"。第十一条规定："1. 各缔约方应保证在通过规划或计划时适当考虑：（a）环境报告的结论；（b）预防、减少或者缓解环境报告确认的不利影响所需要的措施；（c）依照第八至十条收到的评论意见。2. 各缔约方应保证，当通过规划或计划时，公众、第九条第 1 段所指的管理部门以及依照第十条与之磋商的缔约方是知情的，向他们提供该规划或计划，同时要附上说明，概述是如何考虑包括健康在内的环境问题的，如何考虑依照第八至十条收到的意见以及根据所考虑的合理替代方案通过规划或计划的原因"。

第三节　国家管辖范围以外区域环境影响评价替代方案的实施分析

一、BBNJ 谈判中对替代方案的观点

替代方案作为环评报告的一项内容，虽然在实践中被广泛采用，但是在筹备委员会磋商和谈判过程中并未作为重点讨论的议题。在 2016 年 3 月第一届筹备委员会的会议总结报告中，提出了环境影响评价报告中应指定包含的信息类型和最少数量，例如：避免、减轻或弥补短期及长期不良影响的替代方案（纳入环境管理计划）；2016 年 8 月第二届筹备委员会会议关于环境影响评价中替代方案的讨论较少，会议主席总结报告中没有直接提及替代方案，仅将评估报告的内容列为需要进一步讨论的可能议题；2017 年 3 月第三届筹备委员会会议主席的总结报告中建议将合理的替代方案，包括不采取行动的替代措施列为环评报告内容的组成部分；2017 年 7 月第四届筹备委员会会议主席非正式文件中也提出环境影响评价报告的内容要包括：在适当情况下，对拟议活动的合理替代方案的描述，包括不采取行动的替代方案。筹备委员会以协商一致方式建议，在环境影响评价专题中，案文将说明环境影响评估报告应包含的内容，例如：说明计划开展的活动；说明可以替代计划活动的其他选择，包括不行动替代方案。2018 年 9 月召开的政府间第一次大会上，各国达成了一定程度上的某种共识，即文书不应当包含太多关于环境影响评估报告内容的细节，对这类细节，可以在之后的阶段由统一体制安排予以阐明，或附于该文书。

参与谈判协商过程的国家或国际组织在替代方案问题上并不存在明显的冲突，将其列为环评报告的内容之一也已有国际实践先例（如南极环境影响评价）。除了上述四次筹备委员会会议和政府间大会上形成的观点外，也有部分国家或国际组织提出了环境影响评价中对替代方案的观点，主要有美国、公海联盟以及太平洋小岛屿发展中国家，各自观点如下：

（1）公海联盟组织（High Seas Alliance）提出，ABNJ-EIA 可以借鉴《埃斯波公约》的模式，在环境影响评价报告中提供以下内容：①拟议活动及其目的的说明；②在适当的情况下，对拟议活动的替代方案（如地点、技术）和不采取行动方案的说明；③对可能受到拟议活动及其替代方案重大环境影响的说明；④对拟议活动及其替代方案潜在环境影响的说明和评估其重要性。

（2）太平洋小岛屿发展中国家（PSIDS）提出，一个 EIA 的程序中关于替代方案可能如下：专家小组提出了一个建议；对环评报告的审查可以要求实施替代措施或者修改最初的项目；提议人可以有机会提出一项最新的项目建议，并考虑专家的建议。

（3）美国提出，EIA 程序这一部分可以列出评估计划行动和实施 EIAs 的程序，包括以下内容：符合国际最佳做法的环评准则，包括确定计划活动的合理替代方案（包括"不采取行动"方案）；考虑缓解措施和监测；考虑直接、间接和累积影响；申明进行环评的义务是考虑拟议活动、替代方案和缓解措施的潜在影响的义务，而非选择任何特定替代方案或缓解措施的义务。

目前谈判进程中，各国及国际组织比较关心环境影响评价宏观层面内容的讨论，由于替代方案属于谈判过程中相对微观层面的内容，且各国对替代方案的争议不大，目前从谈判进程中可查阅的公开文件中，除了上述 3 个国际组织或国家提出明确的观点外，少有其他国家或国际组织提出观点。

从谈判进程对替代方案的讨论来看，将替代方案（包括不行动方案）纳入环境影响评价报告中将成为必然趋势，但是关于替代方案的相关具体内容还有待进一步的讨论。

二、对替代方案的分析

通过对目前国际组织和区域性组织关于环境影响评价中替代方案的规定的梳理，结合国家管辖范围以外区域生物多样性养护的需要，BBNJ 环境影响评价中关于替代方案部分的内容分析如下。

1. 义务的体现形式

要求开展环境影响评价的国际文书或技术性文件一般都要求在环境影响评价报告书中提出"替代方案"。一般性国际公约、议定书等仅提出一般性要求，即需要考虑或提出替代方案，但对替代方案的具体要求少；环境影响评价的技术性文件或软法性质的建议、准则等对替代方案的具体内容要求较多。

2. 提出替代方案的阶段

从已有国际文书来看，CBD 要求在范围界定阶段（scoping）深入考虑可能的替代方案。南极的 IEE 和 CEE 阶段都要提出替代方案，EIA 咨询与准备程序中要求"定义活动和替代方案"。北极环评程序的评估范围（scoping）界定程序中，评估范围应包括对替代方案的考虑，强调识别、讨论和审议替代方案，包括不采取行动的备选办法，是确定评估范围的必要条件。上述已有的规定一般要求在环评文件编制的前期阶段（尤其范围界定阶段）就考虑替代方案，因此，替代方案的提出时段一般为范围界定阶段或比较早期的阶段。

3. 替代方案的内容

当前国际文书对替代方案内容的规定如下。

《"区域"内矿产资源开发规章草案》：1）位置选择；2）替代方案的技术；3）替代方案经济可行性；4）替代方案的环境影响。

《生物多样性公约》：1）位置选择；2）规模选择；3）选址或布局替代方案；4）技术方案。

《关于环境保护的南极条约议定书》：1）活动位置或地点；2）布局，拟议地点使用的替代安排，包括设施的布局；3）国际合作，安排中获得科学和成本效益——例如共享已有他国设备设施等；4）技术，减少影响使用不同的技术；5）时间布局——不同的活动时间。

《北极环境影响评价准则》对拟议项目和替代方案的描述，包括项目的地址，设计和大小以及规模的信息；拟议活动和替代方案可能产生的重大影响；除了不采取行动之外，这些措施还包括规模、外观、技术、垃圾排放、缓解措施和交通管理等方面的选择。

《埃斯波公约》中对酌情进行实际可替代方案的描述（例如选址或技术方案，潜在环境影响的说明），说明其他国家或是国家管辖范围外区域的环境是否可能受到拟议活动或是替代方案的影响。《战略环境评价议定书》的环境报告包括合理替代方案可能造成的包括健康在内的显著环境影响。

综上，结合已有国际文书中关于替代方案内容的规定，替代方案的描述内容可包括：位置选择（选址）、规模、布局设计、技术方案、影响等。

4. 替代方案的类型

当前已有国际文书对替代方案类型的规定总结如下：CBD 要求无影响或影响修复替代方案；南极 CEE 中应当包括不继续开展活动的替代方案；北极要求除无行动方案外，给出影响减轻或缓解方案；UNEP 要求拟议活动的可行替代方案，包括不行动方案和由发起方付费来减轻显著不利跨界影响以及对其效果进行监测的可行措施。因此，替代方案概括来说主要分为两种：无行动替代方案和影响减轻、减缓、修复方案。

5. 对替代方案的分析、评估

在环境影响评价文件的编制中，对替代方案的比较、分析和评估几乎是一项不可少的内容。CBD 要求评估替代方案对基线情况的影响，以此进行替代方案的比较，审查和重新设计替代方案。南极环评给出了描述评估替代方案时需考虑的因素/标准（例如环境影响、后勤考虑、安全考虑、成本），要求清楚地说明评估和确定优先选择的理由和过程；说明该活动的可能替代方法，包括不开展该活动的替代方法与这些替代方法的后果；在对项目评估时，总结并找出适合与决策者沟通的各种替代方案的重大影响，对替代方案进行比较。确定环境目标并评估所有可行的替代方案对环境的影响是北极环评的一个目标；北极环评要求评估不同的替代方案，包括未采取行动的方案；替代方案允许比较可能的影响和缓解措施；许多影响只能通过替代方案之间的相对差别加以审查。《埃斯波公约》要求开展对拟议活动和可替代方案的可能或潜在环境影响的评估，以及对其显著程度的评估。因此，遵循通行的国际实践，ABNJ 环境影响报告中，对替代方案的影响和减缓措施等方面进行比较分析和评估也将成为一个重要的组成部分，同时可能要求明确说明确定优先选择的理由和过程。

6. 替代方案对决策的影响力

替代方案是环境影响评价文件的重要部分，其替代方案的描述和评估结果为决策者做出决策提供重要依据。替代方案的制定和评估目的是使决策者不失去任何可供选择的方案，为决策提供更为广泛的选择余地。而替代方案部分通过不同方案的影响和减缓措施等方面的比较分析与优选方案的理由说明，将为环境影响评价文件的审议和审查提供技术支持，有助于主管机构的科学决策。

"零"替代方案或"不行动方案"是替代方案编制中被广泛要求的一项内容，就是在该行动没有实施的情况下可能的发展状况，并以此作为比较各替代方案的背景或本底。"不行动方案"的编制可以为审议者和决策者提供重要的参照信息，为论证拟议活动的可行性提供了比较依据，弥补开发计划的缺陷，着重于能改善环境质量、避免不良环境影响。因此，零替代方案的提出，旨在获取同样经济效益的同时最小化环境影响，推进环境决策的科学性，其不应成为否定活动开展的理由。

第九章　国家管辖范围以外区域环境影响评价公众参与制度

第一节　环境影响评价公众参与的概念与内涵

公众参与概念在国际上存在不同的表述，英文主要包括"public participation"和"public involvement"两种表达，同时还有具体的利益相关方参与——"Stakeholders participation/involvement"[67-68]。不同国际软法和法律文件中对公众参与概念与内涵的界定一般通过所包括的具体内容来体现，通常涉及信息获取或传播、提出意见、公众咨询、参与决策等方面要素。

国际上对环境影响评价中公众参与的含义并无统一的界定，相关学术研究也是结合具体实践作出界定[69]。现有的国际环境影响评价实践中公众参与制度也呈现多样化的特征。综合来看，主要的环境影响评价相关国际文书中公众参与制度的形式和内容基本上涵盖上述四个类型的大部分要素，同时根据不同领域环境影响评价的目标和功能而在具体方法和参与程度上体现出不同的特点与要求。因此，环境影响评价公众参与是环境影响评价实施过程中相关公众或利益相关方通过信息获取、表达评论意见和提供咨询建议，以及开展协商或磋商等方式，约束或实质影响相关环境决策，以提升决策过程的透明度、实施的有效性和责任的可说明性的一项制度。

第二节　环境影响评价公众参与的相关国际制度与实践

一、现行国际文书及相关制度对环境影响评价公众参与的规定

1982年联大会议第37/7号决议正式通过的《世界自然宪章》第三章第15段、第16

段、第 18 段和第 23 段包含了自然生态知识传播，评估拟议政策和活动影响时公告周知和有效咨询和参与，以及参与政策制定和诉诸法律救济等指导原则，较为全面地体现了公众参与的主要内容。其中第 16 段与 EIA 和 SEA 直接相关："所有规划工作都应将拟订养护大自然的战略、建立生态系统的清单、评估拟议的政策和活动对大自然的影响等列为基本要素；所有这些要素都应以适当方式及时公告周知，以便得到有效的咨商和参与"。

UNEP 在 1987 年发布的《联合国环境规划署环境影响评价目标和原则》（UNEP-United Nations Environmental Programme Goals and Principles of Environmental Impact Assessment）中原则 7 规定："在某一项活动做出决策之前，应该允许政府机构、公众、相关领域的专家和利益群体对环境影响评价进行评论"；原则 8 规定："拟议活动相关决定做出前，应依照原则 7 和原则 12 收到的评论意见在合理的时间范围内审议"；原则 9 规定了存在利益的个人或利益群体可获取活动决策的信息；原则 11 规定："各国应酌情尽力达成双边、区域或多边安排，以便于在互惠的基础上，就其管辖或控制范围内对其他国家或国家管辖范围以外地区产生重大影响的活动的潜在环境影响进行通报、信息交流和一致磋商"；原则 12 规定："当 EIA 信息显示拟议活动将对其他国家产生重大环境影响时，拟议活动发起国应尽可能：（a）通知拟议活动的潜在受影响国家；（b）向潜在受影响国家通告环境影响评价的任何相关信息，且该通告信息非国家法律法规所禁止的；（c）经有关国家同意及时开展磋商"。

1982 年 UNCLOS 第 204 条至第 206 条没有直接提及一般公众的参与制度，第 202 条对发展中国家的科学和技术援助部分规定"各国应直接或通过主管国际组织：提供关于编制环境评价的适当援助，特别是对发展中国家"。第 205 条报告的发表部分规定"各国应发表依据第 204 条所取得的结果的报告，或每隔相当期间向主管国际组织提出这种报告，各组织应将上述报告提供所有国家"。还有其他条款中规定了相关国家间的合作义务。

1992 年《生物多样性公约》（CBD）在序言中确认了土著居民和地方社区在生物资源惠益的公平分享与妇女参与保护政策制定与执行的重要性；第 13 条规定了国家在公众教育和认识提升方面的义务；第 14 条（1）（a）规定进行环境影响评估中酌情允许公众参加此种程序；第 17 条规定应便利有关生物多样性保护和持久使用的一切公众可得信息的交流。2012 年形成的《海洋和海岸带区域的包含生物多样性的影响评价和战略环境评价的自愿准则》对 EIA 过程中的科学和技术性问题提供指导，阐述了公众参与 EIA 各阶段的一些具体要求，将为 ABNJ-EIA 公众参与制度的建立提供较为有益的参考。

南极条约体系中的《关于环境保护的南极条约议定书》没有直接规定公众参与部

分，仅在相关国家和国际组织的合作，以及附件一环境影响评价过程中环境评价草案的公开以供评论①和其他信息传播（第6条）等方面体现公众参与的部分内容。

北极地区周边国家于1997年共同制定了《北极环境影响评价准则》，针对公众参与的时间阶段和要求、信息沟通的方式、会议和磋商的规则、非政府组织的作用、土著居民的传统知识等方面提出了具体的可供参考的建议。拟议活动确定开展EIA时，确保公众获得关于拟开展EIA的活动通知，以及公众如何参与的信息；针对传统知识的采用应当制定一个初步计划。确定评估范围和基线数据监测阶段的EIA初始阶段，公众参与到环境问题以及减缓措施的识别与确定过程。EIA过程中，公众可以参与审议和评论EIA的各个阶段。EIA完成后，公众参与审议最后的分析和建议，并在拟议活动实施前向主管当局提交评论。拟议项目实施过程中，公众可定期获取关于活动环境影响、监测项目和减缓措施有效性等信息。

其他区域性条约中，《地中海海洋环境和海岸带保护公约》（简称《巴塞罗那公约》）第4条第3款（c）、（d）项关于EIA部分，要求在通报、交流信息和磋商的基础上促进国家间在执行环境影响评价过程中的合作。第15条规定了公众信息和参与，要求成员国确保公众对于环境状况信息可获得性，并且确保公众参与决策过程的权利。《关于地中海特别保护区和生物多样性的议定书》（1995）第17条规定了EIA，第19条关于公告、信息、公众意识和教育的规定，要求成员国公布相关保护地的价值和意义、自然保护知识，并促进公众和自然保护组织参与到有关地区或物种保护措施以及EIA过程中。

《南太平洋地区自然资源和环境保护公约》（SPREP，1986）第16条对EIA作出一般性规定，要求"2. 各缔约方应该根据自己的实际能力，评价此工程对海洋环境造成的潜在影响。据此可以采取恰当的措施，预防在本协定生效区域内发生的现实污染以及重大有害的环境变化。3. 关于第2款提及的评价问题，各方应邀请：（a）公众按照国家法定程序发表评论意见；（b）可能受影响的缔约方，与其磋商后提交评论报告。评估的结果应当提交公约设立的委员会以便利益相关方获取。"

1991年联合国欧洲经济委员会（UNECE）的41个成员国签署了《跨界环境影响评价公约》（《埃斯波公约》），第1（x）界定了"公众"的含义。第2（2）、（6）条，第

---

① 参见《关于环境保护的南极条约议定书》附件一环境影响评价第3条第3款："全面环境评价草案应予以公开并分送各缔约国，各缔约国亦应公开该草案以供评论。收到评论的期限应为90天"。第4款："全面环境评价草案应在分送给各缔约国的同时，并于适当时，在下一届南极条约协商会议之前120天递交给委员会供其审议"。第6款："最后全面环境评价应提及并包括或总结所收到的关于全面环境评价草案的评论。最后全面环境评价、有关评价决定的通知以及对有关拟议中的活动的益处的预测影响的任何评价应分送给各缔约国；各缔约国也应在开始南极条约地区从事拟议中的活动至少60天之前将其予以公开"。

3（8）条和第4（2）条规定了公众获取信息、参与协商、提出意见的权利及程序，其他条文中也有零星规定。附件四调查程序中规定了调查委员会及专家咨询的内容。该公约的《战略环境评价议定书》（简称《SEA 议定书》，2003）序言中明确"意识到为公众参与战略环境评价提供必要条件的重要性"，第八条专门规定公众参与部分，第九条规定与相关环境和健康部门的磋商，第十条规定跨界磋商，第十一条决定部分对公众评论意见的接受程度等做了具体规定。除此，《埃斯波公约》及《SEA 议定书》框架对公众参与 EIA 制定了指南文件，第三次埃斯波公约缔约方大会上通过了《关于公众参与跨界环境影响评价指南的第 III/8 号决定草案》（以下简称《公众参与指南》）[70]，其目的是明晰公约关于公众参与时限安排、费用承担等方面的规定，提供相关国内立法的指导建议，以及倡议各国之间订立双边或多边协定以促进公众参与有效实施。

《在环境问题上获得信息、公众参与决策和诉诸法律的公约》是联合国欧洲经济委员会于 1998 年 6 月在丹麦的奥胡斯通过的，也称《奥胡斯公约》。缔约国主要是欧洲和中亚国家，该公约被普遍认为是世界上有关环境权利的最深入的公约。该公约详细规定了公众获得环境信息（知情权）、参与决策（参与权）以及获得救济的权利，该公约对公众参与相关基本概念界定（第 2 条）、总体原则及要求（第 3 条）、环境信息的获取、收集和散发（第 4 条、第 5 条）、公众参与有关具体活动的决策（第 6 条）、公众参与环境方面的计划、方案和政策（第 7 条）、公众参与拟订执行规章和/或有法律约束力的通用准则文书（第 8 条），以及诉诸法律救济（第 9 条）等进行了详细规定。其中，第 6 条与 EIA 直接相关。同时，该公约的执行指南（Implementation Guide，2014）对于各个条款的立法目的及具体执行要求进行逐一解读，为更好地理解和参考《奥胡斯公约》提供有益帮助。另外还有该公约框架下制定的文件，包括《促进公众有效参与环境问题决策的马斯特里赫特建议》、2005 年的 "Decision II/3 on Electronic Information Tools and the Clearing-house Mechanism" 和 "Decision II/4 Promoting the Application of the Principles of the Aarhus Convention in International Forums"，都为公约具体条款要求的有效落实提供了指导。《奥胡斯公约》也因此得到了广泛的国际性认可。

综合上述现有国际法律文书和软法文件可见，相关文书中对公众参与以及 EIA 中的公众参与机制的表述、要求和内容侧重各异，比较来看，《埃斯波公约》《奥胡斯公约》《CBD 的 2012 年自愿性准则》《北极 EIA 指导纲要》在公众参与的界定、程序和内容等方面是较为健全的，相关内容对新文书中国家管辖范围以外区域环境影响评价公众参与制度具有重要的参考价值。

二、主要国家有关环境影响评价公众参与的实践

1. 美国

美国的环境影响评价制度是在《国家环境政策法》（NEPA，1969，后经过 1975 年、1982 年修订）的基础上建立起来的。依据 NEPA 成立的环境质量委员会（CEQ）出台的一系列政策推动了环境影响评价制度的建立。CEQ 于 1978 年颁布了《环境政策法实施程序条例》，该条例不仅对《国家环境政策法》的立法目标和实施程序做了具体规定，同时强调公众参与制度和替代方案制度，从环境影响报告书的编制到审批整个过程，该条例使公众参与在环境影响评价中更具有现实可操作性。

美国公众参与环境影响评价的主体范围相当广泛，通过立法最大限度地鼓励公众参与到环境影响评价程序中去。条例规定：联邦机关应邀请所有关系人参与到环境影响评价程序中并表达意见。即在环境影响评价程序中受提议行动影响的或对环境影响评价报告书提供看法和意见的或者是对其感兴趣的其他组织或人群，还包括受影响的联邦、州与地方机关、对其保存产生影响的印第安部落，具有管辖权和相关专业知识的其他联邦机关，以及开发主体和其他利益关系人。

对于公众参与的形式，条例规定了公众参与环境影响评价程序的方式包括公听会和听证会两种。其均是不需要进行质证、辩论，并且不具有笔录排他效力的非正式听证。美国环境影响评价的公众听证会并非强制性的，是否进行听证由主管机关进行选择。而对于其细节程序规则，也没有专门的规定，而是散见于各个行政程序法中。条例中还规定了一种称为书面评论的制度，这个制度规定，在环境影响评价报告书初稿制作的整个过程中直至联邦机关作出开发活动之前，联邦机关除了主动向专业机关团体或者有利害关系的团体个人征询意见，还要将环评报告书初稿公示，以邮件、信件等书面方式充分征求评论意见。总体而言，美国的环境影响评价程序中并没有一个一体适用的公众参与方式，而是由联邦机关依照各个开发活动的不同特性自行制定的。

2. 欧盟

欧盟环境影响评价的法律渊源主要是 1985 年制定、1988 年正式生效的《环境影响评价指令》，并经过了 1997 年、2003 年、2009 年三次修正。2003 年修订后的指令在公众参与方面着重强调。2003 年 5 月 26 日颁布的 2003/35/EC 指令是为了更好地履

行《奥胡斯公约》而制定的，现已成为欧盟环境影响评价制度体系中信息公开、公众参与、环境司法的主要法律渊源；欧盟于2006年9月颁布了《有关适用奥胡斯公约条款的条例》，该条例进一步释义了《奥胡斯公约》中关于公众获取环境保护信息的相关条款，并为公众顺利参与环境影响评价程序无论是规划、计划的环境影响评价还是具体建设项目的环境影响评价提供了法律保障。

根据欧盟的指令，欧盟实际上给予成员国很大的自由决定采取何种方式进行评估。欧盟环境影响评价首先要确定一个项目在人类、动物、植物、土壤、水、空气、景观、有形资产、文化遗产以及以上这几个因素之间彼此的互动情况，以及在这几个要素上的直接或间接影响。开发者须给相关负责机构至少提供下面一些信息以获得对该项目的支持：关于待开发项目位置、设计和规模的描述；降低不良影响的可行办法；能够了解该项目对环境影响大小的数据；可替代性方案以及选择该方案的理由；一份关于以上信息的非技术性简报。考虑到这里面涉及的商业秘密或者工业秘密，在决策过程中，上述信息必须尽可能早地有效地提供给利益相关的当事人，包括：相关项目的官方咨询机构；公众（通过正确有效的方式，将信息传达让其了解该项目被批准的程序性信息、批准或者拒绝该项目权威机构的详细信息、批准程序中公众参与的可能性）；其他成员国（如果该项目的影响可能跨越国界）。每一个成员国必须在自己的主权范围内让有利益相关的当事人了解这些信息，使他们能够表达自己的意见。同时该指令也规定了合理的期限可以让所有有利益关系的当事人有充分的时间参与到环境决策程序中并表达他们的意见，在批准该项目的程序中这些表达意见作为咨询意见是很被尊重的。在环境影响评价程序结束后，该项目是被批准了还是被拒绝了、考察过公众咨询的意见以及公众参与的相关信息后作出上述决定的主要论点是什么以及任何降低该项目不利影响的措施，这些信息一定要公开给公众以及相关的成员国。根据各个成员国立法，成员国一定要保证有利益相关的当事人能够要求对该决定进行司法审查。由此可见，欧盟公众参与环境影响评价的过程中，有些权利得到了切实的保护：被告知相关信息的权利、被咨询相关意见的权利以及相关意见被慎重考虑的权利，事后还有要求司法审查的权利。

3. 德国

德国的影响环境评价公众参与制度具体分为两个阶段：

（1）界定评估范围阶段

开发主体在环境影响评价程序开始阶段应向主管机关提交必要的文件，而主管机关应将之与其他必要的文件共同审查。开发主体一旦将项目计划通知主管机关，该主管机关应立即与开发主体就环境影响的主题、范围、方法以及其他对开展环境影响评价有重大意义的事项进行讨论。为了使其具有更为广泛的信息基础，法律规定：主管机关应当邀请其他有关机关、专家及"第三人"参与讨论。"第三人"的范围由委托主管机关自行决定，在实际中一般包括受开发活动影响或者其他利益相关的组织和个人，以及环保团体和其他能够提供建议的人。主管机关对讨论的内容、流程可以根据实际情况自由裁量。通常这一阶段的讨论都是以口头的形式进行的，其意义就在于通过"第三人"和专家的广泛参与，进行更有效的沟通，提供更多的信息，更广泛地听取意见，对应进行调查的范围、方法作出尽可能多的可供选择方案。

（2）环境影响评价阶段

当主管机关和开发主体完成评估范畴的界定后，开发主体应当制作一个包含开发活动数据的《环境说明书》，并将这一说明书在受到开发活动影响的地区公开展览至少一个月，以便当地民众能够判断是否会受开发活动影响以及受影响的范围。在展览期间或展览过后两周内，异议者可以书面或者直接言辞表达的方式向听证主持机关（即项目核准机关）或者所在的镇一级政府提出异议，并制作笔录。

在异议期间经过后，听证主持机关确定听证日期，并应当在听证开始前一周向相关主体和申请参加听证的组织或个人告知听证会的时间、地址，以确保他们能够及时到场参与听证。这期间，主管机关也就是听证主持机关起到一个协调利益冲突的作用。其主要任务在于：使当事人之间就各自的观点充分地发表意见；协调不同的利益之间的冲突；对缺乏法律知识与经验的当事人予以协助。为了程序的效率，整个听证讨论应当力求在三个月内结束。在听证讨论结束后，主管机关需要在一个月内做成《环境影响总说明》。该说明应当以开发主体所提供数据、其他机关、专家以及"第三人"所提供的意见及其自身调查结果为基础。该说明书完成后，环境影响评价程序结束。

在当事人对企业或政府的环境影响评价有异议时，可以就其最后的许可决定进行诉讼，这时，法院往往会附带审查环境影响评价的程序是否有瑕疵。在程序存在明显瑕疵的情况下，法院会将该决定撤销。同时，德国对违反环境法律规定的处罚相当具体并且严格。

4. 中国

中国环境影响评价公众参与制度具有以下主要特征：一是全方位公开环境信息。

在环评工作中，要求建设单位采取报纸、电视、网络、座谈、问卷等多形式、多渠道全面、及时公开项目有关的环境信息和进展情况，在网站、当地宣传栏上公示项目环境影响评价报告内容，并告知责任人和联系方式，确保公众环境知情权。二是主管部门多层次开展宣传解读。环保部门会同当地政府精心部署，适时组织各类媒体围绕项目立项、签约、公示、开工及竣工等关键时间节点开展信息发布和解读，对项目安全环保情况、社会经济效益、污染防治情况等广泛开展宣传解读。特别是对环境敏感项目注重事前、事中及事后全过程宣教，向公众及时释疑解惑，有序引导公众参与。三是对于公众参与的效力方面，中国立法中规定的相对原则性，在深度研究和分析基础上"充分考虑和吸纳"公众意见，同时也为主管部门或建设单位回应广泛的公众意见提供了一个灵活性的处理空间。

表 9-1　中国环境影响评价公众参与制度的相关法律规定

法律法规	公众参与介入阶段	参与主体	参与方式及内容
《环境保护法》(2014)	编制环境影响报告时	可能受影响的公众	建设单位应当向可能受影响的公众说明情况，充分征求意见（第56条第1款）
	主管部门收到建设项目环境影响报告书后	公众	负责审批建设项目环境影响评价文件的部门在收到建设项目环境影响报告书后，除涉及国家秘密和商业秘密的事项外，应当全文公开；发现建设项目未充分征求公众意见的，应当责成建设单位征求公众意见（第56条第2款）
《环境影响评价法》(2003)	报批建设项目环境影响报告书前	有关单位、专家和公众	建设单位举行论证会、听证会，或者采取其他形式，征求有关单位、专家和公众的意见。建设单位报批的环境影响报告书应当附具对有关单位、专家和公众的意见采纳或者不采纳的说明（第21条）
《海洋工程环境影响评价管理规定》(2017)	报告书报送审批前	有关单位、专家和公众	建设单位应当充分征求海洋工程环境影响评价范围内有关单位、专家和公众的意见，法律法规规定需要保密的除外。征求意见可以采取问卷调查、座谈会、论证会、听证会等形式（第15条第1款）
	主管部门在受理环境影响报告书后	社会公众	主管部门在本部门网站公开不包含国家秘密和商业秘密的海洋工程环境影响报告书全文，时间不少于5个工作日（第16条）

法律法规	公众参与介入阶段	参与主体	参与方式及内容
《海洋工程环境影响评价管理规定》（2017）	主管部门在批准环境影响报告书前	社会公众	主管部门必要时应当组织听证会，其中围填海工程必须举行听证会。听证会应当按照《海洋听证办法》的相关规定召开，广泛听取社会公众的意见（第17条）
	主管部门作出批准决定后	社会公众	主管部门作出海洋工程环境影响评价文件批准决定后，应于15个工作日内在本部门网站上公开批准情况
《环境影响评价公众参与办法》（2019）	规划草案报送审批前	有关单位、专家和公众	举行论证会、听证会，或者采取其他形式征求对环境影响报告书草案的意见（第4条）
	建设单位确定环境影响报告书编制单位后7个工作日内	社会公众	建设单位通过网络平台公开相关信息（第9条）
	建设项目环境影响报告书征求意见稿形成后	社会公众	建设单位应当通过网络平台、建设项目所在地公众易于接触的报纸和建设项目所在地公众易于知悉的场所张贴公告的三种方式同步公开有关信息，征求与该建设项目环境影响有关的意见，征求公众意见的期限不得少于10个工作日（第10条）
	建设单位组织召开公众座谈会、专家论证会的10个工作日前	社会公众	建设单位将会议的时间、地点、主题和可以报名的公众范围、报名办法，通过网络平台和在建设项目所在地公众易于知悉的场所张贴公告等方式向社会公告（第15条）
	建设单位在公众座谈会、专家论证会结束后5个工作日内	社会公众	通过网络平台向社会公开座谈会纪要或者专家论证结论（第16条）
	建设单位向生态环境主管部门报批环境影响报告书前	社会公众	建设单位通过网络平台，公开拟报批的环境影响报告书全文和公众参与说明（第20条）

法律法规	公众参与介入阶段	参与主体	参与方式及内容
《环境影响评价公众参与办法》(2019)	生态环境主管部门受理环境影响报告书后	社会公众	生态环境主管部门通过其网站或者其他方式向社会公开相关信息,公开期限不得少于10个工作日(第22条)
	生态环境主管部门对环境影响报告书作出审批决定前	社会公众	生态环境主管部门通过其网站或者其他方式向社会公开相关信息,公开期限不得少于5个工作日,同步告知建设单位和利害关系人享有要求听证的权利(第23条)
	生态环境主管部门自作出环境影响报告书审批决定之日起7个工作日内	社会公众	生态环境主管部门通过其网站或者其他方式向社会公告审批决定全文,并依法告知提起行政复议和行政诉讼的权利及期限(第27条)

表 9-2　各主要国家 EIA 中利益相关方及公众参与阶段

程序　　国家	筛选	确定范围	评估和编制报告	发布报告草案	审议报告	决策及文件公布
美国	√	√	√	√	√	√
欧盟	√	√	√	√	√	√
德国		√	√			√
中国	√		√	√		√

第三节　国家管辖范围以外区域环境影响评价公众参与制度进展及分析

一、BBNJ 磋商和谈判相关要点

BBNJ 新协定在筹备协商过程中对公众参与的相关讨论和要点总结可以反映出

ABNJ-EIA 中公众参与制度建设的发展进程和焦点问题。筹委会磋商过程中将透明度和公众参与列为环评的指导原则和方法。在实现方式上，主要体现在环境影响评价实施过程中的具体要求，包括环评报告的公布、利益相关者信息获取和受影响方磋商，以及建立信息交换所机制/中央数据库，以便利获取和交流信息等。2017 年 7 月 21 日第四届筹备委员会向联合国大会报告的 A 节要点中，提出了相关建议：BBNJ 一般原则和方法部分，列明了利益相关方参与、公众参与、透明度和信息可取得性的原则或方法，这些都是公众参与理念的体现①；环境影响评估部分，在环境影响评价程序中列明了案文将处理环境影响评估程序的流程步骤，其中包括：公告和协商（Public Notification and Consultation）、发布报告和向公众提供报告（Publication of Reports and Public Availability of Reports）、发布决策文件（Publication of Decision - making Documents）和获取资料（Access to Information）等涉及公众参与的环节，还表明"案文将处理毗邻沿海国的参与问题"，并在监测、报告和审查环节，提出"案文将处理向毗邻沿海国提供信息的问题"，这些与存在跨界环境影响情况下毗邻沿海国参与问题有关。2018 年 9 月召开的第一届政府间会议形成的主席对讨论的协助文本中也指出了政府谈判中涉及公众参与的内容需要进一步讨论和明确，包括：信息交换机制建设的模式及功能、信息传播的信息内容、数据储存库建设和保障性的安排等，仍有待后续谈判推进达成共识。

各国对于公众参与原则的采用具有普遍的共识，但对于具体适用的方式和要求存在差异。例如：欧盟认为，环评程序应尽可能具有包容性，公民社会、行业和主管国际组织是可能的利益相关方；在环评程序的各个阶段，新协定应当确保能够获取全球层面的信息，开展全球层面的信息公开和磋商，包括利益相关方的确定和参与，以及与有关国家的磋商；通过专门的网站或登记处等公开处理环境影响评价报告。77 国集团和中国认为，应当设定一套机制来管理环评的实施，可以通过国际机构制定统一的指导原则来维护环评的公平性和透明度。公海联盟认为，从范围界定阶段开始，环评程序的每个阶段都应进行公众参与和咨询，相关国家应向科学委员会成员、任何受影响国家、利益相关方、所有缔约国分发评估草案。美国认为，环评程序的相关条款中可以规定公众参与过程，使公众、国家和国际组织有机会对环评相关文件发表意见。加拿大认同公众咨询应当作为环评程序的一部分，通过建立全球信息共享机制等措

---

① 参见联合国大会关于根据《联合国海洋法公约》的规定就国家管辖范围以外区域海洋生物多样性的养护和可持续利用问题拟订一份具有法律约束力的国际文书的第 69/292 号决议所设筹备委员会的第四届会议报告（A/AC. 287/2017/PC. 4/2, 2017）第 38 段。

施，公布环境影响评价结果。挪威认为，应确保国家管辖范围以外区域环境影响评价相关信息向公众公开，包括向所有利益相关方公开；可以通过新协定缔约国会议保障透明度、问责制和利益相关方审查等机制。

综上可知，新协定作为一个具有法律强制执行力的国际文书，将公众参与作为一项重要原则和方法纳入其中，无疑将会对国家实施新协定及环境影响评价制度提供有力的法律框架和依据。同时，考虑到各国在执行国家管辖范围以外区域环境影响评价公众参与制度的能力和各方面条件差异，新协定中公众参与制度的构建还需基于国际社会普遍共识，借鉴已有实践做法，充分考虑 BBNJ 和国家管辖范围以外区域环境影响评价的特殊性，采取积极稳妥的方式和路径逐步推进这项制度的建立和完善。

二、环境影响评价公众参与制度建设的几点思考

对于环境影响评价公众参与的意义和目的，全球层面已有普遍性认识。从已经开展的协商讨论中可知，利益相关方或公众参与是提升有关制度合理性及其完善和落实的制度性保障措施。新协定的具体内容中将主要处理公众参与的主体、性质和形式，以及跨界影响情况下受影响沿海国的参与性质和程度问题。

新协定中对于公众参与的主体范围应当明确、具体，尤其涉及环境影响评价整个过程中的利益相关方或公众参与，可能或正在受不同活动影响或者存在利益的主体的确定及其参与形式和内容应尽量明确。由于不同活动的影响主体范围通常不同，如何界定或认定这些相关利益相关方，是国家管辖范围以外区域环境影响评价公众参与制度建设需要妥善处理的问题。第四届筹委会非正式文本中提到的可能参与主体的大致范围，包括：可能受活动影响的毗邻沿海国、新协定的成员国、活动将要开展区域现有的区域性或部门性机构、相关政府间或非政府间组织、来自科学界和新协定所设立科学技术委员会的专家，以及受影响的行业主体。不同主体参与的阶段、形式和程度等需要根据活动及其影响，以及成本效率因素来灵活确定。

《奥胡斯公约》对环境影响评价程序中各阶段公众参与的要求做出了整体性规定，主要包括相关公众获取信息、发表意见和纳入决策考虑三个方面的要求。现有国际相关法律文书中公众参与环境影响评价程序中的形式也主要围绕上述三个层面展开。在体现形式上，对于参与主体、方式和内容可以明确的阶段，新国际文书可以直接在相关程序条款中直接规定，对于不宜统一强制性规定或者公众参与形式和内容需要根据

情况衡量确定的，可以对已经取得共识的相关基本原则或总体要求在一般性条款中明确，指导具体的实施。

已有国际文书中，并非所有文书都直接规定公众参与，而是较多从信息公开和决策透明度角度实质上体现公众参与的要求，除了环境影响评价实施阶段中对信息公开与传播作具体要求，有的文书中会单独设立信息与传播部分，将某些条款中涉及的需要公开的信息、传播方式等统一规定，如《关于环境保护的南极条约议定书》。国家管辖范围以外区域环境影响评价实施过程中，信息公开的方式可以参照分为主动公开和应要求提供两类，比如，筛选决定的公布、报告草案发布和决策公布阶段，相关信息面向所有成员方公开，可以统一在信息公开与传播条款中规定；对于其他阶段的相关具体信息，可以规定为应要求予以提供。新协定将建立的信息交换平台或数据库（Clearing-house Mechanism/Repository）可以承担信息收集、交换和传播的职能。

第十章　国家管辖范围以外区域的战略环境评价

第一节　战略环境评价概述

一、战略环境评价的概念及内涵

1. 战略环境评价的定义

战略环境评价（Strategic Environmental Assessment，以下简称 SEA）早在 1969 年环境影响评价（Environmental Impact Assessment，以下简称 EIA）首次提出时就已经出现，例如，在《美国国家环境政策法》（NEPA）中必不可少的一个内容就是编写总体的和计划性的环境影响报告书（EIS）[71]。20 世纪 70 年代中期，随着 EIA 应用范围的不断扩大，欧美一些国家逐步认识到，单纯的建设项目环境影响评价已不足以适应全面保护环境和可持续利用资源的需要，开始把环境影响评价扩展到规划层次[72]。20世纪 80 年代后期开始，SEA 已广泛应用于政策、计划和规划等决策层次。1989 年，"SEA"这一术语首次出现于英国曼彻斯特大学环境影响评价中心提交给欧共体委员会的一个报告初稿中[73]，其中，战略评价（Strategic Assessment）的概念起源于发达国家的区域开发或土地利用规划。1991 年，联合国欧洲经济委员会（the United Nations Economic Commission for Europe，以下简称 UNECE）在芬兰的埃斯波（Espoo）所拟定的《跨国环境影响评价公约》（Convention on Environmental Impact Assessment in a Transboundary Context，又称《埃斯波公约》）奠定了欧洲国家开展 SEA 的基础[74]。

受发展过程的影响，早期的定义将 SEA 看作由 EIA 衍变而来的工具，把 EIA 的过程和程序从项目扩展到战略层次，主要对已经提出的计划进行环境影响评价。例如，Thenvel 等（1992）认为，SEA 是政策、规划和计划及其替代方案的环境效应的正式、系统和综合的评估过程，包括评估结果的书面报告，同时将评估结果应用于公众易于理解的决策。Sadler 和 Verheem（1996）认为，SEA 是对拟定的政策、规划或计划的环境影响的系统评价过程，目的是确保在政策制定的早期充分考虑和解决环境问题以及经济、社会问题。Brown 和 Therivel（2000）将 SEA 定义为"政策的提议者和决策者提供拟议政策的环境和社会影响方面信息的过程"。Mercier（2004）将 SEA 定义为"将环境和社会问题纳入战略层次上的发展规划、决策及其实施过程中，从而对其产生影响的参与过程"[75]。后来，人们从更广泛、更综合以及各个不同的角度对 SEA 进行定义，认为 SEA 不仅是更高层次的影响评价工具，而且可以作为一种诊断工具，成为决策形成过程中的辅助诊断工具[76]。例如，Thomas B. Fisher（2008）认为，SEA 是通过应用一系列适当的方法和技术，把科学的严谨性融入决策中，为政策、计划、规划（PPP）的制定提供一系列方法和技术，它的主要目标是确保在 PPP 制定中，从高于项目的水平上适当地考虑环境影响和其他可持续发展方面。我国学者彭应登等（1995）第一次引入 SEA 的概念，认为 SEA 是"一种在政策、规划或计划层次及早协调环境与发展关系的决策手段与规划手段"。王东升等（2010）将 SEA 定义为"对政策、规划、计划及其替代方案的环境影响进行规范、系统、综合的评价过程，以及识别、分析、评估和预测人类较大规模的开发活动可能对环境造成影响的技术方法"[72]。目前，我国学界对 SEA 没有完全统一的界定，但与 EIA 相比，其大致涵盖了以下几方面内容：第一，评价范围更加广泛，包括了政策、法律、规划、计划等；第二，对于战略进行环境影响评价的介入时间更早，往往是在政策、法律、规划、计划的起草和制定阶段就进行评价；第三，战略环境影响评价是完全不同于传统具体项目环境影响评价的全新制度，具有独立的完整的评价系统程序[77]。

2. 战略环境评价的分类

从国际 SEA 的应用来看，SEA 一般分为政策 SEA、规划 SEA 和计划 SEA 三种类型。

政策 SEA 的目的在于对预计实施的政策和规定及其带来的效应进行评价，需要考虑各部门间的影响和累积影响，使评价能够充分介入政策的制定过程[78]。

规划 SEA 主要针对一些规划所涉及的社会经济因素和环境因素的协调性进行评价

与分析，从整体上考虑区域内拟开展的各种社会经济活动对环境产生的影响，并在此基础上制定和选择维护该区域及周围环境良性循环和经济可持续发展的最佳行动方案，为区域开发规划和管理提供决策依据[79]。

计划 SEA 主要是针对一些发展计划所涉及的空间选择方案及其他替代方案进行评价和比较。

二、战略环境评价与环境影响评价的区别

一般而言，决策过程具有"政策→规划→计划→项目"的层次关系，而 SEA 和 EIA 是决策各个阶段相对应的环境影响分析手段。表 10-1 反映了决策过程与 SEA、EIA 之间的对应关系，即在政策、规划和计划层次进行 SEA，项目层次进行 EIA。SEA 的产生使 EIA 的对象由单个项目扩展到政策、规划和计划等战略层次，SEA 是 EIA 在政策、计划和规划等战略层次的应用，是在战略层次上及早协调环境与发展关系的决策和规划手段[80]。从表 10-1[81]可以看出，SEA 和 EIA 的地理、时间尺度和所处的层级不同，评价内容与评价方法也有所不同，但两者具有互补性和不可替代性。

与传统的 EIA 相比，SEA 所考虑和涉及的地理空间尺度要更为广泛，评价涉及与政策行为有关的一系列要素而非单一的工程项目。EIA 处于项目的可行阶段，相对具有较强的确定性，而 SEA 的评价对象从制定到实施都受到经济、社会等各方面的干预，需要相当长的时间过程，且有可能发生很大变化。

在评价内容上，EIA 通常与减轻环境负面影响有关，而 SEA 通常致力于防止负面影响并积极推动其向正面发展。除了评价区域环境影响，SEA 还考虑与可持续发展相关联的宏观环境问题（如自然资源、温室效应、生物多样性等）和环境效应[82]。在建设项目中替代方案的评价，EIA 往往仅限于小的范围，SEA 则可以提出涵盖不同部门的替代方案。

从评价方法和信息要求来看，由于 SEA 评价的范围大、时间跨度较长，因此 SEA 评价要求的资料多、信息广，相应在预测模型、尺度、精度、准确度上都与 EIA 有所不同。在低层面上，SEA 只是在方法上比 EIA 更为严格，而在高层面上，SEA 就更为灵活。低层次的 SEA 使用的方法和技术也是 EIA 主要使用的方法，而高层次的 SEA 运用的方法和技术在政策决策中更加合理，可以有预测、反推和远景规划等。一般来讲，在较高层次很难做到评价的量化，因为评价中有很多不确定性，但这并不意味着不能

使用更多的定量方法，例如常用的情景分析、数学建模等[81]。

表 10-1　SEA 从低层次向高层次的变化

	SEA	EIA
决策级别	计划→规划→政策	项目
影响范围	宏观的、累积的、不可预见的	微观的、局部的
数据来源	可持续发展战略、国家环境报告书	调查工作、样本分析
时间长度	长期—中期项目	中期—短期项目
评价基准	可持续基准（标准和目标）	法律限制和最佳实践
严格分析	更不确定	更严格

三、战略环境评价提供的战略层次框架

SEA 不仅仅是在评价过程中应用预测技术和方法，更能为不同层次和行政水平任务的确定提供一个系统性决策框架。SEA 有助于决策者探讨相应层次上的问题，从而在决策过程中进行有效的推理。图 10-1 给出了 SEA 提供的战略层次框架，表明了不同层次可以解决的具体任务和问题：最初的政策层次上提出"为什么""是什么"的问题，确认和（或）定义基本的可持续的目的和目标，支持确定可行的发展方案和政策选择，能够评价政策选择对目的和目标的影响；随后的规划层次上提出"是什么""在哪儿""怎么做"的问题，积极发展可能的空间发展选择，并评价这些选择对目标和目的的影响；最后在计划层次上提出"地点""时间"的问题，支持可能的项目或选择方案的排名[83]。

四、战略环境评价的过程、方法与技术

1. 战略环境评价的过程分类

根据结构化的严格程度，可以将战略环境评价的过程分为基于 EIA 的 SEA 过程和非基于 EIA 的 SEA 过程，后者包括内阁决策中的 SEA 和政策 SEA。

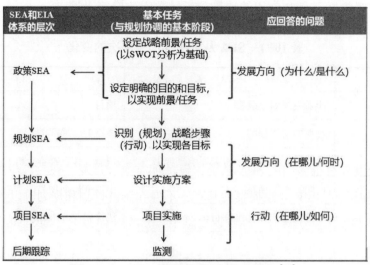

图 10-1　SEA 提供的战略层次框架[84]

（1）基于 EIA 的 SEA 过程

基于 EIA 的 SEA 过程主要适用于较低层次的公共部门及私人组织（包括国际援助组织、开发银行等）计划和规划的制定，其工作程序必须包含以下几个阶段。

阶段一：筛选阶段，用于确定是否需要 SEA。这一阶段需要回答的问题是是否存在特定的立法需求，以及对需要进行 SEA 的政策、规划、计划是否有明确的规定。其次，如果导致超过环境阈值的类似 PPP 之前没有特别要求进行 SEA，那么仍需进行 SEA。

阶段二：划定范围阶段，用于确定评价的可能范围，确定评价的详细程度、SEA 和环境报告书应包含的信息等。

阶段三：分析、编制报告，评审阶段。该阶段是 SEA 过程的核心。分析部分应包括对可能产生的影响的预测和评估，并进一步指出如何最小化、减缓和弥补造成的影响。环境报告书包括对多种不同的替代方案和可预测的环境影响进行评估的结果，通常作为咨询和公众参与的基础纳入决策制定过程。它不仅要给出不同发展方案的显著环境影响，而且要完成一系列的其他任务。这包括 SEA 中要用到的评估方法和技术的确定。评审部分要核查 SEA 过程中收集以及环境报告书中所提供的环境信息是否充分。如果可能的话，这部分要识别出不确定的和矛盾的信息[83]。

阶段四：决策制定和审批阶段。在决策制定的主要阶段，经济和社会因素会与 SEA 提出的环境因素相冲突。在决策制定过程中除了要考虑环境因素外，决策制定者还要解释决策是如何制定的以及利用了哪些信息。

阶段五：跟踪和监测阶段。SEA 既不应该以交互的方式进行，也不能仅仅在 PPP 的一个阶段进行。SEA 的后续工作可以采取一致性跟踪、行为跟踪、不确定性跟踪以及传播性跟踪等模式进行。

（2）非基于 EIA 的 SEA 过程

1）内阁决策中的 SEA

当前，全世界有很多内阁 SEA 系统，包括加拿大、丹麦、芬兰、荷兰、挪威和捷克等，其立法或其他 PPP 立法提案的起草，不像在制订计划和规划时以 EIA 为基础那么严格，并且不包含公众参与。在专业文献中经常有一种假设，即 SEA 在政策和内阁决策水平上，与计划或规划水平的 SEA 不同。然而现实中，一些内阁决策中的 SEA 用非 EIA 基础的方法建立起来的，而另一些内阁决策中的 SEA 则是建立在 EIA 的要求基础上，但它们存在一些共同的、系统的方面。

2）政策 SEA

在政府的政策制定和某些私人集团的决策中，涉及远景或发展前景计划的地方经常实施政策 SEA；在政策制定中通常对 SEA 没有正式要求。远景旨在解决基本性的"为什么"和"是什么"问题，并且为接下来的计划和规划做准备。尽管政策制定过程通常灵活多变，但它们也有一些共同点，因此制定过程通常具有高度参与性。

2. 战略环境评价的方法和技术

作为一个结构化的决策框架和以证据为基础的工具，SEA 通过适当的方法和技术获取信息，以提高 PPP 制定的科学严谨性。由于 SEA 牵涉面广泛，需要综合运用政策学、经济学、环境科学、管理科学、数学、物理、化学等多种学科的知识[85]。这些方法和技术应满足以下条件：第一，满足目的要求，即能够解决相关/关键问题并符合决策程序和日程的要求；第二，允许各方面因素（实际因素、不同机构、部门和程序）的相互整合；第三，能够应对不确定性因素；第四，做到透明、直观、相关且实际，使涉及 SEA 的所有人都能够理解；最后，具有成本效益[81]。

20 世纪 80 年代早期，对荷兰政府部门的调查就确认了 350 种应用于 SEA 的相关方法和技术。就目前而言，SEA 的方法和技术可以归纳为：一是 EIA 的方法，如影响识别、预测方法、费用效益分析等；二是政策分析和规划方法，如承载力分析、建设可持续性目标、适宜性分析等；三是信息技术方法，如地理信息系统、专家系统、综合决策系统等；四是累积影响评价方法，包括分析方法和规划方法，其中分析方法包括空间分析、网络分析、景观分析、矩阵分析、生态模型和专家咨询，规划方法包括多准则评估、规划模型、线性规划、土地适应性分析与评价等[86]。也有学者根据 SEA 的过程，建立了 SEA 方法体系的基本框架，归纳了评价工作各阶段可选用的主要方法和技术（表 10-2）[87]。

表 10-2　SEA 各阶段可选用的主要技术方法

SEA 的基本程序/阶段	可选用的技术方法
评价战略筛选	定义法、列表法、阈值法、敏感性分析、对比类比法、专家咨询法、矩阵法、网络法、系统模型和系统图示
战略环境影响识别	列表法、对比类比法、专家咨询法、矩阵法、网络法、系统模型和系统图示、叠图法、灰色关联分析法、层次分析法、从定性到定量的综合集成
战略环境影响预测	定性预测技术（专家咨询法）、定量预测技术（对比类比法、投入产出分析法、系统动力学模型、灰色预测法、模糊预测法、人工神经网络预测法、数学模型模拟预测法、从定性到定量的综合集成）
战略环境影响综合评价	列表法、专家咨询法、矩阵法、叠图法、灰色关联分析法、层次分析法、投入产出分析法、系统动力学模型、模糊综合评价、人工神经网络预测法、从定性到定量的综合集成、加权比较法、逼近理想状态法、费用效益分析法、可持续发展能力评估、地理信息系统、环境承载力分析
累积环境影响评价	列表法、专家咨询法、矩阵法、网络法、系统模型和系统图示、叠图法、系统动力学模型、从定性到定量的综合集成、地理信息系统、数学模型模拟预测法、环境承载力分析
公众参与	会议讨论、咨询、问卷调查

第二节　战略环境评价的国际规制及国家实践

一、国际规制中战略环境评价的内容

1. 2012 年 CBD 自愿性准则

2012 年，CBD 的科学、技术和工艺咨询附属机构在 2006 年《生物多样性影响评价自愿准则》的基础上制定了专门针对海洋和海岸带区域的环境影响评价和战略环境评价的技术准则，即《海洋和海岸带区域的包含生物多样性的影响评价和战略环境评价的自愿准则》（Marine and Coastal Biodiversity：Voluntary Guidelines for the Consideration of Biodiversity in Environmental Impact Assessments and Strategic Environmental Assessments in Marine and Coastal Areas，2012），新的准则特别考虑了国家管辖范围以外区域的复杂环境。CBD 自愿性准则关于 SEA 的要点如下：

（1）适用范围

根据 2006 年《生物多样性影响评价自愿准则》关于战略环境评价介绍中提出的："鼓励缔约方、其他国家政府和有关组织在执行 CBD 第 14 条第 1（b）款和其他有关任务时考虑到这一准则，另外，通过资料交换机制和国家报告分享其经验"。CBD 第 14 条 1（b）：每一缔约国应尽可能并酌情采取适当安排，以确保其可能对生物多样性产生严重不利影响的方案和政策（programmes and policies）的环境后果得到适当考虑。

2006 年自愿准则附件二中提到，此准则不是根据给定的过程来构建的。主要原因是，在理想的情况下，良好的 SEA 实践应该完全集成到规划（或政策发展）过程中［a planning（or policy development）process］。由于规划的差异很大，因此从定义上讲，没有典型的 SEA 程序步骤序列。此外，对于典型的 SEA 程序可能是什么，没有普遍的一致意见。它旨在指导如何将生物多样性问题纳入 SEA，而 SEA 又应纳入规划进程（planning process）。由于各国之间的规划过程可能有所不同，因此，SEA 并不是单独的过程，而是可适用的规划过程的一个组成部分。

根据 2006 年和 2012 年的两个自愿准则中关于战略环境评价的定义，《生物多样性公约》框架下战略环境评价的适用范围应该是《生物多样性公约》提到的"规划和政策"（programmes and policies）以及"计划"（plans），即所谓的战略环境评价的"PPP"。

（2）实施程序

2006 年自愿准则第三部分指明了 SEA 的步骤，2012 年自愿准则的规定相同。SEA 的目标是更好的战略，从立法和国家程度的发展政策到部门和空间计划。尽管在应用和定义上有很大的差异，但所有良好的 SEA 实践都遵守一些实施标准和共同的程序原则。当对 SEA 的需求作出决定时，"良好 SEA 实践"的特点可以是以下几个阶段。

第一阶段：创造透明度

1）宣布 SEA 的开始，并确保有关利益相关方知道这一进程正在开始；

2）将利益相关方聚集在一起，促进（环境）问题、目标和实现这些目标的备选行动达成共同愿景；

3）与所有有关机构合作审查新政策或计划的目标是否符合现有政策的目标，包括环境目标（一致性分析）。

第二阶段：技术评价

1）根据利益相关方协商和一致性分析的结果，拟订技术评估的职权范围；

2）进行实际评估，记录其结果，并使其可得。组织建立有效的 SEA 信息和过程质量保证体系。

第三阶段：在决策中使用资料

1）召集利益相关者讨论结果，并向决策者提出建议；

2）确保所有最终决定均根据评估结果以书面形式作出。

第四阶段：决策后监测和评价

监测所通过的政策或计划的执行情况，并讨论采取后续行动的必要性。

SEA 是灵活的，即上述步骤的范围和细节级别可以根据可用的时间和资源而有所不同：从快速（2~3 个月）到全面（1~2 年）。文件的范围也是高度可变的——在某些 SEA 中，特别是决策者全程参与的 SEA，这一过程至关重要，而在其他 SEA 中，报告则具有更大的重要性。

（3）生物多样性 SEA "触发" 因素

要判断一项政策、计划或规划是否会对生物多样性产生潜在的影响，有两个因素是最重要的：1）受影响的地区和与该地区相关的生态系统服务；2）可作为生态系统服务变化驱动力的计划活动类型。

当以下任何一种或多种条件（或触发因素）适用于一项政策、计划或规划时，在该政策、计划或规划的 SEA 中需要特别注意生物多样性。

1）重要的生态系统服务。当一个受政策、计划或规划影响的地区已知提供一个或多个重要的生态系统服务时，这些服务及其利益相关者应该在 SEA 中考虑。区域的地理划分提供了最重要的生物多样性信息，因为有可能确定该区域的生态系统和土地利用实践，并确定这些生态系统或土地利用类型提供的生态系统服务。对于每一个生态系统服务，都可以确定利益相关方是否被邀请参与到 SEA 过程中。

2）起直接推动变革作用的干预措施。如果已知一个提议的干预措施产生或贡献一个或多个驱动的改变，已知对生态系统服务的影响，需要特别注意生物多样性。如果干预的政策、计划或规划尚未确定地理位置（如在行业政策的情况下），SEA 只能定义生物多样性影响的条件：影响预计将发生在政策、计划或规划会影响某些类型的生态系统提供重要的生态系统服务。如果干预区域是已知的，那么就有可能将变化的驱动因素与生态系统服务及其利益相关者联系起来。

3）作为间接推动变革的干预措施。当一项政策、计划或规划导致活动充当变化的间接驱动力（例如，贸易政策、减贫战略或税收措施）时，识别对生态系统服务的潜在影响就变得更加复杂。从广义上讲，当预期政策、计划或规划会对社会产生重大影响时，SEA 需要关注生物多样性：

（a）消费生物制品或依赖生态系统服务生产的产品；

（b）占用土地和水的面积；

（c）利用自然资源和生态系统服务。

（4）评估框架

图 10-2 描述了这些准则中使用的概念性框架。它综合了千年生态系统评估（MA）概念框架与更详细的影响评估框架于一体，描述了对影响的活动途径。它确定了生物多样性触发因素，即受影响的生态系统服务，以及在生态系统服务中产生直接或间接驱动因素的活动。

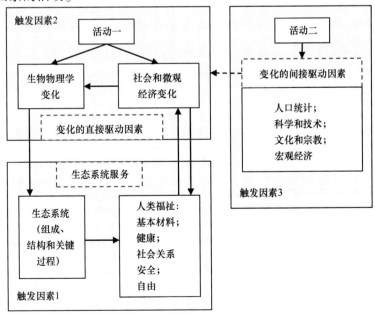

图 10-2　评估框架

1）对于受政策、计划或方案影响的地区提供重要的生态系统服务，即面向区域的政策、计划或规划，没有明确界定的活动。评估程序如下：

（a）确定政策、计划或规划地区的生态系统和土地利用类型。识别并绘制由这些生态系统或土地利用类型提供的生态系统服务；

（b）确定社会中哪些团体对每个生态系统服务有利害关系；邀请这些利益相关者参与 SEA 进程。生态系统服务的识别和评估是由专家（生态学家、自然资源专家）发起的一个迭代过程，但利益相关者扮演着同样重要的角色；

（c）对于缺失的利益相关者（子孙后代），识别物种、生境和/或关键生态和进化过程的重要保护和非保护生物多样性（例如采用系统的保护规划或类似方法）；

（d）专家确定的生态系统服务，但没有实际利益相关者，可能代表着社会、经济或生态发展的未开发机会。类似地，具有冲突涉众的生态系统服务可能表明对该服务的过度开发，这是一个需要解决的问题。

2）对于政策、计划或规划涉及产生直接推动变化的干预措施，即政策、计划或规划所产生的干预可直接或通过社会经济变化导致影响这些生态系统所提供的生态系统服务的生物物理变化。对生态系统服务的影响只能定义为潜在的影响，因为可能不知道干预的位置或注意不到其影响的区域；这种诱因往往与没有界定的干预地域范围的政策、计划或方案有关。程序如下：

（a）确定变化的驱动力，即已知会影响生物多样性的导致生物物理变化的活动；

（b）在政策、计划或规划适用的行政边界（省、州、国家）内确定对预期的生物物理变化敏感的生态系统。在这些行政边界内，可以识别敏感的生态系统。SEA 需要发展一种机制来避免、减轻或补偿对这些生态系统的潜在负面影响，包括确定危害较小的替代方案。

3）上述触发因素 1）和 2）结合：政策、计划或规划涉及在具有重要生态系统服务的地区产生直接推动变化的活动，即了解干预措施的性质和影响范围，可以通过确定生态系统组成或结构的变化，或维持生态系统和相关生态系统服务的关键过程的变化，较为详细地评估潜在影响；这种触发因素组合往往与为规划执行的 SEA 有关（类似复杂、大规模的环境影响评估）。过程如下，该程序是触发 1）和 2）的程序的结合，但结合可以更详细地确定预期的影响：

（a）确定变化的直接驱动因素并确定其影响的时空范围；

（b）确定处于这种影响范围内的生态系统（在某些情况下可能需要物种或遗传水

平信息）；

（c）描述已确定的变化驱动力对已确定的生态系统的影响，包括生物多样性的组成或结构的变化，或负责创造或维持生物多样性的关键过程的变化；

（d）如果变化的驱动力显著地影响组成、结构或关键过程，那么生态系统所提供的生态系统服务很可能会受到重大影响；

（e）确定这些生态系统服务的利益相关者，并邀请他们参与这一进程。考虑到没有的（未来的）利益相关者。

4）对于政策、计划或规划涉及影响间接推动变化的干预措施。这类诱因的一个例子是农业部门的贸易自由化以及这对生物多样性可能产生的影响。在 CBD 框架内进行的一项研究综合了现有的方法和评估框架。

2.《埃斯波公约》的《战略环境评价议定书》

联合国欧洲经济委员会（UNECE）《跨界环境影响评价公约》（《埃斯波公约》）的补充文书《战略环境评价议定书》（《SEA 议定书》）在 2003 年 5 月的欧洲环境部长会议上通过，于 2010 年 7 月 11 日生效，目的在于补充 UNECE《埃斯波公约》。尽管该议定书是在 UNECE 框架下协商签署的，但是对所有国家开放。该议定书虽然由 UNECE 成员国磋商制定，但执行效力不仅仅局限于 UNECE 管辖区域，得到广泛批准后，升格成为全球性 SEA 条约，对成员国和愿意受其制约的 UNECE 区域以外的地区都具有约束力。《SEA 议定书》虽然隶属于《埃斯波公约》，但它适用于所有相关的规划和计划，并在适当情况下适用于政策与法律，无论它们有没有跨界背景。

除缔约方和政策、法规不同以外，《SEA 议定书》与欧盟《SEA 指令》在筛选、范围界定、环境报告书的内容、公众参与和决策制定方面都非常相似。议定书要求成员国对官方指定的可能有包括健康在内的重大环境影响的规划和项目草案进行战略环境评价。该议定书详细规定了战略环境评价的相关程序和要求，包括：①筛选（第五条）；②范围（第六条）；③环境报告（第七条）；④公众参与（第八条）；⑤咨询环境和健康部门（第九条）；⑥跨界咨询（第十条）；⑦决定（第十一条）；等等。议定书附件 I 和附件 II 列出了需要进行战略环境评价的项目清单；附件 III 列出了确定可能造成重大环境包括健康在内的影响的标准供成员国参考；附件 IV 明确了环境报告应该包括的信息内容；附件 V 列出了公众参与和咨询过程中需要纳入考虑的因素。具体如下：

（1）《SEA 议定书》的目标和基本概念

《SEA 议定书》的目标（第一条）与《SEA 指令》（2001/42/EC）的目标大致相同，即为环境（包括健康）提供更高层次的保护。

途径包括：确保将环境及人类健康等因素全部纳入到计划和规划制定过程中；政策及法律制定阶段需考虑环境及人类健康问题；为 SEA 建立明确、透明及有效的流程；规定公众对 SEA 的参与；通过上述方式将包括健康在内的环境问题纳入为推动可持续发展所采取的措施和手段中。

《SEA 议定书》第二条对战略环境评价的相关基本概念进行了界定，即指对包括健康在内的可能环境影响进行的评价，包括确定环境报告的范围和准备工作、公众参与和协商的进展，以及考虑公众参与和协商的计划或方案的环境报告及其结果。适用的范围包括规划和计划以及任何对它们的修改，这些修改包括法律、法规或行政规章所要求的，以及由管理部门拟定和（或）通过或由管理部门拟定而由议会或政府经由正式程序通过的。包括健康在内的环境影响，指任何对环境的影响，这里的环境包括人类健康、植物、动物、生物多样性、土壤、气候、空气、水、地貌、自然遗迹、物质资源、文化遗产和这些因素的相互关系。

（2）适用范围

《SEA 议定书》第四条规定了所适用的规划和计划范围，即第 2 段、第 3 段、第 4 段所列举的可能造成包括健康在内的显著环境影响的规划和计划。各缔约方应保证对可能造成包括健康在内的显著环境影响的规划和计划开展战略环境评价：一是对于为农业、林业、渔业、包括采矿在内的工业、运输、区域发展、废物管理、水管理、通信、旅游、城乡规划或土地利用所编制的规划和计划；二是为未来批准建设的项目及任何其他根据国家法律需要进行环境影响评价的项目而设置框架的规划、计划；三是对于为未来批准项目设置框架的规划、计划以外的其他规划、计划。《SEA 议定书》不适用单纯用于国防或民事突发事件的规划、计划以及财政或预算规划、计划。

（3）SEA 的程序要素

针对计划和规划，《SEA 议定书》叙述了 SEA 的主要程序，如下：

确定环境报告的范围（第六条）。确定报告书的范围意味着界定报告编写之前所实施的分析范围。范围划定可将报告的重心放在公众、当局及决策者所关注的重要问题上，以期最大限度地发挥报告书的效用。报告书的范围不排除有改变的可能，因为随着研究的深入，有时范围的更改变得十分必要。范围的确定需征询环境与卫生部门，可向公众提供参与机会。

编制环境报告书（第七条）。编制范围需与划定范围一致，报告编制阶段需向公众及相关当局提供有关环境要素、健康要素及计划或方案可能带来的影响三方面信息。环境报告书的编制需要征求公众意见和咨询当地的环境与卫生部门。

公众参与（第八条）。在范围划定阶段，甚至在确定一个计划或规划是否需要按议定书要求实施 SEA 的阶段，就已经开展公众参与了。此处提及的公众可以对计划或规划草案以及环境报告书发表意见。

咨询当地环境与卫生部门（第九条）。在环境报告书编制阶段就针对当地环境与卫生部门展开咨询，相关部门可对计划或规划草案以及环境报告书发布意见。咨询和公众参与可以同时进行。

跨国协商（第十条）。当成员国认为计划或规划可能会对另一成员国的环境产生严重影响时，或在可能会受到影响的成员国要求下，受到影响的一国或多国应得到通知并受邀参与跨国协商。

确定是否采纳某项计划或规划（第十一条）。决策的制定必须考虑环境报告书以及国内和任何受影响的成员国公众与部门反馈商量的意见。决策制定者发表一份声明，概述如何考虑到各方面的意见和建议，以及为什么会采纳该计划或规划而非其他计划或规划。被采纳的计划或规划、决策以及采纳的理由必须被公开。

监测（第十二条）。在实施计划或规划时，必须监控严重的环境及健康影响，以辨别不可预见的不良影响并采取适当的补救行动。监测结果必须对当局及公众公开。

（4）《SEA 议定书》的实施状况

作为一个独立的国际法律文书，《SEA 议定书》扩大了欧盟《SEA 指令》的应用范围和内容，对成员国和愿意受其制约的 UNECE 区域以外的地区都具有约束力，规定应对规划和计划（不包含国家财政和预算）强制实施 SEA。表 10-3 列举了《SEA 议定书》在欧盟非成员国的使用案例，表 10-4 列举了在联合国环境规划署（UNEP）对《SEA 议定书》的应用。

表 10-3 《SEA 议定书》在欧盟非成员国的适用案例

国家	适用案例
阿塞拜疆	国家替代和可再生能源利用战略环境评价
白俄罗斯	全国旅游发展计划战略环境评价
摩尔多瓦共和国	奥尔海伊城镇总体规划战略环境评价
亚美尼亚	关于固体废弃物管理部门的国家战略发展计划、路线图和长期投资计划的战略环境评价

表 10-4 《SEA 议定书》在联合国环境规划署（UNEP）的适用案例

年份	适用案例
2014 年	塞浦路斯战略环境评估
2014 年	斯洛文尼亚共和国交通发展战略环境评价
2005 年	匈牙利—克罗地亚 IPA 跨境合作方案战略环境评价
2014 年	保加利亚的罗马尼亚跨境合作计划（2014—2020 年）战略环境评价

二、欧盟战略环境评价的经验

1. 欧盟《SEA 指令》

长期以来，欧盟成员国一直非常重视环境问题，然而《SEA 指令》（2001/42/EC）的协商和最终通过经过了一个漫长的过程。早在 1990 年，欧洲委员会总理事就提出了 SEA 指令的初步建议，经过 1996 年、1999 年的修订，2001 年 7 月才正式发布了欧洲《战略环境影响评价指令》（《SEA 指令》）。所有欧盟成员国必须执行《SEA 指令》，或者是取代成员国原来的 SEA 体系或者是对其进行补充，纳入到各成员国的规章制度之中。欧盟《SEA 指令》具有《EIA 指令》扩展的特点，强调评价的整个过程不仅仅是编写报告，评价应兼顾规划方案改善以及规划实施后的监测，并鼓励决策者使用 SEA 成果，但是关于环境的定义、适用具体的战略行为类型、咨询的机构、替代方案的合理性分析等方面尚需进一步的修订[88]。为帮助各成员国更好地实施《SEA 指令》，欧盟委员会于 2003 年 9 月颁布了《关于〈SEA 指令〉的实施指南》。该指南分为介绍、目标、筛选、一般义务、环境报告、环境报告的质量、咨询、监测以及与其他欧盟法律的关系九部分，对 SEA 指令逐条进行解释。

2. 欧盟《SEA 指令》的适用范围

《SEA 指令》分别在第一章和第二章对 SEA 的适用范围进行了阐述。欧盟《SEA 指令》中规定 SEA 的介入时机为计划或规划的准备阶段，需要进行评价的计划和规划分为两类[89]：一是为需要进行环评的建设项目设定了框架的计划或规划，包括农业、林业、渔业、能源、工业、交通、废弃物管理、水管理、电信、旅游、城乡规划和土地利用等，设定框架是指已经对建设项目的位置、性质、规模、运行情况和资源配置等做出了规定；二是成员国自己决定需要开展评价的计划或规划，成员国既可以针对每个案例决定是否需要环评，也可以就某一类计划或规划是否需要环评做出规定。

3. 欧盟《SEA 指令》的程序

欧盟《SEA 指令》的主要流程包括：

1）筛查：根据相关规定，决定某项计划或规划是否需要进行环评；

2）范围审查：主要是决定环评的范围、大纲、主要内容、评价的详细程度等；

3）备选方案：备选方案一般不止一个，而且这些备选方案都是能达到目标，并且是符合实际的、合理的；

4）环境现状分析：分析环境现状以及零方案情况下的环境演变趋势；

5）影响预测：预测备选方案的环境影响；

6）监测和评价：计划或规划实施后的监测和评价方案；

7）形成环评报告，公众和环境当局就该规划或方案草案以及编写的环境报告进行通报和咨询；

8）环评报告的质量审查：指令中规定环评报告应有足够的质量，一般由独立机构进行审查。

另外，对于可能对另一会员国的环境产生重大影响的规划和方案，正在编制规划或方案的成员国必须同其他成员国协商。在这一问题上，《SEA 指令》遵循了联合国欧洲经济委员会的《跨界环境影响评价公约》之《战略环境评价议定书》的一般做法。一旦规划或方案获得通过，环境当局和公众将得到通知，并向他们提供有关资料。为了在早期发现无法预见的不利影响，对规划或方案的重大环境影响将进行监测。

4. 欧盟 SEA 报告的内容

欧盟 SEA 报告需要包含如下内容：

1）计划、规划的主要目标、内容以及与相关计划或规划的关系；

2）环境现状及零方案下的环境演变趋势；

3）可能被计划或规划显著影响区域的环境特征；

4）与计划或规划相关的现存环境问题，特别是与重要环境区域相关的环境问题；

5）与计划或规划相关的环境目标，以及这些环境目标和环境考量如何体现在计划与规划中；

6）计划或规划可能造成的环境影响，包括生物多样性、种群、人类健康、动物、植物、土壤、水、大气、气候因素物质资产文化遗存（包括建筑和考古遗存）景观等方面；

7）防止减轻和补偿负面环境影响的措施；

8）备选方案的选择依据以及环评的执行情况（包括难点和不确定性等）；

9）环境影响的监测措施，

10）非技术性的总结。

5. 欧盟《SEA 指令》的引入和实施情况

自 2001 年以来，欧盟成员国对《SEA 指令》的转化主要包括以下四种方式：进行明确的 SEA（框架）法、对现有的 EIA 规章进行修订、对环境法典进行修订以及对土地利用规划/行业立法进行修订等。各成员国将指令转化为国家法律（2001—2008）的进程是不均衡和缓慢的，大多数成员国并没有在 2004 年 7 月 21 日之前完成，这与各国以往的 SEA 实施经验有很大关系。在 SEA 活动水平上（表 10-5）[83]，有些国家每年完成或正在实施数百个 SEA 应用项目，而其他国家至今只启动了极少数程序。各成员国的 SEA 实施状况与质量存在较大差异，不仅反映了先前的经验水平，而且受到了指导性条款、公开协商和独立审查的影响。在欧盟整体水平上，SEA 仍然存在违规实施的程序、对特定条款的清晰度所持有的保留意见、《SEA 指令》与其他欧共体指令和《埃斯波公约》相关要求之间的关系，以及何时最终得到批准纳入到《SEA 议定书》等问题[90]。

表 10-5　《SEA 指令》在欧盟成员国的应用（截至 2008 年中期）

国家/组织	过程和程序
低（<10）	塞浦路斯、意大利、卢森堡、马耳他、葡萄牙
低/中（10~50）	比利时、希腊、爱尔兰、立陶宛、斯洛伐克、西班牙
中/高（50~150）	奥地利、保加利亚、捷克共和国、丹麦、爱沙尼亚、匈牙利、拉脱维亚、荷兰、波兰、罗马尼亚、斯洛文尼亚
高（>150）	芬兰、法国、德国、瑞典、英国

三、主要发达国家的战略环境评价制度经验

1. 澳大利亚的战略环境评价制度

早在 1974 年，澳大利亚《环境保护法》就规定应对具有重大环境影响的联邦行动（包括立法、制定政策、拟定政策、拟定规划实施或许可工程项目）进行环境影响评价，1992 年澳大利亚《政府间环境协定》又特别提到了与政策计划相关的环境影响评价。1999 年，澳大利亚联邦议会通过的《环境和生物多样性保护法》（2013 年修正）对联邦现行环境影响评价制度进行了变革性的修改，改变了《环境保护法》中 EIA 程序和 SEA 不分的立法体例。《环境和生物多样性保护法》对 SEA 作了特别规定：若拟议政策、规划、计划含有受控行动或者具有重大影响环境的行动，应对其进行 SEA；在评价开展之前，环境部长以书面形式同政策、规划或者计划的审批者或实施人就评价事宜达成协议，协议内容包括编制评价大纲草案、公布评价大纲草案供各方评议，评议时间不少于 28 天；环境影响报告书得到环境部长的认可，并吸取公众意见向环境部长递交影响报告书，环境部长向政策、规划、计划的审批者或者实施人提供建议，包括修改政策、规划、计划的建议；如果环境影响报告书已经充分说明各类环境影响或者对政策、规划、计划的修改达到同一效果，那么环境部长表示同意。此外，协议还应该包括《环境和生物多样性保护条例》（2000 年）中规定的事项[91]。2011 年，澳大利亚又颁布了《环境和生物多样性保护法战略环境评价指南》。如此看来，《环境和生物多样性保护法》对 SEA 程序的法律安排具有一定的可操作性，但它只对渔业范围做了强制性的 SEA 要求，其他范围则为自愿性行为。长期以来，澳大利亚积

累了一定的 SEA 经验，但大多数评价在本质上都是非正式的，且普遍没有运用 SEA 术语。在澳大利亚政府层面，SEA 是依照一系列法规实施的，针对渔场评价制定的强制性条款尤为成功，部分可能归功于它的强制性[90]。

2. 加拿大的战略环境评价制度

1973 年，加拿大联邦政府以内阁备忘录的形式首次引进了环境评价程序，1984 年和 1993 年又相继发布了《环境评价和审查程序指南》和《政策和规划建议的环境评价程序》，后者规定对经过国家内阁审批的政策和计划的提案，联邦政府需对其进行环境影响评价。1995 年，《加拿大环境评价法》正式生效，1999 年联邦政府根据该法制定了《关于政策、规划和计划提案环评的内阁指令》（简称《内阁指令》），适用于战略层次的政策、计划和规划提案。该指令规定，各部门和机构官员对其拟定并提交本部部长考虑的政策、规划和计划，必须适时完成环境评价并对每个可行的选择方案也进行评价。目前，加拿大已经形成了由该指令和各部门导则组成的 SEA 规范体系，2009 年颁布了《加拿大区域战略环境评价导则》，2010 年和 2014 年又分别发布了《内阁指令实施指南》和《内阁指令手册》。

从国家层面上说，联邦政府依据《内阁指令》建立的 SEA 体系没有严格意义上可与之相对照的省或地区一级的体系，而在国际范围来看，这一体系可以看作是脱离 EIA 而单独建立的"新一代"SEA 框架的首例。《加拿大区域战略环境评价导则》中阐明其重点在于灵活运用 SEA，根据联邦机构的政策或规划形势做出调整，并考虑环境、经济和社会因素。这一灵活性被一系列评估和审核程序证明有明显弊端，主要反映为与指令条款不相符，程序实施方面存在基本缺失，且对 SEA 实际操作的连贯性和质量极少甚至从未予以监督。

3. 新西兰的战略环境评价制度

新西兰目前推行的各类 SEA 措施主要依据的是《资源管理法》（1991）和《地方政府法》（2002）等法律框架内的各类条款，或区域陆上运输战略等强制性规划，以及城市发展战略等临时性规划。《资源管理法》规定需要进行 SEA 的政策和规划包括三个层次：一是中央政府制定的不同领域的国家政策报告，二是各地区政府制定的地区政策报告，三是各地方政府，包括区和市制定的区域规划。很多学者认为，新西兰把环境评价"嵌入"到政策与规划制定过程中，是 SEA 的一种综合性方法，然而，迄今为止，新西兰没有具体的 SEA 条款和对 SEA 的正式要求。SEA 的实施完全依赖于政策与规划团体的知识、技能以及他们所拥有的资源。因此，新西兰在 SEA 领域的经验还很有限，在任何场合，环境评价通常都受制于有限的资源和技能；有效的 SEA 的关键要素仍然受到资源供给不足问题的影响，这意味着经常只能依靠有限的信息来评价环境目标是否已实现[90]。

4. 美国的战略环境评价制度

1969 年，美国颁布了《国家环境政策法》，明确了美国国家环境政策和目标，设立了直接对总统负责的环境质量委员会，要求任何对人类环境产生重要影响的立法、建议、政策及联邦机构所确定的重要行动都应进行环境影响评价，包括官方政策、正式规划、行动计划和具体项目，这是 SEA 可以追溯的最早出处。1978 年，环境质量委员会颁布了《国家环境政策法实施条例》（NEPA），详细规定了环境影响评价的内容、报告书及有关文件的准备、公开评议、审查批准等操作程序。NEPA 颁布以来，联邦政府各部门平均每年编制环境影响报告书 500 份，环境分析报告 5 万份，除立法建议和重大联邦行动外，对一些有重大影响的国际条约如《联合国海洋法公约》《新巴拿马运河条约》和《战略武器削减条例》等也进行了环境影响评价。除此以外，每个政府部门也出台了相应的法规、导则来贯彻国家环境政策法，尤其以加利福尼亚州最具代表性。加利福尼亚州在 1986 通过了"加利福尼亚环境质量法"，要求将环境影响评价的范围从项目拓展到政府的政策、规划和计划。到目前为止，加利福尼亚州已建立起全面有效的 SEA 制度，并且进行了数百次的 SEA[92]。

总体来看，尽管《国家环境政策法》为 SEA 的实施提供了法律基础，但美国 SEA 也尚存某些局限性：一是目前的组织在美国国内没有足够的凝聚力，无法在部门内实现战略层面上的合作，例如，运输项目经常是由个别州提交建议书；二是决策者很难获得决策程序所必需的所有数据，即使是对现有数据，联邦与州立机构也不具备基础架构来协调数据或信息的分享，在战略层面上的数据就更少了；三是在项目层面上开展 EIA 要求评价人员具备高级技能，但目前合格专业人员的数量很少，而 SEA 在复杂程度上比 EIA 又上了一个台阶，更适合于具有较高期望的政策层面决策者，但目前合格专业人员的数量较之 EIA 更少[90]。

第三节 国家管辖范围以外区域战略环境评价的实施分析

一、BBNJ 谈判中对 SEA 的主要观点

关于国家管辖范围以外区域战略环境评价的内涵、新国际文书中是否应包括战略环境评价等问题是 BBNJ 磋商和谈判过程中存在较大分歧的领域。四次筹备委员会磋商期间，对于新文书中是否处理战略环境评价问题、实施范围等尚未达成共识。筹委会总结性文件中提及了战略环境评价的范围大致包括政策（policies）、计划（plans）和规划（programmes）；实施程序上是否由国家负责开展，决策上是否由国家、国际性的科学机构享有特定的职权；根据相关规则和程序进行的监测和报告等后续行动相关内容如何安排等。筹委会协商期间对于战略环境评价的问题进展甚微，2018 年 9 月召开的第一届政府间会议形成的主席对讨论的协助文本中关于战略环境评价的相关要点仍然集中在：文书是否应纳入关于战略环境评价的条款？如是：（a）评价范围是什么？（b）关于国家管辖范围以外区域海洋生物多样性的战略环境评价，将在全球一级还是区域一级实施？（c）谁负责实施战略环境评价？（d）如何根据战略环境评价的结果采取后续行动？

各国或国际组织对于战略环境评价的立场各不相同。欧盟认为，在许多情况下，在国家管辖范围以外区域开展 SEA 可能需要国家之间在区域层面开展特别合作，或现有区域性或全球性机构范围内开展合作，新协定应当促进这种合作。公海联盟提出，应为 SEA 制定明确、透明和有效的要求和程序。密克罗尼西亚联邦认为，新协定应规定，在区域层面实施 SEA，并在开展环评活动之前进行 SEA；鼓励区域性和国际性组织根据现有授权开展 SEA；此外，新协定可以鼓励各国合作开展和指定区域性 SEA，以促进其履行保护和保全海洋环境的义务。挪威认为，应讨论区域性海洋协定在 SEA方面可能发挥的作用。世界自然基金会提出，SEA 由 SEA 或 EIA 行政监督委员会和/或区域委员会准备，并与科学、技术和咨询附属机构和主管组织合作，确定特定区域的利用和活动趋势/蓝图，而在这种情况下，SEA 将作为区域环境评估，以确定不同活动的累积影响、单独活动影响的阈值以及跨部门冲突；SEA 应由集体资助（例如由新协定设立的产业基金提供资金支持），并说明可以进行具体活动的战略背景，而环

境影响评价是仅限于特定用户和特定情况的经营者资助；SEA 信息和结果需要定期审查。

二、分析与思考

国际社会对于国家管辖范围以外区域是否开展战略环境评价存在分歧。如若开展，适用范围是什么，以及在何种层面上由谁负责实施等问题都存在较大争议，实践中也存在着技术上和管理上的各种障碍。这也为这一问题的学术探讨和深入研究提出了更紧迫的要求。鉴于战略环境评价需要综合考虑多方面的因素，尤其涉及国家管辖范围以外这一国际公域，综合前文对当前情况的分析，对于新的国际制度框架下开展战略环境评价的几个问题，我们提出以下几点思考：

1. 可借鉴《跨界环境影响评价公约》之《战略环境评价议定书》，对可造成包括健康在内的显著环境影响的规划和计划开展战略环境评价，而不做区域开发战略环境评价

以上"规划和计划"指为需要进行 EIA 的项目而设置框架的规划、计划。理由在于：一是区域开发战略环境评价涉及多个国家和组织、多种活动，如果国家管辖范围以外区域开展这类 SEA，那么谁来编制战略环境评价、相关利益如何协调、环境报告的审查和决策主体确定等一系列管理和技术问题均存在很大困难；二是 PPP 的层次越高、涉及范围越广，决策内容和 SEA 实施的不确定性也越大，难以从区域开发战略层面限定 SEA 的适用范围，从现有的国际公约来看，也仅有《跨界环境影响评价公约》之《战略环境评价议定书》明确给出了规划、计划层面的适用范围。

2. 如将战略环境评价的适用范围限定在为需要进行 EIA 的项目而设置框架的规划、计划，那么可以在全球范围内开展

规划和计划层面的战略环境评价仍应当由国家主导，可以提交新协定所设立的国际性科学委员会进行审议。环境评价报告的主要内容可以包括：规划或计划的主要目标、内容以及与相关计划或规划的关系，环境现状及零方案下的环境演变趋势，被计划或规划显著影响区域的环境特征，在国际和国家层面上确立的与该规划或计划有关的环境目标，计划或规划可能造成包括健康在内的环境影响，防止减轻和补偿负面环

境影响的措施，备选方案的选择依据以及环评的执行情况，环境影响的监测措施，以及非技术性的总结等。

3. 有必要根据 SEA 的结果采取适当的后续行动，对评价结果进行有效性检验，并根据检验结果确定是否需要调整和优化"规划和计划"，以及对 SEA 进行跟踪评价

跟踪评价可采取以下四个步骤：①对战略举措范围内的实施活动和环境进行监测，进行系统化数据采集、处理、存储、公布；②定期对监测数据进行评估分析，撰写评估报告；③修改、增添或者限制某项战略举措的决定；④与利益相关国协商、讨论、调解等。

第十一章 国家管辖范围以外区域环境影响评价制度建设的展望

基于 BBNJ 养护和可持续利用的全球治理目标，结合现有国际性或区域性制度框架下与国家管辖范围以外区域活动的环境影响评价相关的机制、措施和实践情况，可以初步明晰未来 ABNJ-EIA 制度建设的方向和基本框架内容。以下简要分析新的具有法律约束力的国际协定关于 EIA 制度建设的制度框架和管理机制。

第一节 EIA 制度框架

EIA 制度在 BBNJ 新的国际法律文书中的定位和功能已有国际性的共识，国家管辖范围以外区域环境影响评价的具有约束力的国际法律文书或全球性准则的制定将主要发挥两方面的作用。一是确立 ABNJ 环境影响评价过程的最佳实践模式，二是作为一种默认机制来囊括现行部门性环境评估框架未涵盖的现有或新出现的活动。针对 ABNJ 活动开展的环境影响评价作为环境保护的重要管理工具，其目的是为了保护海洋生态环境，控制并最大限度地降低人类活动的不利影响，促进 BBNJ 的养护和实现可持续利用与发展。

新协定中将规定全球统一的 ABNJ-EIA 的最低标准，不应与现有机制冲突或损害现有法律文书或制度框架，因此在现有制度基础上整合或吸收已有的最佳实践，并强化已有制度间的协调性和执行的有效性，同时通过协商达成 EIA 适用的范围和程序，弥补 ABNJ 相关活动管控方面的空白，最终实现 BBNJ 的可持续利用目标。

新协定将以适当的方式明确 EIA 制度适用的一般性原则和方法、一般义务和实施过程等要求。

1. 一般性原则和方法

原则类型包括战略性原则、目标性原则和手段性原则。与 EIA 相关的主要为手段性原则,介绍如下。

(1) 预防性原则或方法

《里约宣言》原则 15 要求:"为了保护环境,各国应按照本国的能力,广泛适用预防措施。遇有严重或不可逆转损害的威胁时,不得以缺乏科学充分确实证据为理由,延迟采取符合成本效益的措施防止环境恶化。"CBD 序言指出:注意到生物多样性遭受严重减少或损失的威胁时,不应以缺乏充分的科学定论为理由,而推迟采取旨在避免或尽量减轻此种威胁的措施。《联合国鱼类种群协定》在海洋生物保护及其生境保护领域确立了预防原则,第六条规定了预防性做法的适用,附件二"指导渔业适用预防性方法的准则"构成执行协定的组成部分。因此,新文书应考虑制定一个专门讨论预防原则或方法及其执行的条款,并作为一项首要义务和原则列入相关条款,各国和国际组织在审议 ABNJ 海洋生物多样性的养护和管理时应始终适用预防原则或方法,以保护海洋生物资源和保护海洋环境,指导对任何具有潜在不利影响的活动的评估和控制。

(2) 最佳环境实践原则

它被定义为"应用环境控制措施和战略的最适当组合"(《保护东北大西洋海洋环境公约》,附录 1)。应在项目规划的所有阶段采取代表最佳环境做法的措施。这些措施可与缓解措施结合使用,以尽量减少对当地环境影响的程度和重要性。最佳环境实践至少包含以下措施:健全的数据库和监测、减少环境影响和风险(通过应用最佳可得技术和缓解措施)、生态补偿措施的实施、提高生态意识等。《保护东北大西洋海洋环境公约》附录 1 给出了"最佳可得技术"(BAT)的定义,它是指"工艺、设施或操作方法的最新发展阶段(最先进),体现限制排污、排放和废物的特定措施的实际适用性"。EIA 实施全过程都需要根据现有最佳科学和技术信息开展评估,最终确定影响程度、减缓和替代措施等。评估过程中,为了确保科学和技术信息的充足程度,需要向利益相关方广泛搜集相关知识和专家咨询意见。利用现有最佳科学信息,可能包括设立独立的科学委员会,共享科学信息,以及促进和开展科学研究和开发适当技术,以支持 ABNJ 的海洋生物多样性及其组成部分的养护和管理。

(3) 基于生态系统方法及原则

它是全世界推进生物多样性保护与生态系统管理的指导原则。对于这一共识,文书应当给予较高级别的强调。生态系统方法是综合管理土地、水和生物资源,公平促进其保护与可持续利用的战略,它是一种跨学科的、包含参与过程的综合性方法。2000 年 5 月《生物多样性公约》第五次缔约方大会上正式采纳生态系统方法及其 12 条原则。《生物多样性公约》体系下 EIA 和 SEA 都强调生态系统方法,"特别将所有阶段的环境影响评价和战略环境评估过程考虑生态系统的方法(特别是原则 4、原则 7 和原则 8)"。2006 年《生物多样性影响评价自愿准则》和 2012 年《海洋和沿海地区生物多样性:海洋和海岸地区包含生物多样性的环境影响评价和战略环境评价自愿准则》都将"生态系统方法"作为其原则。在 EIA 中,生态系统方法体现在方方面面,例如:考虑活动对相邻和其他生态系统的(实际和潜在、直接和间接)影响;评估考虑生态系统结构和机能以及生态系统服务;考虑长期、累积性的影响;考虑变化的必然性开展适应性管理;考虑现有可获得的最佳信息资料和技术方法;多学科交叉和合作;制定环境管理计划;等等。

(4) 适应性管理原则

适应性管理是指通过科学管理、监测和调控管理活动来提高当前数据收集水平,以满足生态系统容量和社会需求方面的变化。它围绕系统管理的不确定性展开一系列设计、规划、监测、管理资源等行动,目的在于实现系统健康及资源管理的可持续性。国际海底管理局环境规章草案将"适应性管理"定义为"是一个有计划的、系统的过程,通过了解环境管理实践的结果,不断改进环境管理实践。适应性管理提供了识别和实施新的缓解措施或在采矿项目的生命周期中修改现有措施的灵活性。"《生物多样性公约》体系下的 EIA 自愿准则也提出"监测结果为 EMPs 的定期检查和变更以及通过项目各阶段的良好、适应性管理优化环境保护提供了信息。"

(5) 透明度和公众参与原则

国际环境法律文书都强调环境信息的公开,无论是《联合国海洋法公约》还是区域性环境影响评价文件都要求在 EIA 的特定过程中将环境影响评价报告(书)予以公开,或者送达有关缔约国,信息公开原则是公众参与原则的基础。无论是各国国内的 EIA 还是国际 EIA 中,公众参与都是 EIA 制度的重要内容,虽然各国和国际组织公众参与的程度和参与主体有所差别,但是 EIA 的过程都应当吸收利益相关者和社会公众的广泛参与,听取社会公众的意见和建议,对环境影响评价报告书的内容不断予以完善，这也是国际 EIA 中应当坚持的一般原则。

2. 一般性义务

UNCLOS 第 204~206 条规定，对有关活动具有管辖或控制权的国家承担环境影响评价的义务，新的具有法律约束力的国际协定中纳入环境影响评价规定的目的是使这项义务付诸实施。在一般性的义务规定中，新协定须设定有关活动触发环境影响评价的阈值或标准，明确责任和义务主体，以及实施方式。

比照 UNCLOS 对于环境影响评价一般性义务的规定，对于影响 BBNJ 相关活动的评价制度，应在 UNCLOS 基础上进一步明确和细化。具体来讲，各国如有合理根据认为在其管辖或控制下的计划中的活动可能对 ABNJ 海洋环境或依附于它的和与其相关的海洋生物多样性和生态系统结构、功能或维持重要生态系统服务的关键进程造成重大的不利影响或有害变化，应在符合其他国家权利的情形下，在实际可行范围内，直接或通过相关的全球性、区域性主管国际组织，用公认的科学方法就这种活动的环境影响作出评估。可见，实施环境影响评价的责任主要在于船旗国，拟议活动的发起者或经营者在船旗国的监督和审查下开展环境影响评价，同时，不排除国家自愿通过相关组织机构开展评估的情况。各国在实施环境影响评估义务时，应尽量依照商定的标准和程序进行，确保涉及 BBNJ 养护和可持续利用相关决策的透明度和责任的可说明性。

3. EIA 实施程序

ABNJ-EIA 制度建设的重要内容是对 EIA 实施程序最佳实践的确认，亦是全球层面商定的一般性规则和程序的最低标准。具体在 EIA 实施程序方面，技术性的 EIA 实施步骤已经具有国际共识，包括筛选、范围确定、评估、报告、审查等基本环节。除了对已有活动规制框架的尊重和整合，新的法律制度将很大程度上从管理角度具体规定 EIA 重要程序的实施，主要涉及执行、审查和决策时的国家主导权或国际化问题，包括主体、内容及要求，通过设立一套完整的机制管理 ABNJ-EIA 的实施。除了每个阶段的规则和义务，在环评程序的各个阶段还包括一些通用的义务，如利益相关者的参与、信息获取和公开、有关国家磋商等。

EIA 管理在何种程度上由国家主导或借助国际化安排来执行，是 BBNJ 养护和可持续利用的国际立法进程及其国际治理中的焦点问题。现有的国际性 EIA 相关法律文书和制度框架主要以国家主导实施，国家是直接的责任主体，相关国际或区域机制主要在科学技术建议和指导、信息交流以及一定程度的监督等方面发挥作用。新的具有法律约束力的执行协定对于 ABNJ 活动 EIA 管理程序中的国际化安排以确保 EIA 的有效实施为目的，通过国际相关主体或利益相关者在与决策有关的实施过程中的参与，为科学和高效的决策制定提供辅助支持。具体体现为对 EIA 报告的审议及建议，对执行程序的监督，以及对相关信息的获取及公开等不同深度的国际化安排。国际化的程度是基于所有成员国协商一致而达成的，供各国共同遵守的规则。

第二节　EIA 管理机制

任何国际性法律制度的建立都配套建立国际层面的相关管理机制。BBNJ 新文书中将着重磋商国际性机制建立的必要性和可行性，以及适当的模式。

对于新国际协定的决策机制，相关框架安排应当首先符合新国际协定的宗旨和目标，并且以符合成本效率的方式构建。综合性的全球机制建设将有助于确保区域层面的执行差异不会对能力不足的发展中国家造成过重负担，某些决策及其执行在区域层面开展，也可以充分反映区域或次区域的具体情况。决策机构通常为缔约方大会（或有限成员的理事会），通过每年定期召开会议，交流信息、讨论问题，对协定执行和遵守的进展情况进行审查和有效性评估，促进有关政策和措施的协调，制定指导意见，提出建议和做出决定。还可以考虑通过设立区域委员会，加强不同利益相关方、国家和主管机构之间在区域层面制定和执行广泛认可的规则和标准方面的合作与协调。秘书处将负责提供行政支持，针对 BBNJ 议题，秘书处可以由联合国海洋事务和海洋法司承担相应职责。

对于科技咨询机制，BBNJ 议题涉及不同问题领域，新国际协定有必要根据所涉问题设立相关主题专家委员会，支持各国对 EIA 进行审查或评估，向决策机构提供科学建议或科技援助。同时，科技咨询机构或科学委员会可以同其他科学机构或非政府科研组织合作，促进实现全球环境评价标准制定的目标。

对于履约报告和审查机制，是确保新国际协定有效执行的重要保障，通常可以在新协定框架下设立履约委员会，审查国际文书的执行情况，并向决策机构报告。同时通过向缔约国提供咨询意见和技术援助，促进其对新国际协定的遵守。各国需要定期向履约委员会提交国家履约情况的国别报告，供履约委员会行使监督职权。

对于冲突解决机制，需要处理好现有制度框架和新制度之间的关系，例如，当拟议活动 EIA 的要求和现有制度存在差异，如何适用 EIA 程序和协调管理机制之间的关系需要明确规定。又如，当不同相关方之间针对 EIA 过程中的科学问题存在异议，需要通过何种渠道解决分歧、达成共识，也需要在新国际协定框架下设计合适的机制安排进行妥善处理。

对于信息公开与交流机制，是贯彻透明度原则的重要内容，也是促进 BBNJ 科学知识获取和提升的重要举措，信息公开将贯穿于 EIA 实施过程的具体环节中，包括环评报告的发布、决定的公开等，以保障利益相关方的知情权和参与权。同时，相关信息通过提交到新国际协定框架下设立的信息交换机制或数据库平台，有力地促进国际交流和科学研究的发展，为 BBNJ 的有效养护和可持续利用治理奠定更坚实的科学和信息基础。

结　语

国家管辖范围以外区域海洋生物多样性养护和可持续利用关乎国际社会乃至全人类的共同关切，更牵涉各国在国际海洋空间及资源领域的重要战略利益。新的具有法律约束力的国际协定立法进程是建立新的国际海洋秩序的过程，将在国家管辖范围以外区域海洋开发利用领域形成新的利益格局。环境影响评价作为一项重要的环境管理工具和预防性方法，对现有的传统海洋活动以及新兴海洋活动提高了环境保护要求，可以为国家管辖范围以外区域海洋生物多样性的养护和可持续利用提供重要的制度保障，进而从长远角度有利于全球海洋生态系统的可持续发展。

同时，着眼于中国在国家管辖范围以外区域的战略利益布局和未来发展需求，积极参与全球海洋治理和相关立法进程，一方面有利于维护我国的合法海洋利益，争取新的国际制度建设和发展，能够在更大程度上符合我国的根本利益诉求；另一方面也是中国积极履行 UNCLOS 有关义务、展示负责任海洋大国形象和能力的重要平台，有利于提升我国在全球海洋治理领域的软实力和话语权，也可以借助有利的国际场合增强和扩大中国先进海洋治理经验与国际合作相关理念的影响力。

另外，考虑到国家管辖范围以外区域海洋生物多样性相关问题的综合性和复杂性，以及当前阶段存在的科学和技术方面的欠缺与多方面不确定性因素交织，不论对于 BBNJ 养护和可持续利用规制的形成还是未来具体的实施来说，都需要各国加强国家管辖范围以外区域的海洋科学研究和科技支撑工作，协调国内相关部门、科研院所和企业等资源力量，加强对海洋遗传资源开发利用，以及相关政策和法律问题的研究，并以此为契机，加快国内海洋产业转型升级，提升海洋科技创新发展能力，以实现并优化国家海洋利益的全球布局。

附件一：

2015 年 6 月 19 日联大第 69/292 号决议

根据《联合国海洋法公约》的规定就国家管辖范围以外区域
海洋生物多样性的养护和可持续利用问题拟订一份
具有法律约束力的国际文书

大会，

重申各国国家元首和政府首脑在经大会 2012 年 7 月 27 日第 66/288 号决议认可的 2012 年 6 月 20 至 22 日在巴西里约热内卢举行的联合国可持续发展大会题为"我们希望的未来"的成果文件第 162 段所作承诺，即在研究国家管辖范围以外区域海洋生物多样性的养护和可持续利用有关问题不限成员名额非正式特设工作组工作的基础上，在大会第六十九届会议结束之前抓紧处理国家管辖范围以外区域海洋生物多样性的养护和可持续利用问题，包括就根据《联合国海洋法公约》① 的规定拟订一份国际文书的问题作出决定，

注意到大会在其 2014 年 12 月 29 日第 69/245 号决议第 214 段中请不限成员名额非正式特设工作组就根据《公约》的规定拟订一份国际文书的规模、范围和可行性提出建议，

审议了不限成员名额非正式特设工作组的建议，②

欢迎不限成员名额非正式特设工作组在 2011 年 12 月 24 日第 66/231 号决议规定的任务范围内并根据 2012 年 12 月 11 日第 67/78 号决议的规定，就根据《公约》的规定拟订一份国际文书的规模、范围和可行性在工作组内交换意见并取得进展，为大会

---

① 联合国，《条约汇编》，第 1833 卷，第 31363 号。
② A/69/780，附件，第一节。

222

第六十九届会议将要就根据《公约》的规定拟订一份国际文书作出的决定做好筹备工作，

强调指出必须通过全面的全球性制度来更好地处理国家管辖范围以外区域海洋生物多样性的养护和可持续利用问题，并审议了根据《公约》的规定拟订一份国际文书的可行性，

1. **决定**根据《联合国海洋法公约》的规定就国家管辖范围以外区域海洋生物多样性的养护和可持续利用问题拟订一份具有法律约束力的国际文书，为此：

（a）决定在举行政府间会议之前，设立一个筹备委员会，所有联合国会员国、专门机构成员和《公约》缔约方均可参加，并按照联合国惯例邀请其他方面作为观察员参加，以便考虑到共同主席有关研究国家管辖范围以外区域海洋生物多样性的养护和可持续利用有关问题不限成员名额非正式特设工作组工作的各种报告，就根据《公约》的规定拟订一份具有法律约束力的国际文书的案文草案要点向大会提出实质性建议，筹备委员会在 2016 年开始工作，并在 2017 年年底以前向大会报告其进展情况；

（b）决定筹备委员会在 2016 年和 2017 年举行至少两次会议，每次为期 10 个工作日，配有全面会议服务，同时确认在文件方面，筹备委员会所有文件，除其议程、工作方案和报告外，都将作为非正式工作文件；

（c）请秘书长于 2016 年 3 月 28 日至 4 月 8 日以及 8 月 29 日至 9 月 12 日召集筹备委员会会议；

（d）决定筹备委员会由一名主席主持，该主席由大会主席同会员国协商尽快任命；

（e）决定设立一个主席团，由每个区域组两名成员组成，这 10 名成员应就程序事项协助主席开展工作；

（f）请大会主席邀请各区域组尽快提名主席团候选人；

（g）确认任何根据《公约》的规定就国家管辖范围以外区域海洋生物多样性问题拟订的具有法律约束力的文书都应确保得到尽可能广泛的接受，为此；

（h）决定筹备委员会应竭尽一切努力，以协商一致方式就实质性事项达成协议；

（i）确认至关重要的是筹备委员会要以有效方式开展工作，根据《公约》的规定拟订一份具有法律约束力的国际文书的案文草案要点，还确认即使在竭尽一切努力后仍未就一些要点达成协商一致，也可将这些要点列入筹备委员会向大会提交建议的某一章节之中；

（j）决定除上文（i）分段另有规定外，大会各委员会议事程序的规则和惯例适用

于筹备委员会的议事程序，就筹备委员会会议而言，作为《公约》缔约方的国际组织的参与权应同于《公约》缔约国会议的参与权，本规定对所有适用大会 2011 年 5 月 3 日第 65/276 号决议的会议不构成先例；

（k）决定在大会第七十二届会议结束前，并考虑到筹备委员会的上述报告，将就在联合国主持下召开一次政府间会议以及会议的开始日期作出决定，以审议筹备委员会有关案文要点的建议，并根据《公约》的规定拟订具有法律约束力的国际文书的案文；

2. **又决定**通过谈判处理 2011 年商定的一揽子事项所含的专题，即国家管辖范围以外区域海洋生物多样性的养护和可持续利用，特别是作为一个整体的全部海洋遗传资源的养护和可持续利用，包括惠益分享问题，以及包括海洋保护区在内的划区管理工具、环境影响评估和能力建设及海洋技术转让等措施；

3. **确认**上文第 1 段所述进程不应损害现有有关法律文书和框架以及相关的全球、区域和部门机构；

4. **又确认**参加谈判和谈判结果都不可影响《公约》或任何其他相关协议的非缔约国对于这些文书的法律地位，也不可影响《公约》或任何其他相关协议的缔约国对于这些文书的法律地位；

5. **请**秘书长设立一项特别自愿信托基金，用于协助发展中国家，特别是最不发达国家、内陆发展中国家和小岛屿发展中国家出席筹备委员会会议和上文 1（a）段所述政府间会议，邀请会员国、国际金融机构、捐助机构、政府间组织、非政府组织以及自然人和法人向该自愿信托基金作出财政捐助；

6. **又请**秘书长为便利筹备委员会履行职责而提供必要协助包括秘书处服务，以及提供必要的背景资料和相关文件，并作出安排由秘书处法律事务厅海洋事务和海洋法司提供支持。

2015 年 6 月 19 日

第 96 次全体会议

附件二：

2017 年 7 月 21 日 BBNJ 筹备委员会向联大提交的国际文书草案要素建议（节录）

大会关于根据《联合国海洋法公约》的规定就国家管辖范围
以外区域海洋生物多样性的养护和可持续利用问题拟订
一份具有法律约束力的国际文书的
第 69/292 号决议所设筹备委员会
第四届会议的报告
（2017 年 7 月 10 日至 21 日，纽约）

一、导言

1. 2015 年 6 月 19 日大会第 69/292 号决议决定根据《联合国海洋法公约》（《公约》）的规定就国家管辖范围以外区域海洋生物多样性的养护和可持续利用问题拟订一份具有法律约束力的国际文书。为此，大会决定在举行政府间会议之前，设立一个筹备委员会，所有联合国会员国、专门机构成员和《公约》缔约方均可参加，并按照联合国惯例邀请其他方面作为观察员参加，以便考虑到共同主席有关不限成员名额非正式特设工作组研究国家管辖范围以外区域海洋生物多样性的养护和可持续利用问题相关工作的各种报告，就根据《公约》的规定拟订一份具有法律约束力的国际文书的案文草案要点向大会提出实质性建议。①

2. 大会还决定筹备委员会将在 2016 年开始工作，并在 2017 年底之前向大会报告

---

① 见 A/61/65、A/63/79 和 Corr. 1、A/65/68、A/66/119、A/67/95、A/68/399、A/69/82、A/69/177 和 A/69/780。

进展情况，大会将在其第七十二届会议结束之前，考虑到筹备委员会的上述报告，就在联合国主持下召开一次政府间会议以及会议的开始日期作出决定，会议目的是审议筹备委员会关于要点的建议并根据《公约》的规定拟订具有法律约束力的国际文书案文。

3. 大会确认任何根据《公约》的规定就国家管辖范围以外区域海洋生物多样性问题拟订的具有法律约束力的文书都应确保得到尽可能广泛的接受，并为此决定筹备委员会应竭尽一切努力，以协商一致方式就实质性事项达成协议。大会又确认，至关重要的是筹备委员会要以有效方式开展工作，根据《公约》的规定拟订一份具有法律约束力的国际文书的案文草案要点，还确认即使在竭尽一切努力后仍未就一些要点达成协商一致，也可将这些要点列入筹备委员会向大会提交建议的某一章节之中。

4. 大会决定通过谈判处理 2011 年商定的一揽子事项所含的专题（见第 66/231 号决议），即国家管辖范围以外区域海洋生物多样性的养护和可持续利用问题，特别是共同且作为一个整体处理海洋遗传资源包括惠益分享问题、划区管理工具包括海洋保护区等措施、环境影响评估以及能力建设和海洋技术转让。

5. 大会还确认该进程不应损害现有相关法律文书和框架以及相关的全球、区域和部门机构，参加谈判和谈判结果都不可影响《公约》或任何其他相关协议的非缔约国对于这些文书的法律地位，也不可影响《公约》或任何其他相关协议的缔约国对于这些文书的法律地位。

6. 根据第 69/292 号决议第 6 段，秘书处法律事务厅海洋事务和海洋法司向筹备委员会提供了实务秘书处支助。

二、组织事项（略）

三、筹备委员会的建议

38. 在 2017 年 7 月 21 日第 47 次会议上，筹备委员会以协商一致方式通过了以下建议。

筹备委员会按照大会 2015 年 6 月 19 日第 69/292 号决议举行会议，建议大会：

（a）审议下文 A 节和 B 节所载要点，以期根据《联合国海洋法公约》的规定就国家管辖范围以外区域海洋生物多样性的养护和可持续利用问题拟订一份具有法律约束力的国际文书。A 节和 B 节的内容并非已形成的共识。A 节包含多数代表团意见一致的非排他性要点。B 节重点突出存在意见分歧的一些主要问题。

A 节和 B 节仅供参考之用，因为它们并不反映讨论过的所有选项。这两节均不妨碍各国在谈判中的立场；

（b）大会应尽快做出决定，是否在联合国主持下召开一次政府间会议，以审议筹备委员会关于要点的建议并根据《公约》的规定拟订具有法律约束力的国际文书案文。

A 节

一、序言要点

案文将阐明广泛的背景事项，例如：

- 说明拟订该文书所出于的各种考虑因素，包括主要关切和问题

- 确认在国家管辖范围以外区域海洋生物多样性的养护和可持续利用方面《公约》发挥的核心作用以及现行其他相关法律文书和框架以及相关全球、区域和部门机构的作用

- 确认需要增进合作和协调，以促进国家管辖范围以外区域海洋生物多样性的养护和可持续利用

- 确认需要提供援助，使发展中国家，特别是处于不利地理位置的国家、最不发达国家、内陆发展中国家和小岛屿发展中国家以及非洲沿海国能够有效参与国家管辖范围以外区域海洋生物多样性的养护和可持续利用

- 确认需要一个全面的全球制度，以更好地处理国家管辖范围以外区域海洋生物多样性的养护和可持续利用问题

- 表示坚信一项执行《公约》有关规定的协议最符合这些目的，并有助于维护国际和平与安全

- 申明《公约》、其执行协议或本文书未予规定的问题，仍由一般国际法规则和原则加以规范。

二、一般性要点

1. 用语①

案文将提供关键用语的定义，同时注意需要与《公约》及其他相关法律文书和框架中的用语定义保持一致。

2. 适用范围

2.1 地理范围

案文将说明，本文书适用于国家管辖范围以外的区域。

案文将指出，应尊重沿海国对其国家管辖范围内的所有区域，包括对 200 海里以内和以外的大陆架和专属经济区的权利和管辖权。

2.2 属事范围

案文将处理国家管辖范围以外区域海洋生物多样性的养护和可持续利用问题，特别是一并作为一个整体处理海洋遗传资源包括惠益分享问题、划区管理工具包括海洋保护区等措施、环境影响评估以及能力建设和海洋技术转让问题。

案文可以规定不在本文书适用范围内的除外事项，并在处理主权豁免相关问题上与《公约》保持一致。

3. 目标

案文将规定，本文书的目的是通过有效执行《公约》，确保国家管辖范围以外区域海洋生物多样性的养护和可持续利用。

如经商定，案文还可以规定其他目标，例如推进国际合作与协调，以确保实现养护和可持续利用国家管辖范围以外区域海洋生物多样性的总体目标。

4. 与《公约》以及其他文书、框架和相关全球、区域和部门机构的关系

关于与《公约》的关系，案文将指出，文书中的任何内容都不应妨害《公约》规定的各国的权利、管辖权和义务。案文将进一步指出，本文书应参照《公约》的内容并以符合《公约》的方式予以解释和适用。

案文将指出，本文书将促进与现有相关法律文书和框架以及相关全球、区域和部门机构的协调一致性，并对其做出补充。案文还将指出，该文书的解释和适用不应损害现有的文书、框架和机构。

---

① 一些仅与本文书一个部分有关的具体定义可能列于相关部分中。

案文可确认，《公约》或任何其他相关协定的非缔约方相对于这些文书的法律地位不受影响。

三、国家管辖范围以外区域海洋生物多样性的养护和可持续利用

1. 一般原则和方法①

案文将规定国家管辖范围以外区域海洋生物多样性的养护和可持续利用的一般原则和指导方法。

可能的一般原则和方法包括：

- 尊重《公约》所载之权利、义务和利益的平衡
- 兼顾《公约》有关条款所适当顾及的事项
- 尊重沿海国对其国家管辖范围内所有区域，包括对 200 海里以内和以外的大陆架和专属经济区的权利和管辖权
- 尊重各国主权和领土完整
- 只为和平目的利用国家管辖范围以外区域的海洋生物多样性
- 促进国家管辖范围以外区域海洋生物多样性的养护和可持续利用两方面
- 可持续发展
- 在所有各级开展国际合作与协调，包括南北、南南和三方合作
- 相关利益攸关方的参与
- 生态系统方法
- 风险预防办法
- 统筹办法
- 基于科学的办法，利用现有的最佳科学资料和知识，包括传统知识
- 适应性管理
- 建设应对气候变化影响的能力
- 符合《公约》不将一种污染转变成另一种污染的义务
- "谁污染谁付费"原则
- 公众参与
- 透明度和信息的可取得性

---

① 其中一些原则和方法将列于一个单独条款中，有些则列在序言部分。

- 小岛屿发展中国家和最不发达国家的特别需要，包括避免直接或间接地将过度的养护行动负担转嫁给发展中国家

- 诚信。

2. 国际合作

案文将规定各国有义务合作，以养护和可持续利用国家管辖范围以外区域的海洋生物多样性，并将详细规定这种义务的内容和方式。

3. 海洋遗传资源，包括惠益分享问题（略）

4. 划区管理工具包括海洋保护区等措施（略）

5. 环境影响评估

5.1 进行环境影响评估的义务

根据《公约》第二百零六条和习惯国际法，案文将规定各国有义务评估在其管辖或控制下计划开展的活动对国家管辖范围以外区域的潜在影响。

5.2 与相关文书、框架和机构的环境影响评估程序的关系

案文将规定本文书项下环境影响评估与相关法律文书和框架以及相关全球、区域和部门机构的环境影响评估程序之间的关系。

5.3 需要进行环境影响评估的活动

案文将讨论对国家管辖范围以外区域进行环境影响评估的阈值和标准。

5.4 环境影响评估程序

案文将处理环境影响评估程序的流程步骤，例如：

- 筛查

- 确定范围

- 采用现有的最佳科学资料，包括传统知识，对影响进行预测和评价

- 公告和协商

- 发布报告和向公众提供报告

- 审议报告

- 发布决策文件

- 获取资料

- 监测和审查。

案文将处理环境影响评估之后的决策问题，包括一项活动是否以及在什么条件下继续开展。

案文将处理毗邻沿海国的参与问题。

5.5 环境影响评估报告的内容

案文将说明环境影响评估报告应包含的内容，例如：

- 说明计划开展的活动
- 说明可以替代计划活动的其他选择，包括非行动性选择
- 说明范围研究的结果
- 说明计划活动对海洋环境的潜在影响，包括累积影响和任何跨边界的影响
- 说明可能造成的环境影响
- 说明任何社会经济影响
- 说明避免、防止和减轻影响的措施
- 说明任何后续行动，包括监测和管理方案
- 不确定性和知识缺口
- 一份非技术摘要。

5.6 监测、报告和审查

案文将根据并遵循《公约》第二百零四至二百零六条规定相关义务，以确保对国家管辖范围以外区域授权开展的活动造成的影响进行监测、报告和审查。

案文将处理向毗邻沿海国提供信息的问题。

5.7 环境战略评估

案文可处理战略性环境评估问题。①

6. 能力建设和海洋技术转让（略）

四、体制安排

案文将规定体制安排，同时考虑到是否有可能利用现有的机构、制度和机制。可能的体制安排可以包括以下各项。

1. 决策机构/论坛

案文将规定一种用于决策的体制框架及其可以履行的职能。

决策机构/论坛在支持文书执行方面可能履行的职能包括：

- 通过议事规则

---

① 可以在该文书的另一个章节，例如在划区管理工具包括海洋保护区的章节中审议这个问题。

- 审查文书的执行工作

- 有关文书执行的信息交流

- 促进为养护和可持续利用国家管辖范围以外区域海洋生物多样性所作的各种努力协调一致

- 促进合作与协调，包括与相关全球、区域和部门机构进行合作与协调，以养护和可持续利用国家管辖范围以外区域的海洋生物多样性

- 就文书的执行进行决策并提出建议

- 为履行职能，设立必要的附属机构

- 文书中确定的其他职能。

2. 科学/技术机构

案文将规定科学咨询/信息方面的体制框架。

案文还将规定该体制框架将履行的职能，例如向文书列明的决策机构/论坛提供咨询意见以及履行决策机构/论坛确定的其他职能。

3. 秘书处

案文将规定一个履行如下秘书处职能的体制框架：

- 提供行政和后勤支持

- 应缔约国要求，报告与文书执行有关的事项以及与国家管辖范围以外区域海洋生物多样性的养护和可持续利用有关的事态发展

- 为决策机构/论坛及其可能设立的任何其他机构举办会议并提供会议服务

- 散发有关文书执行的信息

- 确保与其他有关国际机构的秘书处进行必要协调

- 按照决策机构/论坛授予的任务，协助执行本文书

- 履行文书明确规定的其他秘书处职能以及决策机构/论坛可能确定的其他职能。

五、信息交换机制

案文将规定就国家管辖范围以外区域海洋生物多样性的养护和可持续利用促进相关信息交流的模式，以确保执行文书。

案文将就数据储存库或信息交换机制等各种机制作出安排。

信息交换机制可能发挥的功能包括：

- 传播国家管辖范围以外区域海洋遗传资源有关研究所产生的资料、数据和知识，以及有关海洋遗传资源的其他相关资料
- 传播与划区管理工具包括海洋保护区有关的资料，例如科学数据、后续报告和主管机构作出的相关决定
- 传播关于环境影响评估的资料，例如提供一个文献中心，存储环境影响评估报告、传统知识、最佳环境管理做法和累积影响资料
- 传播能力建设和海洋技术转让相关信息，包括促进技术和科学合作的相关信息、关于研究方案、项目和举措的信息、关于能力建设和海洋技术转让有关需求和机会的信息、关于供资机会的信息。

六、财政资源和财务事项

案文将处理与文书运作有关的财务事项。

七、遵守

案文将处理遵守文书方面的事项。

八、争端解决

在《联合国宪章》和《公约》的争端解决条款等现有规则基础上，案文将规定以和平方式解决争端的义务以及合作避免争端的必要性。

案文还将规定涉及文书解释或适用的争端解决模式。

九、职责和责任

案文将处理与职责和责任有关的事项。

十、审查

案文将规定定期审查文书在实现其目标方面的有效性。

十一、最后条款

案文将列明文书的最后条款。

为实现普遍参与，该文书将在这方面与《公约》的有关条款（包括涉及国际组织的条款）保持一致。

案文将解决本文书如何不妨害各国就陆地和海上争端所持立场的问题。

B 节

在人类共同财产和公海自由方面，还需要进一步讨论。

在海洋遗传资源包括分享惠益问题上，需要进一步讨论文书是否应当对海洋遗传资源的获取进行规制、这些资源的性质、应当分享何种惠益、是否处理知识产权问题、是否规定对国家管辖范围以外区域海洋遗传资源的利用进行监测。

在划区管理工具包括海洋保护区等措施方面，还需要进一步讨论最适当的决策和体制安排，以期增进合作与协调，同时避免损害现行法律文书和框架以及区域机构和（或）部门机构的授权任务。

在环境影响评估方面，还需要进一步讨论该进程由各国开展或者"国际化"的程度问题，以及文书是否应当处理战略性环境影响评估。

在能力建设和海洋技术转让方面，需要进一步讨论海洋技术转让的条款和条件。

需要进一步讨论体制安排以及国际文书建立的制度与相关全球、区域和部门机构之间的关系。还需要进一步关注的一个相关问题是如何处理监测、审查及遵守文书事项。

关于供资，需要进一步讨论所需资金的规模和是否应当设立一个财政机制。

还需要进一步讨论争端解决以及职责和责任。

四、其他事项

39. 大会在第 69/292 号决议第 5 段中请秘书长设立一项特别自愿信托基金，用于协助发展中国家，特别是最不发达国家、内陆发展中国家和小岛屿发展中国家出席筹备委员会会议和政府间会议，邀请会员国、国际金融机构、捐助机构、政府间组织、非政府组织以及自然人和法人向该自愿信托基金作出财政捐助。秘书处在筹备委员会各届会议上通报信托基金的现况。以下各国已向自愿信托基金作出捐助：爱沙尼亚、芬兰、爱尔兰、荷兰和新西兰。

五、通过筹备委员会的报告

40. 2017 年 7 月 20 日，在第 46 次会议上，主席介绍了筹备委员会的报告草稿。

41. 2017 年 7 月 21 日，在第 47 次会议上，欧洲联盟及其成员国要求该报告指出，欧洲联盟及其成员国认为建议的 A 节第二.4 部分第 3 段并不是多数代表团已形成一致意见的一个要点。

42. 在同一次会议上，筹备委员会通过了经修正的报告草稿。

附件三：

2017 年 12 月 24 日联大第 72/249 号决议

根据《联合国海洋法公约》的规定就国家管辖范围以外区域
海洋生物多样性的养护和可持续利用问题拟订
一份具有法律约束力的国际文书

大会，

遵循《联合国宪章》所载宗旨和原则，

回顾其 2015 年 6 月 19 日第 69/292 号决议，

注意到大会第 69/292 号决议所设筹备委员会题为"根据《联合国海洋法公约》的规定就国家管辖范围以外区域海洋生物多样性的养护和可持续利用问题拟订一份具有法律约束力的国际文书"的报告，[①]

1. **决定**在联合国主持下召开一次政府间会议，审议筹备委员会关于案文内容的建议，并为根据《联合国海洋法公约》[②]的规定就国家管辖范围以外区域海洋生物多样性的养护和可持续利用问题拟订一份具有法律约束力的国际文书拟订案文，以尽早制定该文书；

2. **又决定**谈判应处理 2011 年商定的一揽子事项中确定的专题，即国家管辖范围以外区域海洋生物多样性的养护和可持续利用，特别是作为一个整体的全部海洋遗传资源的养护和可持续利用，包括惠益分享问题，以及包括海洋保护区在内的划区管理工具、环境影响评估和能力建设及海洋技术转让等措施；

3. **又决定**，最初在 2018 年、2019 年和 2020 年上半年召开四届会议，每次会期为

---

① A/AC. 287/2017/PC. 4/2。

② 联合国，《条约汇编》，第 1833 卷，第 31363 号。

10 个工作日，第一届会议在 2018 年下半年举行，第二和第三届会议将于 2019 年举行，第四届会议将在 2020 年上半年举行，并请秘书长在 2018 年 9 月 4 日至 17 日召开第一届会议；

4. **决定**会议应于 2018 年 4 月 16 日至 18 日在纽约举行为期三天的组织会议，讨论组织事项，包括文书预稿的起草过程；

5. **请**大会主席以公开透明方式，就会议候任主席或候任共同主席的提名进行磋商；

6. **重申**会议的工作和成果应完全符合《联合国海洋法公约》的规定；

7. **认识到**这一进程及其结果不应损害现有有关法律文书和框架以及相关的全球、区域和部门机构；

8. **决定**会议应向联合国所有会员国、专门机构成员和《公约》缔约方开放；

9. **强调指出**必须确保尽可能广泛和有效地参加会议；

10. **认识到**参加谈判和谈判结果都不可影响《公约》或任何其他相关协议的非缔约国在涉及这些文书方面的法律地位，也不可影响《公约》或任何其他相关协议的缔约国在涉及这些文书方面的法律地位；

11. **决定**，就该会议的各次会议而言，已加入《公约》的国际组织的参与权应与《公约》缔约国会议的参与权相同，本规定对所有适用大会 2011 年 5 月 3 日第 65/276 号决议的会议不构成先例；

12. **又决定**邀请已收到大会根据其有关决议发出的长期邀请的组织和其他实体的代表，以观察员身份参加其会议和工作，但前提是这些代表将以这一身份参加会议，并邀请获邀参加相关主要会议和首脑会议的有关全球和区域政府间组织及其他有关国际机构的代表以会议观察员身份参加会议；[①]

13. **还决定**按照经济及社会理事会 1996 年 7 月 25 日第 1996/31 号决议的规定，会议也向具有经济及社会理事会咨商地位的有关非政府组织并向已获得认可参加各次主要会议和首脑会议的有关非政府组织开放，[②] 它们可作为观察员出席会议，但有一项

[①] 应邀参加下列有关主要会议和首脑会议的政府间组织和其他国际机构：可持续发展问题世界首脑会议；联合国可持续发展大会之前在巴巴多斯、毛里求斯和萨摩亚举行的小岛屿发展中国家可持续发展问题联合国会议；联合国跨界鱼类种群和高度洄游鱼类种群会议；执行 1982 年 12 月 10 日《联合国海洋法公约》有关养护和管理跨界鱼类种群和高度洄游鱼类种群的规定的协定审查会议；联合国支持落实可持续发展目标 14 即保护和可持续利用海洋和海洋资源以促进可持续发展会议。

[②] 已获得认可参加下列有关主要会议和首脑会议的非政府组织：可持续发展问题世界首脑会议；联合国可持续发展大会之前在巴巴多斯、毛里求斯和萨摩亚举行的小岛屿发展中国家可持续发展问题联合国会议；联合国支持落实可持续发展目标 14 即保护和可持续利用海洋和海洋资源以促进可持续发展会议。

谅解，即除非会议在具体情况下另有决定，参与意味着出席正式会议，获得正式文件副本，将它们的材料提供给代表，及酌情让它们当中数量有限的代表在会上发言；

14. **决定**邀请区域委员会准成员①以观察员身份参与会议的工作；

15. **又决定**邀请联合国系统有关专门机构以及其他机构、组织、基金和方案的代表作为观察员出席；

16. **还决定**向会议转递筹备委员会的报告；

17. **决定**会议应秉诚并尽一切努力，以协商一致方式商定实质性事项；

18. **又决定**，除本决议第 17 和 19 段的规定外，除非会议另有协议，有关大会程序和惯例的规则应适用于该会议的程序；

19. **还决定**，在不违反第 17 段的情况下，会议关于实质性事项的决定应以出席并参加表决的代表的三分之二多数作出，在此之前，主持人应通知会议，已为通过协商一致方式达成协议竭尽一切努力；

20. **回顾**大会邀请会员国、国际金融机构、捐助机构、政府间组织、非政府组织和自然人和法人向第 69/292 号决议所设自愿信托基金提供捐款，并授权秘书长扩大该信托基金提供的援助，以便除支付经济舱旅费外还包括每日生活津贴，但每届会议向该信托基金提出的援助申请仅限每个国家一位代表；

21. **请**秘书长任命一位会议秘书长作为秘书处内部协调人，为会议组织工作提供支持；

22. **又请**秘书长向会议提供开展工作所需的协助，包括提供秘书处服务和必要的背景资料和相关文件，并安排由秘书处法律事务厅海洋事务和海洋法司提供支持；

23. **决定**继续处理此案。

2017 年 12 月 24 日

第 76 次全体会议

---

① 美属萨摩亚、安圭拉、阿鲁巴、百慕大、英属维尔京群岛、开曼群岛、北马里亚纳群岛联邦、库拉索岛、法属波利尼西亚、关岛、蒙特塞拉特、新喀里多尼亚、波多黎各、圣马丁岛、特克斯和凯科斯群岛及美属维尔京群岛。

附件四：

2018 年 6 月 25 日第一届政府间会议主席对讨论的协助文本（环境影响评价部分）

根据《联合国海洋法公约》的规定就国家管辖范围以外区域
海洋生物多样性的养护和可持续利用问题拟订
一份具有法律约束力的国际文书政府间会议
第一届会议（2018 年 9 月 4 日至 17 日，纽约）
主席对讨论的协助

一、导言

1. 根据大会第 72/249 号决议，正在召开的政府间会议将审议大会第 69/292 号决议所设筹备委员会根据《联合国海洋法公约》的规定就国家管辖范围以外区域海洋生物多样性的养护和可持续利用问题拟订具有法律约束力的国际文书的内容提出的建议，并将拟订国际文书案文，以期尽早制定该文书（见第 72/249 号决议，第 1 段）。

2. 谈判将讨论 2011 年商定的一揽子内容所确定的专题，即国家管辖范围以外区域海洋生物多样性的养护和可持续利用，特别是作为一个整体的全部海洋遗传资源的养护和可持续利用，包括惠益分享问题，以及包括海洋保护区在内的划区管理工具、环境影响评估、能力建设和海洋技术转让等措施（同上，第 2 段）；

3. 政府间会议的工作和成果应完全符合《公约》的规定。该进程及其结果不应损害现行有关法律文书和框架以及相关的全球、区域和部门机构（同上，第 6 和 7 段）。

4. 2018 年 4 月 16 日至 18 日举行组织会议后，为讨论组织事项，包括拟订文书预稿的程序，政府间会议主席编写了本文件，以回应组织会议上提出的如下要求：借鉴筹备委员会报告（A/AC.287/2017/PC.4/2）并注意到与该报告中第三.A节和第三.B节有关的建议，编写一份简明文件以协助讨论（同上，第 38 段）。会议同意，筹备委员会编写的其他材料也将予以考虑。本文件的目的是引导会议转向编写文书预稿（见 A/CONF.232/2018/2）。

5. 正如政府间会议所商定的，本文件不包含任何条约案文。本文件在报告第三.A节和第三.B节的基础上，确定了与一揽子内容全部要点和共有问题有关，需要进一步讨论的问题，包括可能需要处理的若干问题，包括在某些情况下可能涉及的备选方案（同上）。

6. 普遍的理解是，政府间会议第一届实质性会议的重点应是第 72/249 号决议规定的一揽子内容，并围绕一揽子内容的四个专题群组进行讨论（同上），有鉴于此，本文件将侧重于这些专题群组。本文件沿用第三.A节的结构，并且，除序言部分的内容、适用范围、财政资源和财务事项、遵守、争端解决、职责和责任、审查和最后条款之外，还在每个专题群组末尾增加了共有问题，以便确定共有问题与具体专题群组之间的实际关联。本文件的结构不影响未来文书的结构。

7. 在本文件中列入相关问题和备选方案并不意味着各代表团对这些问题和备选方案所涉各方面有着一致或趋同的意见。在提出了备选方案的情况下，这些备选方案的次序不应解释为表明关于优先次序的意向。

8. 请各代表团考虑对各种问题和备选方案的答复可能会产生的实际后果，特别是考虑如何体现在文书中。

9. 本文件的内容不影响任何代表团对其中所提任何事项的立场。此外，本文所列要点、问题和备选方案未必详尽无遗，也不排除今后可能会审议未列入本文件的事项。

二、需进一步讨论的事项、问题和备选方案

10. 下文列出了政府间会议根据《公约》拟订一项关于养护和可持续利用国家管辖范围以外区域海洋生物多样性的具有法律约束力的国际文书案文时可以进一步审议的一些事项、问题和备选方案。

11. 这些事项、问题和备选方案依据的是筹备委员会报告第三.A节所列、多数代表团在筹备委员会会议上意见趋同的非排他性要点，以及该报告第三.B节所列的一

些存在意见分歧的主要事项。

12. 为便于参考，各章节和分节的编号均采用筹备委员会报告第三.A 节所用编号。因此，下文关于海洋遗传资源的第一部分，包括惠益分享问题，对应上述报告的第三.A.3 节；关于能力建设和海洋技术转让的最后一部分，对应该报告的第三.A.6 节。

13. 正如上文第 6 段所述，在本文件中，四个专题群组中每一个的末尾都增加了事项、问题和备选方案，对应上述报告第三.A 节中的以下分节：第二分节，一般性要点（1. 用语；3. 目标；4. 与《公约》、其他文书和框架以及相关全球、区域和部门机构的关系）；第三分节，国家管辖范围以外区域海洋生物多样性的养护和可持续利用（1. 一般原则和方法；2. 国际合作）；第四分节，制度安排；第五分节，信息交换机制。还应指出，能力建设和海洋技术转让是应当纳入文书一揽子内容的各要点之中，还是列为一个专门部分并与其他部分相关联，或者采取其他办法，需要进一步讨论。

14. 如上文第 6 段所述，本文件没有处理筹备委员会报告第三.A 节所列的以下分节：第一分节，序言要点；第二.2 分节，适用范围；第六分节，财政资源和财务事项；第七分节，遵守；第九分节，职责和责任；第十分节，审查；第十一分节，最后条款。这并不意味着这些要点将被排除在外；相反，随后将着手处理这些要点。

三、国家管辖范围以外区域海洋生物多样性的养护和可持续利用

......

3. 海洋遗传资源，包括惠益分享问题

虑及筹备委员会报告第三节所列要点，可以考虑下文所列的一份不完全的事项、问题和备选方案清单：（略）

4. 划区管理工具包括海洋保护区等措施

可结合筹备委员会报告第三节所含要点，考虑以下不完全清单所列事项、问题和备选方案：（略）

5. 环境影响评价

可结合筹备委员会报告第三节所列要点，考虑下文不完全清单所列事项、问题和备选方案：

5.1 进行环境影响评价的义务

文书如何规定各国有义务就其管辖或控制下计划开展的活动对国家管辖范围以外区域的潜在影响进行评估？

5.2 与相关文书、框架和机构的环境影响评价程序的关系

文书如何规定其与相关法律文书和框架以及相关全球、区域和部门机构的环境影响评价程序之间的关系。

5.3 需要进行环境影响评价的活动

（a）文书将纳入环境影响评价的哪些阈值和准则？具体如何体现？

（b）是否制定一份清单，列明需要或不需要环境影响评价的活动，作为对阈值和准则的补充？

（c）是否考虑累积影响？如是，文书如何规定纳入考虑的累积影响？

（d）文书是否纳入一个具体条款，要求对经认定在生态或生物方面具有重要意义或者脆弱性的区域实施环境影响评价？

5.4 环境影响评价程序

（a）考虑到筹备委员会报告第三节所述的环境影响评价程序的流程步骤，文书将纳入哪些流程步骤？是否可以纳入任何其他步骤？

（b）文书在环境影响评价的流程步骤上要达到怎样的详细程度？

（c）关于环境影响评价程序，包括某项活动继续与否的决定，在何种程度上由国家完成或"国际化"？如应"国际化"，程序的哪些方面应当"国际化"？

（d）文书将如何体现毗邻沿海国的参与，例如何时参与、怎样参与？

5.5 环境影响评价报告的内容

（a）考虑到筹备委员会报告第三节关于环境影响评价报告所需内容的要点说明，文书将纳入环境影响评价报告的哪些内容？是否可以纳入任何其他内容？

（b）文书在环境影响评价报告的内容上要达到怎样的详细程度？

（c）在处理跨境影响时，将采用以活动为导向的办法（立足于活动地点），以影响为导向的办法（立足于受影响的地点），还是两者相结合的办法？还可以考虑哪些其他办法（如有）？

5.6 监测、报告和审查

文书如何规定相关义务，以确保对授权开展的活动在国家管辖范围以外区域产生的影响进行监测、报告和审查？有待考虑的事项包括：

（a）监测、报告和审查程序在何种程度上由国家完成或"国际化"？如果该程序应"国际化"，则：

（一）监测、报告和审查的义务由谁承担？

（二）报告向谁提交？

（b）哪些信息要向毗邻沿海国家提供？怎样以及何时提供信息？

5.7 战略环境评价

文书是否纳入关于战略环境评价的条款？如是：

（a）评价范围是什么？

（b）关于国家管辖范围以外区域海洋生物多样性的战略环境评价，将在全球一级还是区域一级实施？

（c）谁负责实施战略环境评价？

（d）如何根据战略环境评价的结果采取后续行动？

5.8 共有要点所涉问题

5.8.1 用语

环境影响评价有哪些关键用语定义（如有）可以纳入文书？

5.8.2 与《公约》以及其他文书、框架和相关全球、区域和部门机构的关系

关于环境影响评价，除了在上文第 5.2 分节项下可能考虑的内容之外，还有哪些具体方面将会纳入文书？

5.8.3 一般原则和方法

（a）关于环境影响评价，文书将纳入哪些一般原则和方法？

（b）文书怎样才能以最佳方式落实环境影响评价的一般原则和方法？

5.8.4 国际合作

文书如何规定各国就环境影响评价开展合作的义务？

5.8.5 制度安排

（a）针对环境影响评价，是否需要作出具体的制度安排，同时考虑到是否有可能利用现有的机构、制度和机制？

（b）对于环境影响评价，制度安排将发挥哪些作用？

5.8.6 信息交换机制

（a）文书将规定哪些模式，以促进环境影响评价方面的信息交流？

（b）除了筹备委员会报告第三节所述的信息交换机制各项功能之外，关于环境影

响评价相关信息交换机制，还有哪些其他功能可以纳入文书？环境影响评价还有哪些其他信息需要传播？

（c）可以建立数据储存库等哪些其他机制？

（d）文书需要为数据储存库或信息交换机制等各种机制作出哪些切实安排，才能实现所要求的功能？

（e）可以考虑哪些现有文书、机制和框架？

6. 能力建设和海洋技术转让

可结合筹备委员会报告第三节所含要点，考虑到以下不完全清单所列事项、问题和备选方案：（略）

参考文献

［1］ 林新珍.国家管辖范围以外区域海洋生物多样性的保护与管理［J］.太平洋学报, 2011, 19
（10）: 94-102.

［2］ Chair's streamlined non-paper on elements of a draft text of an international legally-binding instrument
under the United Nations Convention on the Law of the Sea on the conservation and sustainable use of ma-
rine biological diversity of areas beyond national jurisdiction［Z］. 2017.

［3］ 王亚男, 杨常青, 舒艳, 等.探索构建"环评按要素、评估按行业"的新型环评技术导则体系
［J］.环境保护, 2015, 43（14）: 61-63.

［4］ 梁江, 孙晖.论美国环境影响评估体系［J］.国外城市规划, 2001,（05）: 25-28.

［5］ 任永飞, 史学峰, 向怡, 等.中美环境影响评价制度的对比分析［J］.能源与节能, 2017,
（01）: 98-99.

［6］ 曲格平.环境影响评价法: 环境问题从源头抓起［OL］, 人民网, 2003 年 1 月 09 日.

［7］ 王曦.美国环境法概论［M］.武汉: 武汉大学出版社, 1992, 223-224.

［8］ 马绍峰.美中环境影响评价制度比较研究——兼评我国《环境影响评价法》［J］.环境法论坛,
2004, 3: 46; 115-117.

［9］ 温毛毛.中加环境影响评价制度比较研究［D］.太原: 山西财经大学, 2012.

［10］ 澳大利亚环境能源部.What is Protected Under the EPBC Act?［R/OL］（2018）. http: //
www. environment. gov. au/epbc/what-is-protected.

［11］ 王华东.环境影响评价的意义及其程序［OL］.［2018-10-1］. http: //www. ixueshu. com/document/6da3
e5836cf59943318947a18e7f9386. html.

［12］ 日本环境部.ENVIRONMENTAL IMPACT ASSESSMENT IN JAPAN, Ministry of Invironment of
Japan, http: //www. env. go. jp/en/policy/assess/pamph. pdf.

［13］ Smith C R, Paterson G, Glover A, et al. Biodiversity, species ranges, and gene flow in the abyssal Pa-
cific nodule province: predicting and managing the impacts of deep seabed mining［R］. Kingston: In-
ternational Seabed Authority, 2008.

［14］ Thiel H. Deep-sea environmental disturbance and recoveiy potential［J］. International Review of Hy-
drobiology, 2007, 77: 331-339.

［15］ Ramirez-Llodra E, Tyler P A, Baker M C, et al. Man and the last great wilderness: human impact on the deep sea ［J］. Public Library of Science One, 2011, 6: 1-25.

［16］ Pauly D, Dalsgaard J, Christensen V, et al. Fishing down marine food webs ［J］. Science, 1998, 279: 860-863.

［17］ Kaiser M J, Collie I S, Hall S J, et al. Impacts of fishing gear on marine benthic habitats. In: responsible fisheries in the marine ecosystem ［M］. Wallingford: CABI Publishing, 2003, 197-217.

［18］ Hinz H, Prieto V', Kaiser M J. Trawl disturbance on benthic communities: chronic effects and experimental predictions ［J］. Ecological Society of America, 2009, 19 (3): 761-773.

［19］ OSPAR Commission. Assessment of the impacts of shipping on the marine environment ［R］. Paris, 2009.

［20］ OECD. Environmental imoacts of international shipping: the role of ports ［R］. OECD Publishing, 2011. DOI: http://dx.doi.org/10.1787/9789264097339-en.

［21］ HELCOM. Maritime Activities in the Baltic Sea ［R］. HELCOM Publishing, 2018.

［22］ 翟璐, 倪国江. 国外海洋观测系统建设及对我国的启示 ［J］. 中国渔业经济, 2018, 36 (1): 33-39.

［23］ 陈鹰, 杨灿军, 陶春辉, 等. 海底观测系统 ［M］. 北京: 海洋出版社, 2006.

［24］ 高峰, 王辉, 王凡, 等. 国际海洋科学技术未来战略部署 ［J］. 世界科技研究与发展, 2018, 40 (2): 113-125.

［25］ Breslin J, Nixon D, West G. Code of conduct for marine scientific research vessels ［Z］. 2007.

［26］ Gjerde K M, Dotinga H, Hart S, et al. Regulatory and governance gaps in the international regime for the conservation and sustainable use of marine biodiversity in areas beyond national jurisdiction ［R］. Gland: IUCN, 2008.

［27］ Hubert A M. The new paradox in marine scientific research: regulating the potential environmental impacts of conducting ocean science ［J］. Ocean Development & International Law, 2011, 42: 329-355.

［28］ 麻德强. 国家管辖范围以外区域的环境影响评价制度研究 ［D］. 厦门: 厦门大学, 2014.

［29］ Carter L, Burnett D, Drew S, et al. Submarine Cables and the Oceans-Connecting the World ［R］. UNEP-WCMC Biodiversity Series No. 31. ICPC/UNEP/UNEP-WCMC, 2009.

［30］ Davies A J, Roberts J M, Hall S J. Preserving deep-sea natural heritage: Emerging issues in offshore conservation and management ［J］. Biological Conservation, 2007, 138: 299-312.

［31］ Hester K C, Brewer P G. Clathrate hydrates in nature ［J］. Annual Review of Marine Science, 2009, 1: 303-327.

［32］ Gale J, Christensen N P, Cutler A, et al. Demonstrating the potential for geological storage of CO_2: the Sleipner and GESTCO Projects ［J］. Environmental Geosciences, 2001, 8: 160-165.

[33] Tamburri M N, Peltzer E T, Friederich G E, et al. A field study of the effects of CO_2 ocean disposal on mobile deep-sea animals [J]. Marine Chemistry, 2000, 72: 95-101.

[34] Barry J P, Buck K R, Lovera C F, et al. Effects of direct ocean CO_2 injection on deep-sea meiofauna [J]. Oceanography, 2004, 60: 75-766.

[35] Vetter E W, Smith C R. Insights into the ecological effects of deep ocean CO_2 enrichment: The impacts of natural CO_2 venting Loihi seamount on deep sea scavengers [J]. Geophysical Research, 2005, 110: 1-10.

[36] Watson A J, Boyd P W. Designing the next generation of ocean iron fertilization experiments [J]. Marine Ecology Progress Series, 2008, 364: 303-309.

[37] International Maritime Organization. Annex 4 of Report of the Thirty-Fifth Consultative Meeting and the Eight Meeting of Contracting Parties [Z]. LP 35/15, 2013.

[38] Nakayama M. Post-project review of environmental impact assessment for saguling dam for involuntary resettlement [J]. International Journal of Water Resources Development, 1998, (14): 217-229.

[39] Zhao H Z, Ma A J, Liang X G. Post-project-analysis in Environmental Impact of the Ecological Construction Projects [J]. Procedia Environmental Sciences, 2012, 13: 1754-1759.

[40] 李彦武, 刘锋, 段宁. 环境影响后续评价机制的研究 [J]. 环境科学研究, 1997, 10 (1): 52-56.

[41] 赵东风, 路帅. 回顾性环境影响评价程序及内容研究 [J]. 油气田环境保护, 1999, 12 (2): 13-16.

[42] 吴照浩. 环境影响后评价的作用及实施 [J]. 污染防治技术, 2003, (3): 27-30.

[43] 吴丽娜, 沈毅, 王红瑞. 公路建设项目环境影响后评价初探 [J]. 交通环保, 2004, 25 (1): 1-5.

[44] 严飔. 累积环境影响评价研究综述 [J]. 化学工程与装备, 2010 (07): 109-113.

[45] Cooper L M, Sheate W R. Cumulative effects assessment: A review of UK environmental impact statements [J]. Environmental Impact Assessment Review, 2002, 22 (4): 415-439.

[46] Commission of the European Communities (CEC). Council Directive 85/337/EEC on the assessment of the effects of certain public and private projects on the environment [J]. Official Journal: L175, 5 July 1985.

[47] Crain C M, Kroeker K, Halpern B S. Interactive and cumulative effects of multiple human stressors in marine systems [J]. Ecology Letters, 2008, 11 (12): 1304-1315.

[48] Canter L W. Guidance on cumulative effects analysis in environmental assessments and environmental impact statements [R]. National Oceanic & Atmospheric Administration, 2012, 1: 1-57.

[49] Baxter W, Ross W, Spaling H. To what standard? A critical evaluation of cumulative effects assessments in Canada [J]. Environ Assess 1999, 7 (2): 30-2.

[50] 张虎成, 闫海鱼, 杨桃萍, 等. 累积环境影响评价理论体系及其发展趋势 [J]. 贵州水力发电, 2008, 22 (06): 18-21.

[51] Burris R, Canter L. Cumulative impacts are not properly addressed in environmental assessments [J]. Environmental Impact Assessment Review, 1997, 17 (1): 5-18.

[52] 都小尚, 刘永, 郭怀成, 等. 区域规划累积环境影响评价方法框架研究 [J]. 北京大学学报 (自然科学版), 2011, 47 (03): 552-560.

[53] 毛文锋, 陈建军. 累积影响评价的原则和框架 [J]. 重庆环境科学, 2002, 24 (06): 60-62.

[54] US Council on Environmental Quality. Considering Cumulative Effects under the National Environmental Policy Act [R]. Washington DC, 1997.

[55] EC DGXI Environment, Nuclear Safety & Civil Protection. Guidelines for the assessment of indirect and cumulative impacts as well as impact interactions [R]. Brussels, 1999.

[56] Canadian Environmental Assessment Agency. Cumulative Effects Assessment Practitioners Guide [Z]. Ottawa, 1999.

[57] Giakoumi S, Halpern B S, Michel L N, et al. Towards a framework for assessment and management of cumulative human impacts on marine food webs [J]. Conservation Biology, 2015, 29 (4): 1228-1234.

[58] Coll M, Pirddi C, Albouy C, et al. The Mediterranean Sea under siege: spatial overlap between marine biodiversity, cumulative threats and marine reserves [J]. Global Ecology and Biogeography, 2012, 21 (4): 465-480.

[59] Hargrave B. T. A traffic light decision system for marine finfish aquaculture siting [J]. Ocean & Coastal Management, 2002, 45 (4): 215-235.

[60] King S C, Pushchak R. Incorporating cumulative effects into environmental assessments of mariculture: Limitations and failures of current siting methods [J]. Environmental Impact Assessment Review, 2008, 28 (8): 572-586.

[61] Christensen V, Walters C J. Ecopath with Ecosim: methods, capabilities and limitations [J]. Ecological Modelling, 2004, 172 (2): 109-139.

[62] Villasante S, Arreguín-Sánchez F, Heymans J J, et al. Modelling marine ecosystems using the Ecopath with Ecosim food web approach: New insights to address complex dynamics after 30 years of developments [J]. Ecological Modelling, 2016, 331: 1-4.

[63] Colleter M, Valls A, Guitton J, et al. Global overview of the applications of the Ecopath with Ecosim modeling approach using the EcoBase models repository [J]. Ecological Modelling, 2015, 302 (1): 42-53.

[64] Coll M, Steenbeek J, Sole J, et al. Modelling the cumulative spatial-temporal effects of environmental drivers and fishing in a NW Mediterranean marine ecosystem [J]. Ecological Modelling, 2016, 331:

100-114.

[65] Jones D O, Kaiser S, Sweetman A K, et al. Biological responses to disturbance from simulated deep-sea polymetallic nodule mining [J]. PLoS One, 2017, 12 (2): e0171750.

[66] Gjerde K M, Weaver P, Billett D, et al. The MIDAS Consortium 2016.

[67] World Bank. Public Involvement in Environmental Assessment: Requirements, Opportunities and Issues [J]. Environmental Assessment Sourcebook Update, 1993, 5: 4.

[68] CBD. Marine and coastal biodiversity: revised voluntary guidelines for the consideration of biodiversity in environmental impact assessments and strategic environmental assessment in marine and coastal areas [Z]. UNEP/CBD/COP/11/23, 2012.

[69] 肖强, 王海龙. 环境影响评价公众参与的现行法制度设计评析 [J]. 法学杂志, 2015, 12: 60-70.

[70] Meeting of the Parties to the Convention on Environmental Impact Assessment in a Transboundary Context (Third meeting). Draft Decision III/8 on Guidance on Public Participation in Environmental Impact Assessment in a Transboundary Context [Z]. MP. EIA/2004/9. 2004.

[71] 巴里·德拉尔·克莱顿, 巴里·赛德勒. 战略环境评价国际实践与经验 [M]. 北京: 化学工业出版社, 2007.

[72] 王东升. 战略环评对海洋可持续发展的重要性分析 [J]. 海洋湖沼通报, 2010 (3): 166-170.

[73] Wood and Dieddour. Strategic environmental assessment: EA of policies, plans and pogrammes [J]. Impact Assessment Bulletin, 1992, (10): 1237-1257.

[74] 方秦华. 基于生态系统管理理论的海岸带战略环境评价研究 [D]. 厦门: 厦门大学, 2006.

[75] Mercier J and Ahmed K. EIA and SEA at the World Bank [R]. Proceedings of the 8th Intergovernmental Policy Forum on Environmental Assessment, 2004.

[76] Kirkpatrick C, Lee N. Sustainable development in a developing World: Integrating Socio-Economic Appraisal and Environmental Assessment [R]. Edward Elgar, Cheltenham, UK, 1997.

[77] 张高奋. 当前中国战略环境影响评价制度研究 [D]. 上海: 复旦大学, 2010.

[78] 鞠美庭. 战略环境评价的发展以及适合中国的管理程序和技术路线探讨 [J]. 环境保护, 2003, (5): 25-29.

[79] 常高峰. 关于战略环境影响评价的探讨 [C]. 中国环境科学学会学术年会论文集, 2012, 905-907.

[80] Therivel R. SEA methodology in practice [M]. London: Earthscan Publications, 1996.

[81] 王玉振. 战略环境评价——环境经验到中国的实践 [M]. 北京: 中国环境科学出版社, 2012.

[82] 马蔚纯. 战略环境评价 (SEA) 及其研究进展 [J]. 环境科学, 2000, (9): 107-112.

[83] Fischer T B. Theory and practice of strategic environmental assessment [M]. London: Earthscan, 2007.

[84] Marshall R, Fischer T B. Regional electricity transmission planning and SEA: The case of the electricity company Scottish Power [J]. Journal of Environmental Planning and Management, 2006, 49 (2): 279-299.

[85] 牟忠霞, 王文勇, 翟晓丽. 战略环境影响评价及其方法简述 [J]. 四川建筑, 2005, 25 (4): 11-12.

[86] 闫育梅. 战略环境评价——环境影响评价的新方向 [J]. 环境保护, 2000, (11): 23-25.

[87] 李菁, 马蔚纯, 余琦. 战略环境评价的方法体系探讨 [J]. 上海环境科学, 2003, S2: 114-123.

[88] 边丽娜, 商钊敏. 欧美战略环评法律体系发展与启示 [J]. 经济论坛, 2007, (19): 132-134.

[89] 朱源, 任景明. 欧盟战略环评的实践经验及对中国的借鉴 [J]. 北方环境, 2013, 29 (2): 3-7.

[90] 萨德勒. 战略环境评价手册 [M]. 北京: 中国环境科学出版社, 2012.

[91] 纪晓霞. 战略环境评价法律制度研究 [D]. 重庆: 重庆大学, 2006.

[92] 孟宪林. 关于战略环境评价的实践与发展 [J]. 环境保护科学, 2001, 27 (105): 36-46.